高等学校"十二五"规划教材

市政与环境工程系列研究生教材

厌氧环境实验微生物学

尧品华　　刘瑞娜　　李永峰　编　著

李巧燕　主　审

哈尔滨工业大学出版社

内容简介

全书共分为4篇,包括厌氧微生物基础实验部分、厌氧微生物应用性实验部分、环境工程厌氧微生物实验部分以及综合型、研究型厌氧实验部分。第1篇突出介绍基础厌氧微生物实验的特点,包括如何掌握培养、分离、纯化、观察和检测厌氧微生物的基本技能,以及影响厌氧微生物生长繁殖的条件和厌氧微生物在处理废物中的基本原理和方法。第2篇主要介绍分子技术在厌氧微生物中的应用与实践。第3篇主要介绍如何利用厌氧微生物处理城市生活污水和工业废水以及固体废物微生物处理与资源化等。第4篇是在验证实验开设的基础上,选择一些与研究、生产、生活密切相关的科研型实验,为学生和科研人员的科研工作以及实验设计提供有价值的参考材料。附录部分介绍了包括教学常用菌种以及培养基、消毒液、溶液的制备及色谱分析方法等,可作为实验教学及自主设计创新实验的重要参考材料。

本书可作为环境工程、环境科学、市政工程、农业环境保护、微生物等本科生和研究生的实验教材,也可作为相关专业工作人员的培训教材。

图书在版编目(CIP)数据

厌氧环境实验微生物学/尧品华,刘瑞娜,李永峰编著.
—哈尔滨:哈尔滨工业大学出版社,2015.5
ISBN 978 - 7 - 5603 - 5413 - 2

Ⅰ.①厌…　Ⅱ.①尧…②刘…③李…　Ⅲ.①厌氧微
生物 - 实验　Ⅳ.①Q939 - 33

中国版本图书馆 CIP 数据核字(2015)第 114676 号

策划编辑　贾学斌
责任编辑　何波玲　郭　然
出版发行　哈尔滨工业大学出版社
社　　址　哈尔滨市南岗区复华四道街 10 号　邮编 150006
传　　真　0451 - 86414749
网　　址　http://hitpress.hit.edu.cn
印　　刷　哈尔滨市工大节能印刷厂
开　　本　787mm×1092mm　1/16　印张 19.75　字数 475 千字
版　　次　2015 年 6 月第 1 版　2015 年 6 月第 1 次印刷
书　　号　ISBN 978 - 7 - 5603 - 5413 - 2
定　　价　39.80 元

《厌氧环境实验微生物学》编写人员与分工

著　　者 尧品华 刘瑞娜 李永峰
主　　审 李巧燕
编写人员 尧品华：实验 1~20　　　刘瑞娜：实验 21~45
李永峰：实验 46~65　　　林尤伟：实验 66~76
李传慧：实验 77~86　　　梁乾伟：附录 1~9
张抒义、张宝艺、潘宁源、郭莹、刘依林：文字整理与图表制作

前　言

人类利用微生物已有几千年的历史,利用微生物处理人类的各种污染物也有一百多年的历史。随着生物技术的不断发展和人们对环境质量的日益重视,利用厌氧微生物处理环境中的污染物,检测环境的质量,分析污染物对人类可能产生的危害等方面得到了越来越广泛的重视。厌氧微生物的厌氧技术不仅操作方便、经济,而且能使废弃物资源化,为人类带来巨大的经济财富,所以广大的环境科学学生和从事环境保护的科研工作者在科研学习工作中都需要一本厌氧微生物学实验指导书。本书是与理论教材《厌氧环境微生物学》(哈尔滨工业大学出版社,2014 年 2 月出版)相配套的实验教材。

厌氧微生物学是环境科学、环境化学及环境工程学学科教学中的重要组成部分,通过厌氧微生物学实验,培养学生独立思考、观察、分析问题和解决问题以及独立完成实验内容的能力,既可以使理论与实验相结合,又可以使学生熟练掌握实验技术,以提高学生实验设计水平,树立实事求是的工作作风。

全书共分 4 篇,包括厌氧微生物基础实验、厌氧微生物应用性实验、环境工程厌氧微生物实验以及综合型、研究型厌氧实验。在厌氧微生物基础实验中,突出基础厌氧微生物实验的特点,包括如何掌握培养、分离、纯化、观察和检测厌氧微生物的基本技能,以及影响厌氧微生物生长繁殖的条件和厌氧微生物在处理废物中的基本原理与方法。在厌氧微生物应用性实验中,主要介绍分子技术在厌氧微生物中的应用与实践。在环境工程厌氧微生物实验中,主要介绍厌氧微生物对土壤、水体、废气的处理。综合型、研究型厌氧实验是在验证实验开设的基础上,选择一些与研究、生产、生活密切相关的科研型实验,重点为学生和科研人员的科研工作以及实验设计提供有价值的参考材料。此外,附录部分包括教学常用菌种以及培养基、消毒液、溶液的制备及色谱分析方法等,可作为实验教学及自主设计创新实验的重要参考材料。

谨以此书献给李兆孟先生(1929.7.11—1985.5.2)

本书由上海工程技术大学、东北林业大学、琼州学院和四川大学华西医院的专家们撰写,本书的出版得到黑龙江省自然科学基金(E201354)项目成果和资金的支持。

本书可作为环境工程、环境科学、农业环境保护、微生物等专业学生的实验教材,也可作为从事市政工程、生态、环境保护行业工作人员的参考用书,希望对大家有所帮助。

由于作者水平有限,书中疏漏及不足之处在所难免,敬请读者批评指正。

作　者
2015 年 2 月

目　　录

第1篇　厌氧微生物基础实验

实验1　光学显微镜的操作及细菌形态观察

1.实验目的

①掌握光学显微镜的结构、原理,学习显微镜的操作方法和保养。

②观察几种典型细菌的形态与构造,学会绘制微生物图。

2.实验器材

显微镜、二甲苯、香柏油、载玻片、盖玻片、大肠杆菌、金黄色葡萄球菌、枯草杆菌、球衣菌、假单胞菌和固氮菌标本片。

3.普通光学显微镜结构及其操作方法

(1)光学显微镜的机械装置和光学系统。

观察、检验微生物通常用普通光学显微镜(图1.1),显微镜分机械装置和光学系统两部分。

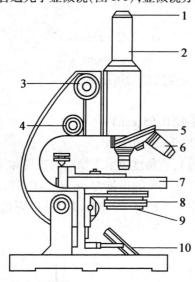

图1.1　普通光学显微镜

1—目镜;2—镜筒;3—粗调节器;4—细调节器;5—转换器;6—物镜;7—载物台;8—光源;9—聚光器;10—反光镜

①机械装置。

a.镜筒:镜筒长度一般是 160 cm。它的上端装目镜,下端装物镜回转板。回转板上一般有 3 个物镜。

b.转换器:位于镜筒的下方,其上有 3 个孔,有的有 4 个孔或 5 个孔。不同规格的物镜分别安装在各孔上。

c.载物台:载物台是放置标本的平台,中央有一圆孔,使下面的光线可以通过。两旁有弹簧夹,用以固定标本或载玻片。有的载物台上装有自动推物器。

d.调节器:镜筒旁有两个螺旋,大的称为粗调节器,小的称为细调节器,用以升降镜筒,调节物镜与被观察物体之间的距离。

②光学系统。

a.目镜:一般使用的显微镜有 2~3 个目镜,其上刻有"5×""10×""15×"(或"16×")等数字及符号,表示放大 5 倍、10 倍、15 倍(16 倍)。这 3 种透镜的焦距分别为50 mm,25 mm,16 mm,线视场分别为20 mm,14 mm,10 mm。

b.物镜:物镜装在回转板上,可分为低倍物镜、高倍物镜和油镜 3 种。相应的放大倍数是 10×(5×),40×(50×),100×(90×),相应的工作距离是7.63 mm,0.5 mm,0.198 mm。使用低倍镜和高倍镜时,一般做活体观察,不进行染色。在观察原生动物时,低倍镜主要用来观察原生动物的种类和它的活动状态,而高倍镜则可以看清楚微生物的结构特征。油镜在大多数情况下可用来观察染色的涂片。

c.聚光器:聚光器在载物台的下面,用来集合反光镜反射来的光线。聚光器可以上下调整,中央装有光圈,可以调整光线的强弱。当光线过强时,应缩小光圈或把聚光器向下移动。

d.反光镜:反光镜装在显微镜的最下方,有平、凹面反光镜两种。

(2)光学显微镜的分辨率与放大倍数。

显微镜的分辨率是指显微镜能够辨别两点之间最小距离的能力。光学显微镜的分辨率受光干涉现象的限制。

$$D = \lambda/2 \cdot n\sin(\alpha/2)$$
$$N.A. = n\sin(\alpha/2)$$

式中　D——物镜分辨出物体两点间的最短距离;

　　　$N.A.$——数值孔径;

　　　λ——可见光的波长(平均 0.55 mm);

　　　n——物镜和被检标本间介质的折射率;

　　　α——镜口角(即入射角),该角度决定于物镜的直径和焦距,如图 1.2 所示。

例如,最大入射角为 120°,其半角的正弦为 $\sin 60° = 0.87$,以空气为介质时,$N.A. = 1 \times 0.87 = 0.87$;以水为介质时,$N.A. = 1.33 \times 0.87 = 1.15$;以香柏油为介质时,$N.A. = 1.55 \times 0.87 = 1.31$,如图 1.3 所示。

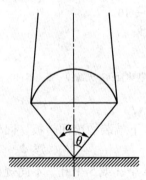

图 1.2　物镜的光线入射角

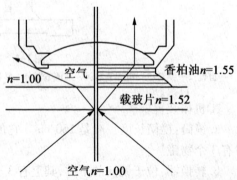

图 1.3　干燥物镜与油浸系统镜光线通路

肉眼所能感受光波的波长为 200 nm(紫光)~700 nm(红光)。设感受光波的平均长度为 550 nm(0.55 μm),$N.A.=1.25$,则分辨率 $=1/2\times0.55/1.25$ μm $=0.22$ μm,而细菌大小为0.5~2 μm,故正好看到细菌。用紫光光源效果更好。

显微镜的放大倍数等于物镜与目镜放大倍数的乘积。即

显微镜的放大倍数 = 物镜放大倍数 × 目镜放大倍数

观察微生物时,常用放大 10 倍或 15 倍的目镜。目镜装在镜筒上端,在使用过程中并不经常变动,通常所谓的低倍镜、高倍镜或油镜的观察,主要是指使用不同的物镜。例如使用 10×目镜和 40×物镜(高倍镜)所得物象的放大倍数是 400 倍。

油镜的放大倍数是最大的(90 或 100 倍)。放大倍数这样大的镜头,焦距就很短,直径就很小,从标本片透过来的光线,因介质密度不同(从标本片进入空气,再进入油镜),有些光线因折射或全反射,不能进入镜头,致使进入的光线较少,物象显相不清。所以为了不使通过的光线有所损失,须在物镜和标本片中间加入与玻璃折射率($n=1.52$)相仿的油(香柏油,$n=1.55$)(图 1.4)。因为这种物镜使用时须加香柏油,所以称它为油镜。一般的低倍镜或高倍镜使用时不加油,所以也称为干镜。

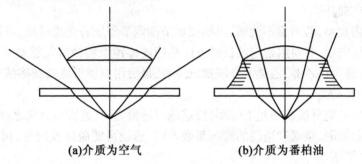

(a)介质为空气　　　　　　(b)介质为番柏油

图 1.4　介质为空气与介质为香柏油时光线通过的比较

(3)光学显微镜的使用与保管。

①低倍镜的使用方法。

a.将显微镜放在固定的桌上,窗外不宜有障碍视线的物品。

b.拨动回转板,把低倍镜移到镜筒正下方和镜筒连接而直对。

c.拨动反光镜向着光线的来源处(对光时应避免太阳直射,可向着自然光、日光灯或显微镜照明灯)。同时用肉眼对准目镜(选用适当放大倍数的目镜)仔细观察,调节反光镜(光线较强的天然光源宜用平面镜,光线较弱的天然光源或人工光源宜用凹面镜),使视野完全成为白色,表示光线已反射到镜里。

d.把载玻片放在载物台上,将要观察的标本放在圆孔的正中央。

e.将粗调节器向下旋转,同时眼睛注视物镜,以防物镜和载玻片相碰。当物镜的下端距离载玻片约 0.5 cm 时停止旋转。

f.把粗调节器向上旋转,同时左眼向目镜里观察,如果标本片出现不清楚,可用细调节器调至标本片完全清楚为止。

g.假如因调节器旋转太快,超过聚焦点,以至标本不出现时,不应在眼睛注视目镜的情况下向下旋转粗调节器,必须从第 5 步做起,以防物镜与载玻片接触,损坏物镜。

h. 在观察时最好练习两眼同时睁开,用左眼看显微镜,右眼看桌上的纸,便于一边看一边画出所观察的物象。

②高倍镜的使用方法。

a. 使用高倍镜前,先用低倍镜观察,要把观察的标本放到视野中央。

b. 拨动回转板使高倍镜和低倍两镜镜头互相对换。当高倍镜移向载玻片上方时,必须注意是否因高倍镜靠近的缘故而使载玻片也随着移动,如果有移动现象,应立即停止推动回转板,把高倍镜退回原赴,按照使用低倍镜的方法,校正标本的位置,然后旋转调节器,使镜筒稍微向上,再把高倍镜推至镜筒下。

c. 当高倍镜已被推到镜筒下面时,向镜内观察所显现的物象往往不清晰,这时可旋转细调节器至清楚为止。

③油镜的使用方法。

a. 一般油镜镜头上有一白圈或红圈,有时标有 OI(Oil Immersion)或 HI 字样。先用粗调节器将镜筒提起约 2 cm,在载玻片上加一滴香柏油,拨动回转板使油镜在镜筒下方,然后小心地降下镜筒,使镜头尖端和油接触。注意镜头不能压在载玻片上,更不能用力过猛,否则会压碎载玻片或损坏镜头。

b. 向目镜内观察,若图像不清晰,可稍微调节细调节器。若光线过暗,可调节反光镜。

c. 油镜使用完后,必须用指定的长纤维脱脂棉或擦镜纸将油镜及载玻片所黏着的油擦干净,必要时可蘸少许乙醇、乙醚混合液擦拭镜头,最后用擦镜纸或软绸擦拭干净。

④显微镜的保养。

a. 显微镜应避免直接在阳光下曝晒,因透镜与透镜之间、透镜与金属之间都是用树脂或亚麻仁油黏合起来的,金属和透镜的膨胀系数不同,透镜可能脱落或破裂,树脂受高热可能熔化,透镜也会脱落。

b. 显微镜应避免和挥发性药品或腐蚀性酸类放在一起,如碘片、酒精、乙酸、硫酸等。这些物品对显微镜的金属部分和光学部分都是有害的。

c. 显微镜镜头沾污后,要用擦镜纸或软绸擦拭。用有机溶剂擦拭油镜镜头,用量不宜过多,时间不宜过长,以免黏合透镜的树脂融化。切不可用手摸透镜。沾染有机物的镜头影响观察,日久还会长霉菌。

d. 显微镜不能随意拆卸,尤其是镜筒。因为拆卸后空气中的灰尘和有机物落入里面,容易生霉。机械部分要经常加润滑油,以减少磨损。

e. 显微镜用完后,把目镜和物镜卸下放好,镜架应放入镜箱内,并加罩防尘。箱内应存放硅胶,以免受潮生霉。

(4)目测微尺和物测微尺及其使用方法。

目测微尺是一圆形玻璃片,其中央刻有精确的刻度,刻度有尺形和网形两种。每个刻度所代表的距离随使用的目镜和物镜的放大倍数以及镜筒的长度改变而改变。使用前应先利用物测微尺进行标定。

物测微尺是一厚玻璃片,中央有一圆形盖玻片,盖玻片中央的小圆内有一百等份刻度,每等份的长度为 1/100,即 10 μm(注意物测微尺的标记)。使用时,先将目测微尺装入目镜的隔板上,使刻度朝下。把物测微尺放在载物台上,按平常观察标本的方法先找到物测微尺载玻片上的圆圈(如果无圆圈就直接找刻度),然后就很容易找到物测微尺的刻度。移动物测微尺与目测微尺使两者的第一线相重合,然后计算物测微尺的每一格内包含目测微尺的小格数,算出目测微尺每小格长度。

4. OLYMPUS 生物显微镜结构及操作方法

OLYMPUS 生物显微镜是由日本进口的一种双筒光学显微镜,它使用方便,分辨率高,并且有立体感,是目前研究微生物的良好工具。OLYMPUS 显微镜的结构如图 1.5 所示。

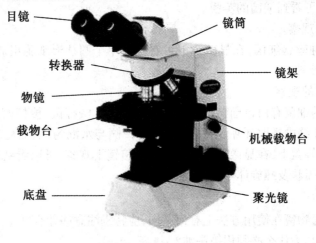

图 1.5 OLYMPUS 显微镜结构

OLYMPUS 生物显微镜的使用方法如下:

①接通电源。

②打开主开关。

③移动电压调整旋,使亮度适中。

④把标本固定在载物台上。

⑤放松粗调锁挡。

⑥用低倍物镜,旋转粗调和微控制钮来进行对焦。

⑦调节双目镜筒间距和视度差。

⑧再适当调节照明度,使焦点正确地对准标本,锁紧粗调锁挡。

⑨调节孔径光阑。

⑩依次用低、中、高倍镜观察。

⑪油镜观察:与普通光学显微镜方法一致。

⑫观察完毕,复原:先将电压调节旋钮复原,关闭主开关,切断电源,放开粗调锁挡。油镜的处理与普通光学显微镜方法一致。

5. 微生物的形态观察

(1)球菌与杆菌的观察。

分别取大肠杆菌和金黄色葡萄球菌标本片置于显微镜载物台上,用低倍镜、高倍镜和油镜观察(具体步骤见普通光学显微镜说明),可看到细菌的杆状和球状形态,用铅笔绘出其形态图。

（2）芽孢的观察。

取枯草杆菌标本片用上述方法进行观察，可看到链状排列的菌体及芽孢。枯草杆菌是需氧芽孢杆菌、杆状，可单个存在或呈链状排列，培养 12 h 后出现芽孢。

（3）鞭毛和荚膜的观察。

取假单胞菌标本片置油镜下观察，可清晰地看到杆状细菌的鞭毛及其着生方式。取固氮菌标本片观察，可看到细菌的荚膜。

（4）球衣菌的观察。

球衣菌是一种丝状细菌，在显微镜下可看到由单个圆柱形细胞组成的丝状体，并能看到典型的假分支形态。

（5）牙垢细菌的观察。

口腔中常见的细菌有白色葡萄球菌、绿色链球菌、乳酸杆菌、梭杆菌、卡他双球菌、螺旋体等。用牙签从牙缝中挑取牙垢少许，在载玻片一侧与水混匀，然后蘸取浑浊液至载玻片中央，用盖玻片轻轻盖上，在显微镜的低倍镜和高倍镜下观察，可以看到牙垢细菌的各种形态，有球状、杆状、弧状及螺旋体等。

6. 实验讨论

①油镜与普通物镜在使用方法上有何不同，应特别注意些什么？

②使用油镜时，为什么必须用镜头油？

③镜检标本时，为什么先用低倍镜观察，而不是直接用高倍镜或油镜观察？

实验 2　微生物染色

1.实验目的

学习微生物涂片染色的基本技术,掌握细菌菌体单染色法和革兰氏染色法,以及无菌操作技术。

2.微生物染色的基本原理

细菌体积小,基本上是无色透明的,不经染色不易观察到,染色可使菌体着色,与背景形成鲜明的对照,易在显微镜下观察。微生物染色的基本原理是借助物理和化学因素的作用而进行的,物理因素包括细胞及细胞物质对染料的毛细现象、渗透、吸附作用等,化学因素包括正负离子之间的相互吸引等。

细菌的单染色法是利用细菌与各种不同性质的染料(石炭酸复红、美蓝等)具有亲和力被着色的原理,采用一种单色染料对涂片进行染色。因为细菌带负电,对碱性染料亲和力强,故染色时多用碱性染料。这种方法适于菌体一般的形态观察。

染料按其电离后所带电荷的性质可分为以下几种类型:

①酸性染料。如酸性复红、刚果红、伊红、藻红、苯胺黑等。

②碱性染料。一般有碱性复红、中性红、孔雀绿、番红、结晶紫、美兰、甲基紫等,细菌易被碱性染料染色。

③中性(复合)染料。如伊红、美蓝等,Wright 染料和吉姆萨染料等(常用于细胞核染色)。

④单纯染料。这类染料的化学亲和力弱,大多是偶氮化合物,不溶于水,但溶于脂肪溶剂中,如苏丹类染料。

微生物染色技术的一般过程如图 2.1 所示。

图 2.1　微生物染色技术的过程

细菌的革兰氏染色法是细菌学中一个重要的鉴别方法,按照细菌对革兰氏染色法的反应不同,可以将细菌分为革兰氏阳性菌和革兰氏阴性菌。细菌先用草酸铵结晶紫处理,经媒染液(碘液)作用后,用酒精脱色,再用沙黄复染。如果细菌能保持草酸铵结晶紫与碘的复合物而不被酒精脱色,则细菌呈紫色,属革兰氏阳性菌(用“＋”表示);能被酒精脱色而被沙黄复染为红色的为革兰氏阴性菌(用“－”表示)。

3.微生物染色的方法

(1)单染色法。

①涂片:取一块干净的载玻片,在其中央滴一滴无菌水,将酒精灯放于自己的正前方,点燃。用无菌操作方法从枯草芽孢杆菌斜面中挑取少许枯草芽孢杆菌菌苔于载玻片上的水滴中,涂匀成膜,这时菌液不要过浓。用酒精灯把接菌环上残留的菌体杀灭后,放回试管架。具体操作步骤如图 2.2 和图 2.3 所示。按同样步骤可制成大肠杆菌涂片。

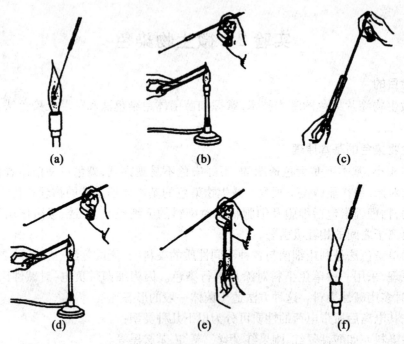

图 2.2　无菌挑取细菌斜面操作过程

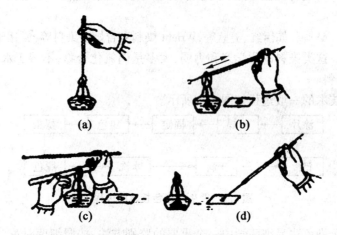

图 2.3　无菌涂片操作过程

②干燥:可以在空气中自然干燥,也可以将载玻片置于酒精灯火焰高处稍加热干燥,但注意一定要将涂菌的一面朝上。

③固定:将载玻片在酒精灯火焰中通过 3~4 次(以载玻片与手接触感到稍稍热为度),这样就使菌体固定于载玻片上不易脱落,同时也使菌体容易着色,但不能在火焰上烤,否则细菌形态将被毁坏。

④染色:将标本放在水平位置,滴加染色液于涂片薄膜上,染色时间长短随不同染液而定,吕氏美蓝 2~3 min,石炭酸复红 1~2 min。

⑤水洗:染色时间到后,用自来水冲洗,直至冲下的水为无色为止。注意冲洗水流不宜过急、过大,水由载玻片上端流下,应避免直接冲在涂片处。

⑥吸干:在空气中自然干燥,或用吸水纸吸干后观察。

⑦镜检:将完全干燥后的染色片置于显微镜下,按实验中的操作程序进行观察。

(2)革兰氏染色法。

①涂片:将培养了24 h 的金黄色葡萄球菌和大肠杆菌分别做涂片(不可涂太厚),然后干燥、固定。

②染色。

a.初染:加一滴草酸铵结晶紫于涂面上,约1 min 后,用流水冲洗至无紫色。

b.媒染:先用新配制的路哥氏碘液冲去残水,然后用其覆盖涂面1 min,后水洗。

c.脱色:将载玻片上水洗净,用质量分数为95%的酒精洗至流出的酒精刚刚不出现紫色为止(20~30 s),立即用水冲洗干净酒精。

d.复染:用沙黄染液染1~2 min,水洗后用吸水纸吸干。

e.镜检:干燥后置于油镜下观察。阳性菌呈紫色,阴性菌呈红色。

整个革兰氏染色过程如图2.4 所示。

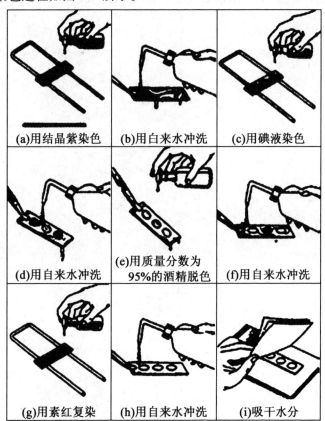

图2.4　革兰氏染色过程

4.注意事项

①革兰氏染色的关键在于严格掌握酒精脱色程度,如果脱色过度,则阳性菌被误染为阴性菌;而脱色不够时,阴性菌被误染成阳性菌。此外,菌龄也影响染色效果,阳性菌培养

时间过长或已死亡,常呈阴性。

②在染色过程中,涂片也是很重要的一步。涂片越薄越好,过厚则细菌密集,呈假阳性。镜检时应以散开的细菌的革兰氏反应为准。

③革兰氏染色成功与否很大程度上取决于经验。在染未知菌时,最好在同一载玻片上同时用大肠杆菌和金黄色葡萄球菌做革兰氏阴性和阳性对照。

5. 实验讨论

①你认为制备染色标本时,应注意哪些事项?

②你所做的染色片镜检结果如何,是革兰氏阴性还是阳性?

③革兰氏染色片为什么不能过厚?

④对一株未知菌进行革兰氏染色时,怎样能确认你的染色技术操作结果可靠?

⑤涂片为什么要完全干燥后才能用油镜观察?

⑥简单染色法中各步骤的注意事项是什么?

⑦要得到正确的革兰氏染色结果必须注意哪些操作,关键在哪几步,为什么?

实验 3　微生物细胞计数

1. 实验目的

①熟练掌握显微镜的使用方法。

②认识小球藻及淡水绿藻的形态。

③学会血球计数板的使用和计算方法。

2. 实验原理

利用血球计数板在显微镜下直接计数,是一种常用的微生物计数方法。此法是将藻细胞悬浮液(或酵母菌悬浮液)放在血球计数板与盖玻片之间的计数室中,在显微镜下进行计数。由于载玻片上的计数室盖上盖玻片后的容积是一定的,所以可以根据在俯视下观察到的微生物数目来计算单位体积内的微生物总数。

血球计数板(图 3.1)是一块特制的厚玻璃片,玻璃片上有 4 条槽构成 3 个平台,中央的平台又由一短的横槽分成两半,每个半边上面各刻有一个方格网,每个方格网共分为 9 个大格,其中间的一大格,称为计数室,常被用作微生物计数。

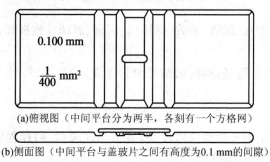

(a)俯视图 (中间平台分为两半,各刻有一个方格网)

(b)侧面图 (中间平台与盖玻片之间有高度为0.1 mm的间隙)

图 3.1　血球计数板构造

计数室的刻度一般有两种:一种是一个大格分成 25 个中方格,每个中方格分成 16 个小方格(图 3.2);另一种是一个大方格分成 16 个中方格,每个中方格分成 25 个小方格。无论哪种规格的计数室,每个大方格都由 $16 \times 25 = 400$ 个小方格组成。

每个大方格的边长为 1 mm,其面积为 1 mm^2。盖上盖玻片后,载玻片和盖玻片之间的高度为 0.1 mm,所以计数室的体积为 0.1 mm^3。

① 25×16 计数室藻细胞数目的计算公式为

$$藻细胞数目(个/mL) = \frac{A}{80} \times 400 \times 10 \times 1\,000 \times 稀释倍数$$

式中　A——80 个小格内的藻细胞数目。

② 16×25 计数室藻细胞数目的计算公式为

$$藻细胞数目(个/mL) = \frac{A}{100} \times 400 \times 10 \times 1\,000 \times 稀释倍数$$

式中　A——100 个小格内的藻细胞数目。

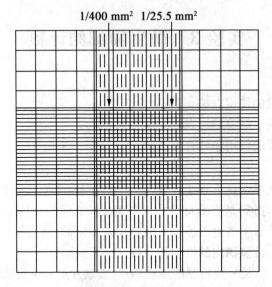

图3.2　计数网格的分区和分格(16×25)

3.实验器材

显微镜、含藻细胞的水、试管、吸管、擦镜纸、滴管、血球计数板和盖玻片。

4.实验内容

每人测定一份藻类细胞悬浮液(或酵母菌悬浮液)数目。

5.实验步骤

(1)样品的制备。

①取藻细胞液摇匀,如藻细胞液浓度高,要适当地稀释,稀释程度要求每小格内有5~10个藻细胞为宜,不浓则不用稀释。

②用擦镜纸或软绸把计数板擦干净,加上盖玻片。

③用小滴管取一滴摇匀的藻细胞液,置于盖玻片的边缘,使藻细胞液自行渗入,多余的藻细胞液吸去。计数室内不得有气泡。静止5 min后,先在低倍镜下找到小方格网后,再转换成高倍镜观察并计数。

(2)计数方法。

①若用25×16规格的计数室,则取左上、右上、左下、右下及中央5个中格(共80个小格)。

②若用16×25规格的计数室,要按对角线方向取左上、右上、左下及右下4个中格(共100个小格)。

③计数时对于线上的藻细胞只计线上方及左方的个数。

④每个样品计数需要分3次取样计数,取平均值,然后按公式计算出每毫升藻细胞液中所含的藻细胞数目。

⑤使用完毕后,将计数板放在水龙头下冲洗(切勿用硬物洗刷),再用蒸馏水冲洗,晾干。镜检视察每小格内是否有残留藻细胞或其他沉淀物,直到冲洗干净为止。

⑥计算结果,并填入表3.1中。

表 3.1　藻类细胞计数结果

序号	A(100/80 个小格内的藻细胞数目)/个	稀释倍数	藻细胞数目/(个·mL^{-1})	备注
1				
2				
3				
平均				

6. 实验讨论

①血球计数板能否测定活性污泥中的微生物数量?

②为什么用两种不同规格的计数板测同一样品时,结果应该是一样的?

实验4　培养基的制备及灭菌

1. 实验目的

①熟悉玻璃器皿的洗涤和灭菌前的准备工作。

②了解培养基的制备与分装技术。

③了解培养和消毒的基本原理,掌握实验室常用的灭菌和消毒方法,为菌种的纯种分离做准备。

2. 实验原理

培养基是按照微生物生长繁殖所需要的各种营养物质,用人工方法配置而成的,其中含有碳源、氮源、无机盐、生长素及水分等。同时微生物的正常生长繁殖还需要有适宜的酸碱度,因此,对不同种类的微生物应将培养基调到一定的 pH 范围。培养基的种类很多,不同微生物所要求的培养基不同,就其物理性质来分,可分为液体培养基、固体培养基和半固体培养基。固体培养基是在液体培养基中加质量分数为 1.5% ~2% 的琼脂,半固体培养基则是加入质量分数为 0.2% ~0.7% 的琼脂。

灭菌和消毒是两个不同的概念,灭菌是指杀死或消灭指定环境中的所有微生物;而消毒是指消灭病原菌或有害微生物。灭菌和消毒的方法都很多,但总的来说可以分为物理方法和化学方法两大类。物理方法包括加热灭菌(湿热灭菌和干热灭菌)、过滤除菌、紫外线灭菌等。化学方法主要是利用有机或无机的化学药品对实验室用具和其他物体表面进行灭菌与消毒。

3. 实验器材

①锥形瓶、试管、烧杯、量筒、玻璃棒、培养皿和移液管。

②纱布、棉花、报纸、牛皮纸等。

③pH 试纸(或酸度计)、天平、水浴锅和电炉。

④牛肉膏、蛋白胨、氯化钠、琼脂、蒸馏水等。

⑤高压灭菌锅、酒精灯、无菌超净工作台、干燥箱、细菌过滤器、福尔马林、石炭酸、酒精、来苏水等。

4. 实验内容及步骤。

(1)玻璃器皿的洗涤与包装

①洗涤。

玻璃器皿在使用前必须清洗干净,洗净的玻璃器皿内壁应能被水均匀润湿而无条纹及水珠。实验目的不同,玻璃器皿洗净的程度也各不相同。不同的器皿有不同的洗涤方法。

a. 新的玻璃器皿的洗涤。

新购玻璃器皿一般都含有游离碱,应先用质量分数为 2% 盐酸或铬酸洗液浸泡,再用自来水和蒸馏水洗涤。

b. 一般玻璃器皿的洗涤。

一般玻璃器皿可用去污粉、洗衣粉或肥皂水等擦洗,然后用自来水冲洗干净。带油或凡士林、石蜡油等的玻璃器皿,在清洗之前须用滤纸或脱脂棉将其擦去,然后用去污粉、洗衣粉、肥皂水或清洗剂擦洗,必要时用质量分数为5%苏打水煮两次,再用热水清洗,最后用自来水冲洗干净。

染菌或带菌的玻璃器皿,洗涤前先煮沸0.5 h,再用去污粉、洗衣粉等清洗,最后用自来水冲洗干净,如有带染菌的玻璃器皿,应加压灭菌后再清洗。

经过以上方法洗涤的玻璃器皿,以水在内壁均匀分布而不出现水珠时为浊污除尽的标准。这样的器皿可以用于盛一般培养基和无菌水,灭菌后可使用。如果器皿用来盛化学试剂或做较精确的实验时,则应在以上方法的基础上再用蒸馏水(或去离子水)淋洗3次,备用,必要时须烘干。

洗干净的载玻片或盖玻片,用蒸馏水冲洗后,晾干,放于含质量分数为95%酒精的玻璃槽中,使用前在火焰上烧去酒精即可。

②包装。

用于细菌培养的玻璃器皿,洗干净后,必须包装后才可灭菌。

a.吸管和滴管的包装。

吸管和滴管的包装方法有两种:一种是放在钢管中灭菌,适于较多吸管、滴管放在一起且集中使用的情况;另一种是单支包装,在吸管的吸端用细铁丝塞一段棉花(长1~1.5 cm),松紧要合适,其既防止微生物吸入吸管口中,又防止微生物吹入吸管中,起过滤作用。用宽4~5 cm的长纸条(牛皮纸或废报纸均可),自吸管或滴管的尖端(尖端需用两层纸),以螺旋式包扎起来,最后留有一段纸条打一个结,以防松脱(图4.1)。

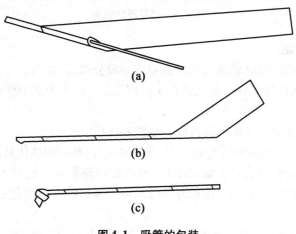

图4.1　吸管的包装

b.试管和锥形瓶的包装。

首先,管口和瓶口先塞棉塞。棉塞可过滤空气,防止杂菌进入并可减缓培养基的水分蒸发。做好的棉塞,四周应紧贴管壁和瓶口,不留空隙和皱折,以防空气中微生物会沿棉塞皱折浸入。棉塞不宜过松或过紧。

其次,为了避免灭菌时冷凝水淋湿棉塞,待灭菌的试管和锥形瓶等塞好棉塞或纱布后要用牛皮纸或废报纸包裹并用线绳捆扎,以待灭菌(图4.2、图4.3)。

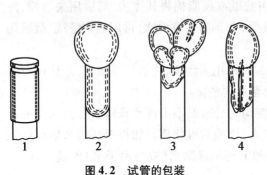

图 4.2　试管的包装

1,2—正确包装;3,4—不正确包装

图 4.3　锥形瓶的包装

c.培养皿由一底一盖组成一套,按实验需要将培养皿若干套一起用牛皮纸或废报纸包裹,以待灭菌(图 4.4)。

图 4.4　培养皿的包装

(2)培养基的配制。

①牛肉膏蛋白胨培养基(供测定细菌总数或菌种分离用)配方。

牛肉膏 0.5 g,蛋白胨 1.0 g,氯化钠 0.5 g,琼脂 2.5 g,蒸馏水 100 mL,pH = 7.2 ~ 7.6。

②配制方法。

a.称量:按培养基配方准确称取各种药品放入烧杯中。

b.溶化:向 300 mL 烧杯中加入 150 mL 蒸馏水搅匀,然后加热使其溶解。

配制固体培养基时,可将琼脂剪成小块(或直接用琼脂粉),这样有利于溶化。在琼脂溶化过程中要不断搅拌,注意不要使培养基溢出或烧焦。待完全溶化后补足因蒸发所损失的水分。

c.调节 pH:初配制好的培养基往往不能符合所要求的 pH,故需用 pH 试纸或酸度计测试,并用质量分数为 10% 的 NaOH 或 1 mol/L HCl 溶液调整 pH 值至 7.6。

d.过滤:用纱布或棉花过滤均可。一般无特殊要求的情况下,可省去该步。

e.分装:根据不同要求可将制好的培养基分别装入 5 支试管中,其余的倒入 250 mL 三角瓶内,在瓶口塞上棉塞,注意不要将培养基沾在管口,以免浸湿棉塞引起污染或影响透气性。

一般液体培养基分装高度以试管高度的 1/4 左右为宜,固体培养基为试管高度的 1/5 左右,灭菌后制成斜面(图 4.5)。半固体培养基以试管高度的 1/3 为宜,灭菌后垂直放置,凝结成半固体深层琼脂。

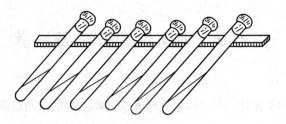

图 4.5　斜面的摆法

f. 包装：培养基分装好后塞上棉塞，外面再包一层牛皮纸便可进行灭菌。培养基的灭菌时间和温度须按照各种培养基的规定进行，以保证灭菌效果且不损坏培养基的必要成分。

（3）无菌水的配制。

在试管或三角瓶内先盛适量的自来水，用棉塞塞住管口或瓶口，并用牛皮纸或废报纸扎紧，灭菌。水的体积应在灭菌后恰为 9 mL（试管）或 99 mL（三角瓶）。也可先将试管或三角瓶灭菌，用灭菌吸管吸取灭菌的自来水 9 mL 或 99 mL 加入试管或三角瓶中。无菌水常用来稀释菌液。

（4）灭菌。

①加水：立式灭菌锅是直接将水加至锅内底部隔板以下 1/3 处。

②装锅：把需要灭菌的器皿包装后放入锅内（器皿不要装得太满，否则灭菌不彻底），关严锅盖（对角式均匀拧紧螺旋），打开排气阀。

③点火：如果用电源则开启开关。

④关闭排气阀：待锅内水沸腾时，蒸汽将锅内冷空气排净后，温度指针指向 100 ℃，这时关闭排气阀。

⑤升温、升压：关闭排气阀后，压力计和温度计的指针同时上升。当压力达到 105 kPa（温度为 121 ℃）时，灭菌开始。此时调节火力大小，使压力在 105 kPa 维持 15～30 min，含糖培养基压力为 56.5 kPa（过高的压力和温度会使营养成分遭到破坏）。

⑥中断热源：达到灭菌时间后停止加热，使其自然降温、降压，等指针回到零时，打开排气阀（切忌过早打开排气阀，否则培养基因压力突然下降，温度没下降而导致培养基翻腾冲到瓶口污染棉塞）。

⑦揭开锅盖，取出物品，倒掉锅内剩余的水。

⑧待培养基冷却后放入 37 ℃ 恒温箱中培养 24 h，若没有细菌生长，放入冰箱或阴凉处保存备用。

5. 实验讨论

①加压蒸汽灭菌开始之前，为什么要放尽容器内的冷空气？灭菌后，气压未降至零时为什么不能开盖？

②加压蒸汽灭菌为什么比干热灭菌需求的温度低、时间短？

③干热灭菌完毕后，在什么条件下开箱，为什么？

④在教师的指导下，将实验所需物品进行灭菌。

实验 5　细菌纯种分离及培养

1.实验目的

①掌握从环境(土壤、水体、空气等)中分离培养细菌的方法,从而获得细菌纯种培养技能。

②掌握几种接种技术。

2.实验器材

①无菌培养皿(直径90 mm)10套,无菌移液管1 mL 2支、10 mL 1支。

②营养琼脂培养基1瓶(已灭菌)、待分离样品1瓶、无菌稀释水90 mL 1瓶、装有9 mL无菌水的试管5支。

③接种环、酒精灯和恒温培养箱。

3.细菌纯种分离的操作方法

细菌纯种分离的方法有两种:稀释平板分离法和平板划线分离法。

(1)稀释平板分离法。

①取样。

用无菌锥形瓶到现场取一定量的活性污泥或土壤或湖水,迅速带回实验室。

②稀释水样。

将1瓶90 mL和6管9 mL的无菌生理盐水或无菌水(以下简称无菌水)排列好,按10^{-1},10^{-2},10^{-3},10^{-4},10^{-5}及10^{-6}依次编号。在无菌操作条件下,用10 mL的无菌移液管吸取10 mL水样(或其他样品10 g)置于第一瓶90 mL无菌水(内含玻璃珠)中,将移液管吹洗3次,用手摇10 min,将颗粒状样品打散,即为10^{-1}的菌液。用1 mL无菌移液管吸取1 mL 10^{-1}的菌液于含有9 mL无菌水的试管中,将移液管吹洗3次,摇匀即为10^{-2}菌液。同样方法,依次稀释到10^{-7},浓度为体积比。稀释过程如图5.1所示。

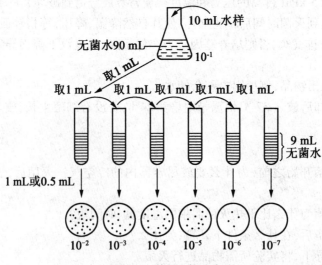

图5.1　稀释平板分离法

③平板的制作。

取 10 套无菌培养皿编号,10^{-4},10^{-5},10^{-6} 各 3 个,另 1 个为空气对照。取 1 支 1 mL 无菌移液管从浓度小的 10^{-6} 菌液开始,以 10^{-6},10^{-5},10^{-4} 为序分别吸取 0.5 mL 菌液于相应编号的培养皿内(注:每次吸取前,用移液管在菌液中吹泡使菌液充分混匀),加热融化培养基,当培养基冷至 45 ℃左右时,右手拿装有培养基的锥形瓶,左手拿培养皿,以中指、无名指和小指托住皿底,拇指和食指夹住皿盖,靠近火焰,将皿盖掀开,倒入培养基后将培养皿平放在桌上,顺时针和逆时针来回转动培养皿,使培养基和菌液充分混匀,冷凝后即成平板,倒置,于 30 ℃培养 24 ~ 48 h,然后观察结果。

取"对照"的无菌培养皿,倒平板待凝固后,打开皿盖 10 min 后盖上皿盖,倒置,于 30 ℃培养 24 ~ 48 h 后观察结果。

(2)平板划线分离法。

①平板的制作。

将融化并冷至约 50 ℃的肉膏蛋白胨琼脂培养基倒入无菌培养皿内,使其凝固成平板。

②操作。

如图 5.2 所示用接种环挑取一环活性污泥(或土壤悬液等),左手拿培养皿,中指、无名指和小指托住皿底,拇指和食指夹住皿盖,将培养皿稍倾斜,左手拇指和食指将皿盖掀半开,右手将接种环伸入培养皿内,在平板上轻轻划线(切勿划破培养基),划线的方式可取图 5.3 中任何一种。划线完毕盖好皿盖,倒置,30 ℃培养 24 ~ 48 h 后观察结果。

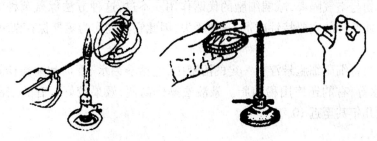

图 5.2　两种平板划线操作

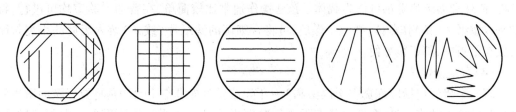

图 5.3　平板分离划线方式

4.实验讨论

①分离活性污泥为什么要稀释?

②用一根无菌移液管接种几种浓度的水样时,应从哪个浓度开始,为什么?

③你掌握了哪几种接种技术?

④稀释平板分离法和平板划线分离法在实际应用中有何区别?

实验 6　菌 种 保 藏

1. 实验目的

①学习和掌握菌种保藏的基本原理,比较几种不同的保藏方法。

②掌握常用的微生物菌种保藏方法。

2. 实验原理

菌种的长期保藏是一切微生物工作的基础。菌种保藏的目的是使菌种被保藏后不死亡、不变异、不被杂菌污染,并保持优良性状。

自 19 世纪末 F. Kral 开始尝试微生物菌种保藏以来,已经建立了许多长期保藏菌种的方法。虽然不同的保藏方法其原理各异,但基本原则是使微生物的新陈代谢处于最低或几乎停止的状态,以降低菌种的变异率。保藏方法通常基于温度、水分、通气、营养成分和渗透压等方面考虑。现在菌种保藏的方法大体分为以下几种:

(1)传代培养法。

传代培养法使用最早,它是将要保藏的菌种通过斜面、穿刺或疱肉培养基(用于厌氧细菌)培养好后,在 40 ℃条件下存放,定期进行传代培养,再存放。后来发展在斜面培养物上面覆盖一层无菌的液体石蜡,一方面防止因培养基水分蒸发而引起菌种死亡;另一方面石蜡层可将微生物与空气隔离,减弱细胞的代谢作用。不过,这种方法保藏菌种的时间不长,且传代过多易使菌种的主要特性减退,甚至丢失,因此它只能作为短期保存菌种用。

(2)悬液法。

悬液法是指将细菌细胞悬浮在一定的溶液中,包括蒸馏水、蔗糖和葡萄糖等糖液,磷酸缓冲液,食盐水等,有的还使用稀琼脂。悬液法操作简便,效果较好。有的细菌、酵母菌用这种方法保藏几年甚至近 10 年。

(3)载体法。

载体法是使生长合适的微生物吸附在一定的载体上进行干燥,土壤、沙土、硅胶、明胶、麸皮、磁珠和滤纸片等都可作为载体。该法操作通常比较简单,在普通实验室均可进行,特别是以滤纸片(条)作载体,细胞干燥后,可将含细菌的滤纸片(或条)装入无菌的小袋封闭后放在信封中,邮寄很方便。

(4)真空干燥法。

真空干燥法包括冷冻真空干燥法和 L - 干燥法。冷冻真空干燥法是将要保藏的微生物样品先经低温预冻,然后在低温状态下进行减压干燥;L - 干燥法则不需要低温预冻样品,只是使样品维持在 10 ~ 20 ℃进行真空干燥。

(5)冷冻法。

冷冻法是一种使样品始终存放在低温环境下的保藏方法。它包括低温法(- 70 ~ - 80 ℃)和液氮法(- 196 ℃)。

水是生物细胞的主要组分,约占活体细胞总量的 90%,在 0 ℃或以下时会结冰。若样品降温速度过慢,细胞外溶液中水分大量结冰,细溶液的浓度提高,细胞内的水分便大量向外渗透,导致细胞剧烈收缩,造成细胞损伤,此为溶液损伤。若样品冷却速度过快,细胞内的水分来不及通过细胞膜渗出,细胞内的溶液因过冷而结冰,细胞的体积膨大,最后导致细胞破裂,此为胞内冰损伤。因此,控制降温速率是冷冻微生物细胞十分重要的步骤,可以通过添加保护剂的方法来克服细胞的冷冻损伤。在须冷冻保藏的微生物样品中加入适当的保护剂可以使细胞经低温冷冻时减少冰晶的形成,如甘油、二甲亚砜、谷氨酸钠、糖类、可溶性淀粉、聚乙烯吡咯烷酮(PVP)、血清、脱脂奶等。二甲亚砜对微生物细胞有一定的毒害,一般不采用。

甘油适宜低温保藏,脱脂奶和海藻糖是较好的保护剂,尤其是在冷冻真空干燥中普遍使用。

3. 仪器与试剂

(1)菌种。

菌种包括大肠杆菌、假单胞菌、灰色链霉菌(Streptomyces griseus),酿酒酵母和产黄青霉菌(Penicztlium chrysogenum)。

(2)培养基。

培养基包括肉汤培养基、PDA 培养基和豆芽汁培养基。

(3)溶液和试剂。

溶液和试剂包括液体石蜡、甘油、五氧化二磷(或无水氯化钙)、河沙、瘦黄土或红土、质量分数为 95% 乙醇、质量分数为 10% 盐酸、食盐和干冰。

(4)仪器或其他用具。

仪器或其他用具包括无菌吸管、无菌滴管、无菌培养皿、安瓿管、冻干管、40 目与 100 目筛子、石蜡膜、滤纸条(0.5 cm × 1.2 cm)、干燥器、真空泵、真空冷冻干燥箱、喷灯、L 形五通管、冰箱、低温冰箱(–70 ℃)、超低温冰箱和液氮罐。

4. 操作步骤

以下几种保藏方法可根据实验室具体条件选做。

(1)斜面法

将菌种转接在适宜的固体斜面培养基上,待其充分生长后,用石蜡膜将试管塞部分包扎好(斜面试管用带帽的螺旋试管为宜,这样培养基不易干,且螺旋帽不易长霉,如用棉塞,要求塞子比较干燥),置 4 ℃ 冰箱中保藏。

保藏时间依微生物的种类各异。霉菌、放线菌及有芽孢的细菌保存 2 ~ 4 个月移种一次,普通细菌最好每月移种一次,假单胞菌两周传代一次,酵母菌间隔两个月传代一次。

斜面法操作简单,使用方便,不需特殊设备,能随时检查所保藏的菌株是否死亡、变异与污染杂菌等。其缺点是保藏时间短,须定期传代,且易被污染,菌种的主要特性容易改变。

(2)液体石蜡法。

液体石蜡法具体步骤如下:

①将液体石蜡分装于试管或三角烧瓶中,塞上棉塞并用牛皮纸包扎,121 ℃ 灭菌 30 min,然后放在 40 ℃ 温箱中使水汽蒸发后备用。

②将需要保藏的菌种在最适宜的斜面培养基中培养,直到菌体健壮或孢子成熟。

③用无菌吸管吸取无菌的液体石蜡,加入已长好菌的斜面上,其用量以高出斜面顶端

1 cm为准,使菌种与空气隔绝。

④将试管直立,置低温或室温下保存(有的微生物在室温下比在冰箱中保存的时间还要长)。

液体石蜡法实用而且效果较好,产孢子的霉菌、放线菌、芽孢菌可保藏2年以上,有些酵母菌可保藏1~2年,一般无芽孢细菌也可保藏1年左右。此法的优点是制作简单,不需特殊设备,且不需经常移种。其缺点是保存时必须直立放置,所占位置较大,同时也不便携带。

(3)半圆体穿刺法。

半圆体穿刺法操作简便,是短期保藏菌种的一种有效方法。

①用接种针挑取细菌后,在琼脂柱中穿刺培养(培养试管选用带螺旋帽的短聚丙烯安瓿管)。

②将培养好的穿刺管盖紧,外面用石蜡膜封严,在4 ℃条件下存放。

③取用时将接种环(环的直径尽可小些)伸入菌种生长处挑取少许细胞,接入适当的培养基中。穿刺管封严后可保留以后再用。

(4)滤纸法。

①滤纸条的准备。

将滤纸剪成0.5 cm×1.2 cm的小条装入0.6 cm×8 cm的安瓿管中,每管装1~2片,用棉塞塞上后经121 ℃灭菌30 min。

②保护剂的配制。

配制质量分数为20%脱脂奶,装在三角瓶或试管中,经112 ℃灭菌25 min。待冷却后,随机取出几份分别置28 ℃,37 ℃培养过夜,然后各取0.2 mL涂布在肉汤平板上进行无菌检查,确认无菌后方可使用,其余的保护剂置4 ℃存放待用。

③菌种培养。

将需要保存的菌种在适宜的斜面培养基上培养,直到生长丰满。

④菌悬液的制备。

取无菌脱脂奶2~3 mL加入待保存的菌种斜面试管内,用接种环轻轻地将菌苔刮下,制成菌悬液。

⑤分装样品。

用无菌滴管(或吸管)吸取菌悬液滴在安瓿管中的滤纸条上,每片滤纸约0.5 mL,塞上棉花。

⑥干燥。

将安瓿管放入有五氧化二磷(或无水氯化钙)作为吸水剂的干燥器中,用真空泵迅速抽干。

⑦熔封与保存。

用火焰按图6.1所示将安瓿管封口,在4 ℃或室温条件下存放。

⑧取用安瓿管。

使用菌种时,取存放的安瓿管用锉刀或砂轮从上端打开安瓿管或将安瓿管口在火焰上烧热,加一滴冷水在烧热的部位使玻璃裂开,敲掉口端的玻璃,用无菌镊子取出滤纸,放入液体培养基中培养或加入少许无菌水,用无菌吸管或毛细滴管吹打几次,使干燥物很快溶出,转入适当的培养基中培养。

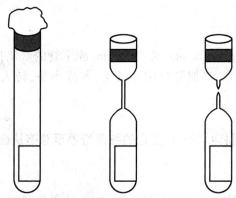

图 6.1　滤纸保藏法的安瓿管熔封

(5)沙土管法。

①河沙处理。

取河沙若干加入质量分数为 10% 盐酸浸没沙面,加热煮沸 30 min 或浸 2 ~ 4 h 以除去有机质。倒去盐酸溶液,用自来水冲洗至中性,最后一次用蒸馏水冲洗。烘干后用 40 目筛子过筛,弃去粗颗粒,备用。

②土壤处理。

取非耕作层不含腐殖质的瘦黄土或红土,加自来水浸泡洗涤数次,直至中性。烘干后碾碎,用 100 目筛子过筛,粗颗粒部分丢掉。

③沙土混合。

处理妥当的河沙与土壤按 2:1,3:1 或 4:1 的比例混合(或根据需要而用其他比例,甚至可全部用沙或土)均匀后,装入 10 mm × 100 mm 的小试管或安瓿管中,每管分别装 1 g 左右,塞上棉塞,进行灭菌(通常采用间歇灭菌 2 ~ 3 次),最后烘干。

④无菌检查。

每 10 支沙土管随机抽 1 支,将沙土倒入肉汤培养基中,在 30 ℃ 培养 40 h,若发现有微生物生长,所有沙土管则需重新灭菌,再做无菌试验,直至证明无菌后方可使用。

⑤菌悬液的制备。

取生长健壮的新鲜斜面菌种,加入 2 ~ 3 mL 无菌水(每 18 mm × 180 mm 的试管斜面菌种),用接种环轻轻将菌苔洗下,制成菌悬液。

⑥分装样品。

每支沙土管(注明标记后)加入 0.5 mL 菌悬液(刚刚使沙土润湿为宜),用接针拌匀。

⑦干燥。

将装有菌悬液的沙土管放入盛有干燥剂的干燥器内,用真空泵抽干水分后火焰封口(也可用橡皮塞或棉塞塞住试管口)。

⑧保存。

置 4 ℃ 冰箱或室温干燥处,每隔一定时间进行检测。

此法多用于产芽孢的细菌、产生孢子的霉菌和放线菌,在抗生素工业生产中应用广泛、效果较好,可保存几年时间,但对营养细胞效果不佳。

(6)冷冻真空干燥法。

①冻干管的准备。

选用中性硬质玻璃,内径约 5 mm,长约 15 cm,冻干管的洗涤按新购玻璃品洗净,烘干后塞上棉花。可将保藏编号、日期等打印在纸上,剪成小条,转入冻干管。在 121 ℃灭菌 30 min。

②菌种培养。

将要保藏的菌种接入斜面培养,产芽孢的细菌培养至芽孢从菌体脱落或产孢子的放线菌、霉菌至孢子丰满。

③保护剂的配制。

选用适宜的保护剂按使用浓度配制后灭菌,随机抽样培养后进行无菌检查(同滤纸法保护剂的无菌检查),确认无菌后才能使用。糖类物质需用过滤器除菌,脱脂牛奶 112 ℃,灭菌 25 min。

④菌悬液的制备。

取 2～3 mL 保护剂加入新鲜斜面菌种试管,用接种环将菌苔或孢子洗下振荡,制成菌悬液,真菌菌悬液则需置 4℃平衡 20～30 min。

⑤分装样品。

用无菌毛细滴管吸取菌悬液加入冻干管,每管装约 0.2 mL。最后在几支冻干管中分别装入 0.2 mL,0.4 mL 蒸馏水作对照。

⑥预冻。

用程序控制温度仪进行分级降温。不同的微生物其最佳降温度率有所差异,一般由室温快速降温至 4 ℃,4 ℃至 -40 ℃每分钟降低 1 ℃,-40 ℃至 -60 ℃以下每分钟降低 5 ℃。条件不具备者,可以使用冰箱逐步降温。从室温至 4 ℃至 -12 ℃(三星级冰箱为 -18 ℃)至 -30 ℃至 -70 ℃,也可用盐冰、干冰替代。

⑦冷冻真空干燥。

启动冷冻真空干燥机制冷系统。当温度下降到 -50 ℃以下时,将冻结好的样品迅速放入冻干机内,启动真空泵抽气直至样品干燥。

样品干燥的程度对菌种保藏的时间影响很大。一般要求样品的含水量为 1%～3%。判断方法:

a. 外观。样品表面出现裂痕,与冻干管内壁有脱落现象,对照管完全干燥。

b. 指示剂。用质量分数为 3% 的氯化钴水溶液装入冻干管作为指示剂,当溶液的颜色由红变浅蓝后,再抽同样长的时间便可。

⑧取出样品。

先关真空泵,再关制冷机,打开进气阀使冻干机腔体真空度逐渐下降,直至与室内气压相等后打开,取出样品。先取几只冻干管在桌面上轻敲几下,样品很快疏散,说明干燥程度达到要求。若用力敲,样品不与内壁脱开,也不松散,则须继续冷冻真空干燥,此时样品不需事先预冻。

⑨第二次干燥。

将已干燥的样品管分别安在分歧形管上,启动真空泵,进行第二次干燥。

⑩熔封。

用高频电火花真空检测仪检测冻干管内的真空程度。当检测仪将要触及冻干管时,发出蓝色电光说明管内的真空度很好,便在火焰下(氧气与煤气混合调节,或用酒精喷灯)熔封冻干管。

⑪存活性检测。

每个菌株取 1 支冻干管及时进行存活检测。打开冻干管,加入 0.2 mL 无菌水,用毛细滴管吹打几次,沉淀物溶解后(丝状真菌、酵母菌则需要置室温平衡 30~60 min),转入适宜的培养基培养,根据生长状况确定其存活性,或用平板计数法或染色方确定存活率。如需要可测定其特性。

⑫保存。

置 4 ℃或室温保藏(前者为宜),每隔一段时间进行抽样检测。

该方法是菌种保藏的主要方法,对大多数微生物较为适合、效果较好,保藏时间依不同的菌种而定,有的甚至 30 多年。

取用冻干管时,先用 75%(质量分数)乙醇将冻干管外壁擦干净,再用砂轮或锉刀在冻干管上端划一小痕迹,然后将所划之处向外,两手握住冻干管的上、下两端,稍向外用力便可打开冻干管,或将冻干管上端近口处烧热,在热处滴几滴水,使之破裂,再用镊子敲开。

(7)超低温冰箱法。

①安瓿管的准备。

用于保藏的安瓿管要求既能经 121 ℃高温灭菌,又能在 -70 ℃低温长期存放。现已普遍使用聚丙烯塑料制成带有螺旋帽和垫圈的安瓿管,容量为 2 mL。用自来水洗净后,经蒸馏水冲洗多次,烘干,121 ℃灭菌 30 min。

②保护剂的准备。

配制 20%的甘油,121 ℃灭菌 30 min。使用前随机抽样进行无菌检查(见滤纸法保护剂的配制)。

③菌悬液的制备。

取新鲜的培养健康的斜面菌种加入 2~3 mL 保护剂,用接种环将菌苔洗下振荡,制成菌悬液。

④分装样品。

用记号笔在安瓿管上注明标号,用无菌吸管吸取菌悬液,加入安瓿管中,每只管加 0.5 mL 菌悬液,拧紧螺旋帽。

⑤冻存。

将分装好的安瓿管放入菌种盒中,快速转入 -70 ℃超低温冰箱,并记录菌种在超低温冰箱中存放的位置与安瓿管数。

⑥解冻。

须使用样品时,带上棉手套,从超低温冰箱中取出安瓿管,用镊子夹住安瓿管上端迅速放入 37 ℃水浴锅中摇动 1~2 min,样品很快溶化。然后用无菌吸管取出菌悬液,加入适宜的培养基中保温培养便可。

⑦存活性测定。

可采用以下方法进行存活检测:

a. 染色法。取解冻融化的菌悬液按细菌、真菌死活染色法,通过显微镜观察细胞存活和死亡的比例,计算出存活率。

b. 活菌计数法。分别将预冻前和解冻融化的菌悬液按10倍稀释法涂布平板培养后,根据两者每毫升活菌数计算出存活率(如有必要,可测定菌种特征的稳定性)。按以下公式计算其存活率,即

$$存活率(\%) = \frac{保藏后每毫升活菌数}{保藏前每毫升活菌数} \times 100\%$$

5. 实验结果

选用几种菌株保藏方法进行菌株保藏,定期取保藏菌种,测定其活性,比较不同菌种保藏方法的存活性。

6. 注意事项

①液体石蜡和甘油由于黏度较大,最好能反复灭菌2~3次后使用,以保证无菌。

②从液体石蜡下面取培养物移种后接种环在火焰上灼烧时,培养物容易与残留的液体石蜡一起飞溅,应特别注意。

③糖类物质和蛋白、血清类在高温、高压下易变性,宜过滤除菌。

④用超低温冰箱冻存时,也可以采用向在液体培养基中培养至合适时间的菌悬液中直接添加质量分数为50%甘油,使甘油的终质量分数达到20%~25%,然后直接冻存。

⑤用超低温冰箱保存时,如果菌种取出后仍须继续冻存,则不宜解冻,只需用接种环在表面轻划,然后转入适宜的培养基中进行培养即可。取用菌种的过程要迅速,反复冻融不利于菌种的存活。

7. 思考题

①根据你的实验,谈谈1~2种菌种保藏方法的利弊?

②实验室最常用哪一种既简单又方便的方法长期保存菌种?

实验 7　细菌生长曲线的测定

1.实验目的

测定细菌在不同培养条件下的生长曲线。

2.实验原理

将一定量的微生物接种在一个封闭的、盛有一定量液体培养基的容器内,保持一定的温度、pH 和溶解氧量,微生物在其中生长繁殖,结果出现微生物数量由少变多,达到高峰后又由多变少,甚至死亡的变化规律,这就是微生物的生长曲线。以菌数的对数为纵坐标,生长时间为横坐标作图,得到的生长曲线通常分为迟缓期、对数期、稳定期和衰亡期。

微生物的生长曲线是微生物在液体培养基中所表现出来的生长、繁殖规律,不同的微生物表现为不同的生长曲线,即使同一种微生物在不同的培养条件下,其生长曲线也是不同的。

由于细菌悬液的浓度与浑浊度成正比,因此可利用分光光度法测定细菌悬液的光密度(OD)来推知菌液的浓度。本实验以活菌计数法与分光光度法相对应来测定细菌在不同的生长条件下的生长曲线,从而观察、分析细菌在这些培养条件下的生长状况。

3.实验器材

①培养基:肉膏蛋白胨培养基、浓肉膏蛋白胨培养基(比肉膏蛋白胨培养基的浓度高 5倍)、肉膏蛋白胨琼脂培养基、无菌酸溶液(甲酸:乙酸:乳酸 = 3:1:1)。

②1 mL 和 5 mL 无菌吸管、无菌试管、无菌生理盐水、无菌离心管。

③细菌斜面。

④分光光度计、离心机、灭菌锅、气浴振荡器、生化培养箱、无菌超净工作台等。

4.实验内容与操作方法

①将经培养 20 h 的细菌培养物倒入无菌离心管中离心 (3 000 r/min,10 min),用无菌生理盐水洗涤 3 次后,制成 9×10^8/mL 的菌悬液(用显微镜直接计数法)作为种子。上述过程要求严格在无菌条件下操作。

②取盛有 200 mL 培养基(肉膏蛋白胨培养基)经灭菌的三角瓶 3 个,分别标明 A,B,C,按 5% 接种量将上述种子接入,置 37 ℃ 振荡培养。在 B 瓶培养 4 h 后取出,加入 10 mL 无菌酸溶液,然后继续置于 37 ℃ 振荡培养。在 C 瓶培养 6 h 后取出,加入 10 mL 无菌浓肉膏蛋白胨培养基,再继续置于 37 ℃ 振荡培养。

③间隔一定时间,即 0 h,1 h,2 h,4 h,6 h,8 h,10 h,12 h,14 h,18 h,24 h,36 h,48 h 后,从 A、B、C 三角瓶中各取 5mL 菌液放于无菌试管中,做适当稀释,使菌悬液的光密度值为 0 ~ 0.4,以分光光度法测定(400 ~ 500 nm 波长)菌悬液的光密度值。分光光度计应开机预热 30 min。用未接种的肉膏蛋白胨培养基为空白对照样校正分光光度计的零点(以后每次测定都要重新校正零点)。另外按各取样时间立即活菌计数(平板稀释法)。

④按间隔时间全部测完以后,以菌悬液光密度值为纵坐标,培养时间为横坐标,绘出细菌在 A,B,C 3 种培养条件下的生长曲线。同时,以活菌计数法测出的活菌数的对数为纵坐标,培养时间为横坐标,再绘出细菌在 A,B,C 3 种条件下的生长曲线。

显微镜直接计数方法如下：

取菌悬液一管(5 mL)摇匀,加入质量分数为1%的甲醛,将菌灭活,充分振荡,使菌体分散成单个菌。将上述菌液适当稀释50～100倍,若菌液浓度低可不必稀释。加质量分数为1%美蓝酒精溶液0.5 mL,摇匀,使细菌着色,然后取洁净干燥的血球计数板盖上盖玻片,将无菌滴管由盖玻片边缘滴入1小滴(不宜过多),则菌液自行渗入,注意不可有气泡。静止5 min后,将血球计数板置于显微镜载物台上,先用低倍镜找到计数室位置,再用高倍镜进行计数。一般样品稀释度要求每小格内有5～10个菌体为宜,太多或太少均要重新稀释。计数需要重复两次,若两次相差太大,则要求重新计数。

5. 实验结果处理

①将分光光度法测得的不同时间对应的OD值填入表7.1中。

表7.1　各菌液不同生长时期OD值

培养时间	接种后	1 h	2 h	4 h	6 h	8 h	12 h	18 h	24 h	36 h	48 h
A											
B											
C											

②将活菌计数法测得的不同时间对应的活菌数的对数填入表7.2中。

表7.2　各菌液不同生长时期活菌数的对数($\ln N$)

培养时间	接种后	1 h	2 h	4 h	6 h	8 h	12 h	18 h	24 h	36 h	48 h
A											
B											
C											

③绘制细菌生长曲线。

a. 以培养时间(h)为横坐标,吸光度(OD值)为纵坐标,绘制细菌生长曲线。

b. 以活菌数的对数为纵坐标,吸光度为横坐标,绘制菌数对数与吸光度的对应直线。

6. 注意事项

每一组做一份细菌生长曲线图,同时进行分光光度测量比浊度及活菌计数。

7. 实验讨论

①常用的测定微生物生长的方法有哪几种?

②用分光光度法、比浊法与活菌计数法测定绘出的生长曲线是否相同,为什么?

③A,B,C 3种条件下的生长曲线有什么不同?试说明原因,标出 A 条件下生长曲线的4个时期的位置及名称。

实验 8　影响微生物生长的条件实验

1.实验目的

①了解影响微生物生长的条件。

②掌握如何控制条件有利于微生物的生长。

2.实验原理

微生物的培养过程,除了受微生物自身的遗传特性影响外,还受到其他外界因素的影响,如营养物浓度、温度、水分、氧气、pH 等。微生物的种类不同,培养的方式和条件也不尽相同。就营养物浓度而言,可以用 Monode 方程

$$\mu = \mu_{max} \times c / (K + c)$$

来描述细菌的生长率(μ)与营养物浓度(c)的关系。而用 K 值可以描述细菌生长的特性常数,即营养物的浓度(c)越小,K 值越低。

温度是对微生物各种特性产生影响的重要因素,它对生物有机体的影响表现在两个方面:一方面,随着温度的上升,细胞中的生物化学反应速率和生长速率加快;另一方面,机体的重要组成如蛋白质、核酸和催化反应的酶等对温度都很敏感,随着温度的升高可能受到不同程度的破坏,而温度过低会使酶的活力受到抑制,细胞核新陈代谢活动减弱。因此,选择合适的温度对细菌的生长和降解至关重要。合适的培养温度能使菌体生长繁殖加快,产酶量增加,酶的活力提高,降解能力增强。

根据培养基的物理状态,微生物的培养可分为固体培养和液体培养。通常液体培养可以使微生物迅速繁殖,为获得大量数目的微生物通常都会进行液体培养。根据微生物对氧气的需求,微生物可以分为需氧微生物、兼性需氧微生物和厌氧微生物 3 种类型,也可将其分为 5 种类型,即在兼性需氧微生物和厌氧微生物之间增加了微量需氧微生物和耐氧微生物。绝大多数微生物都属于需氧微生物,酵母菌的无氧乙醇发酵属于兼性需氧,而甲烷发酵微生物多属于厌氧微生物。微生物在进行好氧培养时,需要有氧气加入才能确保微生物的良好生长,在研究时可以通过棉花塞或多孔材料塞控制无菌空气的进入。液体培养多数是通过摇床振荡,使外界的空气不断进入培养液中。在厌氧培养时,不需要氧气参加,可以通过降低培养基中的氧化还原电位、化合除氧、隔绝阻氧和替代驱氧的方式来除去培养基中的氧气。

3.实验材料

(1)菌种。

选取环境工程微生物实验室保存的两种微生物菌株 M1(乳杆菌属)和 M2(微球菌属)作为实验对象。

(2)培养基。

①牛肉膏蛋白胨培养基(普通培养基):牛肉膏 5.0 g,蛋白胨 10.0 g,氯化钠 5.0 g,适当加热溶于蒸馏水 1 000 mL,调节 pH 为 7.2 ~7.4,用于菌株活化和放大培养。

②碳源试验培养基:硫酸铵 2.0 g,硫酸镁 0.2 g,磷酸二氢钠 0.5 g,磷酸氢二钾 0.5 g,氯化钙 0.1 g,蒸馏水 1 000 mL,pH 为 7.0,碳源 10 g/L。

③氮源试验培养基:硫酸镁 0.2 g,磷酸氢二钠 2.13 g,磷酸二氢钾 1.36 g,氯化钙 0.005 g,葡萄糖 10.0 g,蒸馏水 1 000 mL,pH 为 7.0,氮源 2 g/L。

4. 实验过程

(1)最佳生长温度的确定。

微生物在生长过程中对温度有一定的适应范围,可分为最低生长温度、最适生长温度和最高生长温度。根据微生物最适生长温度的不同,可将微生物分为嗜冷微生物(最适生长温度为 -10~20 ℃)、中温微生物(最适生长温度为 20~45 ℃)和嗜热微生物(生长温度在 45 ℃以上)3 个类型。

分别按 2% 的接种量将 M1 和 M2 接种到普通培养基中,分别在 4 ℃,15 ℃,28 ℃,35 ℃,45 ℃条件下摇床培养 24 h 后取样测定其 OD_{600} 值。确定 M1 和 M2 的最适生长温度范围及最佳生长温度。

(2)最佳初始 pH。

培养基的 pH 对微生物是非常重要的一种环境因素,其对微生物的生命活动影响主要通过以下几个方面实现:一是引起细胞膜电荷的变化,从而影响微生物对营养物质的吸收;二是影响代谢过程中酶的活性;三是改变生长环境中营养物质的可给性以及有害物质的毒性等。不同微生物对 pH 条件的要求各不相同,只有在最适 pH 范围内,微生物才能有效发挥其作用,超出一定范围,微生物生长就会不正常甚至死亡。因此,确定微生物最适生长 pH 是很有必要的。

将培养基的初始 pH 分别调至 4.0,5.0,6.0,7.0,8.0,9.0,按 2% 的接种量接种 M1 和 M2,30 ℃,120 r/min,振荡培养 24 h 后取样测定 OD_{600} 值。确定 M1 和 M2 的最适初始 pH 范围及最佳 pH。

(3)最佳需氧量。

各种微生物对氧的需求是不同的,这反映出不同的微生物细胞内生物氧化酶系统的差别。在本试验中通过调节培养基装量使细菌接触不同量的氧。

在规格相同的培养瓶中加入不同体积的培养基,溶解氧随着培养基体积的增大而减小。接入 M1 和 M2 菌种,30 ℃,120 r/min,振荡培养 24 h 后测定 OD_{600} 的值。确定 M1 和 M2 的最佳需氧量。

(4)耐盐性实验。

无机盐类在细菌细胞内主要起到以下作用:构成细胞的组成成分、酶的组成成分、酶的激活剂以及维持适宜的渗透压。渗透压是影响微生物生长的环境因素之一。不同类型的微生物对渗透压变化的适应能力也不尽相同,大多数微生物在质量分数为 0.5%~3% 的盐浓度范围内可正常生长,质量分数为 10%~15% 的盐浓度能抑制大部分微生物的生长,但也有能在高于 15% 盐浓度的环境中生长的微生物。

采用的 NaCl 含量分别设为质量分数 0,0.5%,1.0%,2.0%,4.0%~10%,6.0%,8.0%,10.0%。接菌后,30 ℃,120 r/min,振荡培养 24 h 后测定 OD_{600} 的值。确定 M1 和 M2 对 NaCl 耐受性。

(5)最佳碳源实验。

先将 M1 和 M2 菌株接种到普通培养基中振荡培养 24 h,再按 2% 的接种量将两种菌接种到碳源含量为 1% 的培养基中,30 ℃,120 r/min,振荡培养 24 h 后测定 OD_{600} 的值。碳源的主要作用是构成微生物细胞的含碳物质和供给微生物生长、繁殖及运动所需要的能量。本实验以葡萄糖、蔗糖、可溶性淀粉及 DL – 甲硫氨酸为碳源,研究 M1 和 M2 对单糖、二糖、多糖及氨基酸的利用情况。

（6）最佳氮源实验。

凡是能够供给微生物氮素营养的物质称为氮源。氮源的作用是提供微生物合成蛋白质的原料。本实验按 2% 的接种量接种于分别以酵母膏、牛肉膏、蛋白胨、KNO_3、$(NH_4)_2SO_4$ 为唯一氮源的培养基中,30 ℃,120 r/min,培养 24 h,测定其 OD_{600} 的值。研究 M1 和 M2 对氮源的利用率。

5. 实验结果

①根据实验结果绘制曲线,确定 M1 和 M2 菌株的最佳生长条件。

②对实验结果进行讨论。

实验 9　微生物的生理生化反应

1. 实验目的

了解细菌代谢活动中常用的生化反应及其原理,掌握细菌鉴定中主要生理生化的常规试验法。

2. 淀粉水解试验

(1)基本原理。

淀粉是一种多糖,不能渗透到细菌细胞内。有的细菌能产生淀粉酶,分泌到细胞外将淀粉水解成麦芽糖后进入细胞,淀粉遇碘呈紫色。细菌水解淀粉,则菌苔周围出现无色透明圈,观察菌苔周围是否有透明圈,即可知该菌株是否分泌淀粉酶。

(2)材料和器材。

①菌种。

枯草芽孢杆菌、大肠杆菌 16~24 h 斜面培养物。

②培养基及试剂。

淀粉肉胨琼脂平板及鲁古氏碘液。

③仪器及其他用具。

恒温培养箱、接种耳、灭菌滴管、酒精灯。

(3)操作步骤。

在淀粉肉胨琼脂平板上点种大肠杆菌和枯草芽孢杆菌,在适当温度下培养。待菌苔明显生长后,在平板表面滴加碘液。菌苔周围有透明圈者为水解淀粉阳性。

3. 葡萄糖氧化发酵试验

(1)基本原理。

细菌能以氧化或发酵方式利用葡萄糖,糖代谢的结果有酸产生(有的还产生气体)。前者产酸慢且量少,后者产酸量多而快。利用含低有机氮的培养基,通过指示剂颜色的变化情况,即可鉴别细菌的糖类是氧化性产酸还是发酵性产酸。由软琼脂柱中有无气体,可判断是否产气。

(2)材料和器材。

①菌种。

大肠杆菌和荧光假单胞菌的幼龄(18~24 h)斜面培养物。

②培养基和试剂。

休和利夫森氏葡萄糖氧化发酵培养基,灭菌凡士林油(凡士林与液体石蜡以 1∶1 混合配成)。

③仪器及其他用具。

恒温培养箱、接种针和酒精灯。

(3)操作步骤。

①取休和利夫森氏软琼脂培养基 10 支,用记号笔做好标记。

②用接种针以无菌操作分别取大肠杆菌和荧光假单胞菌的菌苔少许,在软琼脂中做穿

刺接种,注意接种针不要碰到试管底。两种菌各接种 4 支,另取 2 支不接种做空白对照。

③取接种管各 2 支、对照管 1 支,用灭菌凡士林油封盖(在培养基上加油 1 cm 左右),为闭管。其余管不封油,为开管。

④将全部试管置 30～37 ℃ 温箱中培养 1 d,3 d,7 d 后观察结果。

a. 仅开管的培养基变黄——氧化产酸。

b. 开管和闭管的培养基均变黄——发酵产酸。

c. 琼脂内产生气泡——产气。

⑤修改法。因封油管的操作和洗刷都较麻烦,可只接种两支培养基,不封油,培养 12～18 h,即第一次观察结果。若培养基变色从表面开始向下扩散,属氧化产酸;培养基变色自下往上发生,则属发酵产酸。若 24 h 已全部变黄,即使从上部开始,也可能是发酵,这时应用封油管检查。

4. 吲哚试验

(1)基本原理。

有些细菌能分解胰蛋白胨中的色氨酸产生吲哚。吲哚与 Kovac 氏试剂中的对二甲基氨基苯甲醛作用,形成红色的玫瑰吲哚。其反应式为

色氨酸　　　　　　　吲哚　　　　　　　　　　　　对二甲基氨基苯甲醛　　　　玫瑰吲哚

(2)材料和器材。

①大肠杆菌和枯草芽孢杆菌新鲜斜面培养物。

②培养基及试剂。

质量分数为 1% 胰蛋白胨水培养基、Kovac 氏试剂和乙醚。

③仪器及其他用具。

恒温培养箱、接种耳和酒精灯。

(3)操作步骤。

①取胰蛋白胨水培养基试管 4 支,标记 E,B 各 2 管,另取 1 支作对照,标记 C。

②将大肠杆菌和枯草芽孢杆菌分别接入 E,B 管。

③在 30～37 ℃ 温箱中培养 24 h。

④取出培养物,沿管壁缓缓加入 Kovac 氏试剂,使在培养液表面厚 3～5 mm。在两液体

界面或界面以上呈现红色,为阳性反应。若呈色不明显,可加4~5滴乙醚并摇动,使乙醚分散于培养液中,然后静置片刻,待乙醚浮至液面后,再沿管壁缓缓加入试剂,观察结果。

5. 甲基红试验

（1）基本原理。

某些细菌在降解葡萄糖过程中产生丙酮酸,丙酮酸进而分解产生甲酸、乙酸和乳交等多种有机酸,使 pH 显著下降,可降至 4.2 以下,滴加甲基红指示剂后培养液由白黄色转变为红色。

（2）材料和器材。

①菌种。

大肠杆菌、枯草芽孢杆菌新鲜斜面培养物。

②培养基及试剂。

葡萄糖蛋白胨水培养基和甲基红指示剂。

③仪器及其他用具。

恒温培养箱、比色瓷盘、接种耳、酒精灯和移液管。

（3）操作步骤。

①受检菌各接种 2 支葡萄糖蛋白胨水培养基,另取 1 支培养基试管,不接种做对照。

②在 37 ℃温箱中培养 2~7 d。

③取培养液 0.5 mL 左右,置于白色比色瓷盘小窝内,加一滴甲基红指示剂呈红色为阳性。

6. 乙酰甲基甲醇试验（V－P 试验）

（1）基本原理。

有些细菌能将糖代谢过程中产生的丙酮酸脱羧形成乙酰甲基甲醇。乙酰甲基甲醇在碱性条件下与空气中氧起作用生成二乙酰,二乙酰与肌酸或胍基化合物作用生成红色化合物,即为 V－P 反应阳性。试验中加入少量叶萘酚可使反应加速,呈色明显。其反应式为

$$2CH_3COCOOH \longrightarrow CH_3COCHOHCH_3 + 2CO_2$$

丙酮酸　　　　　　　　乙酰甲基甲醇

$$CH_3COCHOHCH_3 \xrightarrow[+KOH]{-2H} CH_3COCOCH_3$$

二乙酰

$$CH_3COCOCH_3 + HN=C\begin{matrix}NH_2 \\ \\ NH_2\end{matrix} \longrightarrow HN=C\begin{matrix}N=C-CH_3 \\ \\ N=C-CH_3\end{matrix} + 2H_2O$$

红色化合物

（2）材料和器材。

①菌种。

大肠杆菌、枯草芽孢杆菌新鲜斜面培养物。

②培养基及试剂。

葡萄糖蛋白胨水培养基、质量分数为 40% 的 KOH 水溶液和质量分数为 5% 的 α－萘酚乙醇溶液。

③仪器及其他用具。

恒温培养箱、洁净试管、接种耳、酒精灯和移液管。

（3）操作步骤。

①接种、培养同甲基红试验。

②取 1 mL 培养液，注入一试管内，加 0.6 mL α - 萘酚乙醇溶液，再加 0.2 mL KOH 溶液，用力振荡。

③室温或温箱内静置 30 min 后观察，培养液呈红色或粉红色为阳性反应。

7. 产 H_2S 试验

（1）基本原理。

许多细菌能分解有机硫化物产生 H_2S 或硫化亚铁沉淀物。其反应式为

$$\begin{array}{c} \overset{\displaystyle NH_2}{\underset{\displaystyle\ }{|}} \\ S-CH_2-CH-COOH \\ | \\ S-CH_2-CH-COOH \\ | \\ NH_2 \end{array} +2H \longrightarrow 2\;\begin{array}{c} CH_2-CH-COOH \\ | \qquad | \\ SH \qquad NH_2 \end{array}$$

胱氨酸　　　　　　　　　　半胱氨酸

$$\begin{array}{c} CH_2-CH-COOH \\ | \qquad | \\ SH \qquad NH_2 \end{array} + H_2O \longrightarrow CH_3COCOOH + NH_3 + H_2S \uparrow$$

$$H_2S + Pb(CH_3COO)_2 \longrightarrow 2CH_3COOH + PbS \downarrow$$

$$或\ H_2S + FeSO_4 \longrightarrow H_2SO_4 + FeS \downarrow$$

（黑色沉淀）

（2）材料和器材。

①菌种。

大肠杆菌、沙门氏菌新鲜斜面培养物。

②培养基及试剂。

蛋白胨胱氨酸培养基和醋酸铅滤纸条（将滤纸剪成宽 0.5 ~ 1 cm 的纸条，长度根据试管和培养基高度而定，放在质量分数为 5% ~ 10% 醋酸铅溶液中浸透，取出在 50 ~ 60 ℃ 烘干，然后用高压蒸汽在 121 ℃ 灭菌 15 min，备用）。

③仪器及其他用具

恒温培养箱、镊子、接种耳和酒精灯。

（3）操作步骤。

将受检菌接种于蛋白胨胱氨酸培养基内，用无菌镊子夹取一条醋酸铅滤纸，用棉塞悬于培养基液面上，不接触液面。每个菌株两个重复，同时做不接种的对照，适温培养。在接种后 3 d,7 d,14 d 观察，纸条变黑者为阳性，不变色者为阴性。

8. 硝酸盐还原试验

（1）基本原理。

有些细菌能将硝酸盐还原为亚硝酸盐、氨或氮气。加入格里斯氏试剂 A 液后，硝酸与对氨基苯磺酸作用生成对重氮苯磺酸，对氮苯磺酸与 α - 萘胺（格氏试剂 B 液）合成为红色

的 N-α-萘胺偶氮苯磺酸。反应式为

$$NO_3^- \longrightarrow NO_2^- \nearrow N_2 \searrow NH_3$$

对氨基苯磺酸　　　　对重氮苯磺酸

α-萘胺　　　　　　N-α-萘胺偶氮苯磺酸(红色)

亚硝酸盐继续分解生成 NH_3 或 N_2，故用格里斯氏试剂检查无 NO_2^- 存在，不一定是硝酸盐还原作用，须进一步检验。若有 NO_3^- 存在，滴加二苯胺试剂后，培养液即呈蓝色；若不呈蓝色，则表示硝酸盐和新生成的亚硝酸盐都已还原成氨或氮气。

氨与奈氏试剂的反应为

$$2(HgI_2 \cdot 2KI) + 3KOH + NH_3 \longrightarrow O \underset{Hg}{\overset{Hg}{\diamond}} NH_2^+ \cdot I^- + 7KI + 2H_2O$$

碘化氧双汞氨(黄色)

$$2(HgI_2 \cdot 2KI) + KOH + NH_3 \longrightarrow NH_2Hg_2^+ \cdot I^- + 5KI + H_2O$$

碘化双汞氨(棕红色)

(2)材料和器材。

①菌种。

大肠杆菌、枯草芽孢杆菌新鲜斜面培养物。

②培养基及试剂。

硝酸盐肉汤培养基(内有小倒管)、格里斯氏试剂、二苯胺试剂和奈氏试剂。

③仪器及其他用具。

恒温培养箱、比色板、接种耳和酒精灯。

(3)操作步骤。

①分别接种大肠杆菌、枯草芽孢杆菌于硝酸盐肉汤培养基中，各做两个重复。另取两管不接种作为对照。

②适温培养 1 d,3 d,5 d。

③取培养液约0.5 mL 置于比色瓷盘小窝中，滴加格里斯氏试剂 A 液、B 液各 1 滴，若产生红色、橙色、棕色等沉淀，表示有亚硝酸盐存在，为硝酸盐还原阳性。若颜色不变，再加 1~2 滴二苯胺试剂，此时若呈蓝色反应，表示培养液中仍有硝酸盐，又无亚硝酸盐反应，为硝酸盐还原阴性；若不呈蓝色反应，再用奈氏试剂检查氨的存在与否，并检查小倒管内有无气体。

9. 实验结果(表9.1)

表9.1　各菌液不同生长时期活菌菌数对数(ln N)

试验名称	菌名	结果
淀粉水解试验	*Bacillus subtilis*	
	E. coli	
葡萄糖氧化发酵试验	*Pseudomonas* sp.	
	E. coli	
吲哚试验	*E. coli*	
	B. subtilis	
甲基红试验	*E. coli*	
	B. subtilis	
V - P 试验	*E. coli*	
	B. subtilis	
产 H_2S 试验	*E. coli*	
	Salmonella sp.	
硝酸盐还原试验	*E. coli*	
	B. subtilis	

实验 10　微生物对柠檬酸盐的利用实验

1. 实验目的

了解哪一种肠杆菌可利用柠檬酸盐,分解成为 CO_2,并掌握实验方法。

2. 实验原理

由于细菌利用柠檬酸盐的能力不同,因此本实验用于考察细菌能否将柠檬酸盐作为唯一碳源加以利用。尤其是鉴定肠杆菌各属种,这是十分重要的依据。细菌分解柠檬酸盐产生碱性化合物,使培养基由微酸性变碱性。若采用溴麝香草酚蓝作为指示剂,则培养基由绿色变为深蓝色;若采用酚红指示剂(pH 值为 6.8 ~ 8.4),则培养基由淡粉红变为玫瑰色,以此来判断结果。

3. 实验仪器

①高压蒸汽灭菌器。

②电子天平。

③电炉。

④生化恒温培养箱。

⑤玻璃器皿:1 000 mL 烧杯、1.8 mm × 18 mm 试管和接种针。

4. 实验试剂

$(NH_4)H_2PO_4$、NaCl、K_2HPO_4、$MgSO_4 \cdot 7H_2O$、柠檬酸钠和琼脂。

5. 实验操作步骤

(1)培养基的制备。

①培养基。

$(NH_4)H_2PO_4$	1 g
NaCl	5 g
K_2HPO_4	1 g
$MgSO_4 \cdot 7H_2O$	0.2 g
柠檬酸钠	2 g
琼脂	15 ~ 20 g
蒸馏水	1 000 mL
溴麝香草酚蓝(酒精液)	质量分数为 1%　10 mL(或质量分数为 0.5% 酚红液 3 mL)

将上述各成分加热溶解后,调整 pH 值为 6.8,然后加入指示剂,摇匀,过滤,分装试管。在 121 ℃灭菌 20 min 后,摆成斜面。

②接种培养。将待测菌种在斜面上划线接种(无菌操作),将接种试管置于生化恒温箱内,恒温(37 ℃)培养 5 d。

(2)结果观察。

培养基为碱性(指示剂变为深蓝色)者为阳性,否则为阴性。若指示剂为酚红,则培养基由原来的淡粉红色变为玫瑰红色,即为阳性。

6. 思考题

试述大肠埃希氏菌能否利用柠檬酸盐。

实验 11　微生物对气态氮的固定能力实验

1. 实验目的

了解微生物的固氮能力。

2. 实验原理

某些属、种的细菌能利用大气中的分子态氮作为唯一氮源生长。如果细菌在无氮培养基上能生长,表示该细菌能利用分子态氮生长。这种培养基配方很多,下面介绍两种常用的无氮培养基。

3. 实验仪器

①高压蒸汽灭菌器。

②生化恒温培养箱。

③电子天平。

④电炉。

⑤玻璃器皿:1 000 mL 烧杯、500 mL 三角瓶和量筒试管(1.8 mm×18 mm)。

4. 实验试剂

甘露醇、KH_2PO_4、$MgSO_4 \cdot 7H_2O$、NaCl、$CaSO_4 \cdot 4H_2O$、$CaCO_3$、K_2HPO_4、$CaCl_2$、柠檬酸钠、Na_2MoO_4、$Fe_2(SO_4)_3$、$FeSO_4 \cdot 7H_2O$ 和葡萄糖。

5. 实验操作步骤

(1)培养基的制备。

①阿什比(Ashby)氏无氮培养基。

甘露醇	10 g
KH_2PO_4	0.2 g
$MgSO_4 \cdot 7H_2O$	0.2 g
NaCl	0.2 g
$CaSO_4 \cdot 2H_2O$	0.2 g
$CaCO_3$	5.0 g
蒸馏水	1 000 mL

②修改伯克(Burk)氏培养基。

K_2HPO_4	0.8 g
KH_2PO_4	0.2 g
$CaCl_2$	0.1 g
柠檬酸钠	0.5 g
$MgSO_4 . 7H_2O$	0.2 g
Na_2MoO_4	0.005 g
$Fe_2(SO_4)_3$	0.005 g
$FeSO_4 \cdot 7H_2O$	0.015 g
葡萄糖	20.0 g

蒸馏水　　　　　　　　　　　1 000 mL

将以上各成分,按上列顺序放入蒸馏水中溶解,以免形成沉淀。溶解后,调整 pH 值到 7.0~7.2,分装试管置于高压蒸汽灭菌器内,0.59 kg/cm² 蒸汽灭菌 30 min。

（2）接种培养。

①用接种环或直针接种生长 18~24 h 的菌液在上述培养基中,适温培养 3 d 和 7 d。与接种的对照管比较浑浊度,比对照管浑浊者为阳性反应。如果难于判断时,连续移种 3 次,如果仍显示生长则肯定为阳性。

②好氧固氮菌需要氧气才能生长,如果静止培养,可能仅在液面呈现浑浊,观察时须注意。

③如果培养基中所用药品的纯度不高,可能有些所谓微嗜氮菌生长,也呈现一定的浑浊。遇到这种情况,以测定培养基中的含氮量的增加为宜。一般非共生固氮菌每消耗 1 g 糖可固定 10 mg 以上的大气氮。

6. 思考题

试述能将大气中分子态的氮固定的细菌,是否也能固定土壤中的氮。

实验 12　微生物的氧化酶及过氧化氢酶实验

1. 实验目的

学会氧化酶及过氧化氢酶的实验技术。

2. 实验原理

氧化酶又称为细胞色素氧化酶,它和细胞色素构成氧化酶系,参与生物的氧化作用。在有细胞色素和细胞色素氧化酶存在时,加入 α-萘酚和二甲基对苯撑二胺(或称对氨基二甲基苯胺)后即形成吲哚酚蓝,反应式为

氧化酶测定常用来区分假单胞菌属及其相近的种属细菌与肠杆菌科的细菌区。假单胞菌属等大多是氧化酶阳性。

3. 实验仪器

①冰箱。

②高压蒸汽灭菌器。

③电子天平。

④电炉。

4. 实验试剂

盐酸、二甲基对苯撑二胺和 α-萘酚。

5. 实验操作步骤

(1)氧化酶实验。

①试剂。

a. 质量分数为 1% 的盐酸二甲基对苯撑二胺水溶液,放在棕色瓶中置于冰箱中储存。因为该溶液极易氧化,储存时间不得超过两周。如果溶液转为红褐色,则不能使用。

b. 质量分数为 1% 的 α-萘酚酒精溶液。

②操作步骤。

a. 在洁净培养皿中放一张滤纸,滴上二甲基对苯撑二胺溶液(或滴上两种试剂等量混合液),滴入量以使滤纸湿润为宜,如果加得过湿有碍菌苔与空气接触,延长呈色时间,会造

成假阴性。

　　b.用白金耳勺(铁、镍等金属可催化二甲基对苯撑二胺呈色,不宜用这些金属制的接种环,也可用玻璃棒或干净的火柴取菌苔涂抹),挑取 18 ~ 24 h 菌苔,涂抹于滤纸上,如果呈玫瑰红(或蓝色),为阳性,在 1 min 以后显色者仍按阴性处理。

　　(2)过氧化氢酶实验。

　　氧化氢(H_2O_2)酶能催化 H_2O_2 分解成 H_2O 和 O_2,是一种以正铁血红素作为辅基的酶,其反应式为

$$2H_2O_2 \xrightarrow{\text{接触酶}} 2H_2O + O_2 \uparrow$$

　　本实验主要用于区别乳酸菌和厌氧菌与其他细菌。因为厌氧菌和乳酸菌可产生接触酶,因此接触酶的有无是区别好氧菌和厌氧菌的方法之一。

　　①试剂。

　　质量分数为3% ~ 10% H_2O_2 液。

　　②培养基。

　　a.普通牛肉膏蛋白胨培养基,培养基中不能含有血红素或红细胞,以免产生假阳性结果。

　　b.测定乳酸菌时,培养基中应加入质量分数为1%的葡萄糖液,因为乳酸菌在无糖培养基上生长时,可能产生一种"假过氧化氢酶"的非血红素的过氧化氢酶。

　　③操作步骤。

　　接种供试菌,适温培养18 ~ 24 h,将质量分数为3% ~ 10% 的 H_2O_2 液滴于斜面菌苔上(或涂有菌苔的载玻片上),静置1 ~ 3 min,如果有气泡产生,即为阳性。

6.思考题

　　找出氧化酶与过氧化氢酶实验的不同之处。

实验 13　用厌氧袋法培养丙酮丁醇梭状芽孢杆菌

1. 实验目的
①学习用厌氧袋法培养专性厌氧菌。
②了解丙酮丁醇梭状芽孢杆菌的生长情况及形态特征。

2. 实验原理
厌氧袋法培养的主要原理如下：

①利用氢硼化钠（$NaBH_4$）或氢硼化钾（KBH_4）与水反应产生 H_2，在钯的催化下，H_2 与袋内的 O_2 结合生成水，从而建立起无氧环境。其反应式为

$$NaBH_4 + 2H_2O \xrightarrow{Ni^{2+}} NaBO_2 + 4H_2 \uparrow$$

$$2H_2 + O_2 === 2H_2O$$

②在无氧环境下加入 10% 左右的 CO_2 有利于厌氧菌的生长。其反应式为

$$\begin{array}{c} CH_2COOH \\ | \\ HO-CCOOH \\ | \\ CH_2COOH \end{array} + 3NaHCO_3 \longrightarrow \begin{array}{c} CH_2COONa \\ | \\ HO-CCOONa \\ | \\ CH_2COONa \end{array} + 3H_2O + 3CO_2 \uparrow$$

③利用亚甲基蓝的变色反应作为厌氧度的指示剂。

3. 实验材料及试剂
（1）菌种。
丙酮丁醇梭状芽孢杆菌（Clostridium acetobutylicum）。

（2）培养基。
①中性红培养基。葡萄糖 40 g、胰蛋白胨 6 g、酵母膏 2 g、牛肉膏 2 g、醋酸铵 3 g、KH_2PO_4 0.5 g、$MgSO_4 \cdot 7H_2O$ 2 g、$FeSO_4 \cdot 7H_2O$ 0.01 g、中性红 0.2 g、蒸馏水 1 000 mL。pH 值为 6.2，在 115 ℃灭菌 20 min。

②质量分数为 6.5% 的玉米醪培养基。6.5 g 滤过的玉米粉加 100 mL 自来水，混匀，煮沸 10 min，成糊状，分装于试管中，每管 10 mL，自然 pH 值，在 121 ℃灭菌 1 h。

③碳酸钙明胶麦芽汁培养基。麦芽汁 1 000 mL、$CaCO_3$ 10 g、明胶 10 g、琼脂 20 g、蒸馏水 1 000 mL，灭菌前调整 pH 值为 6.8，在 115 ℃灭菌 20 min。

（3）厌氧袋。
厌氧袋是由不透气的无毒特种复合塑料薄膜制成的，袋内装有一套厌氧环境的形成装置，包括产气系统、催化系统、指示系统和吸湿系统，其装置如图 13.1 所示。

①塑料袋。用电热法烫制的无毒复合透明薄膜塑料袋（14 cm×32 cm）。

②产气管。取直径 1.0 cm、长 16 cm 左右的无毒塑料软管一根，用电热法封其一端，将 0.2 g $NaBH_4$（或 0.3 g KBH_4）和 0.2 g $NaHCO_3$（按袋体积 500 mL 计算），用擦镜纸包成一小包，塞入软管底部，其上塞少量脱脂棉花。再将内含质量分数为 5% 的柠檬酸溶液 1.5 mL 的安瓿倒装入塑料管，然后加上一个有缺口的泡沫塑料小塞即成。

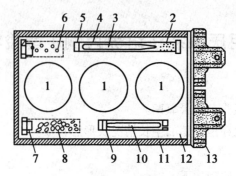

图 13.1　厌氧袋厌氧培养装置

1—培养皿(直径 6 cm);2—NaHCO₃ + KBH₄;3—质量分数为 5% 柠檬酸;4—塑料软管;5—泡沫塑料塞(有一缺口);6—钯催化剂;
7—硬质塑料管(上有小孔);8—变色硅胶;9—脱脂棉垫;10—亚甲基蓝指示剂;11—热封边;12—复合塑料袋;13—票夹

③厌氧度指示管。取直径 1.0 cm、长 8 cm 无毒透明塑料软管一根,将内含 1.0 mL 亚甲基蓝指示剂的安瓿装入软管,在其上下口都先塞入少量脱脂棉花,再加泡沫塑料塞即成。

④指示剂的成分如下:

a. 质量分数为 0.5% 的亚甲基蓝水溶液 3 mL,用蒸馏水稀释至 100 mL。

b. 0.1 mol/L NaOH 溶液 6 mL,用蒸馏水稀释至 100 mL。

c. 葡萄糖 6 g,用蒸馏水稀释至 100 mL(其中若加入少量麝香草酚结晶作为防腐剂则更好)。

使用前,将这 3 种溶液等量混合,用针筒注入安瓿(约 1 mL),沸水浴加热使呈无色,立即封口即成。

④催化管。取市售钯粒(A 型)3 ~ 5 粒装入有孔小塑料硬管即成,使用前应先活化。

⑤吸湿剂包。变色硅胶少许,用滤纸包成小包即可。

(4)器皿。

直径为 6 cm 的培养皿 3 套、2 mL 针筒 2 副、5 mL 吸管 2 支、1 mL 吸管数支、涂布棒 3 支、250 mL 三角烧瓶数个、试管数支、量筒等。

(5)其他。

宽透明胶带、4 号票夹和脱脂棉花等。

4. 实验方法与步骤

(1)准备菌种。

实验前两天,将丙酮丁醇梭状芽孢杆菌试样接入质量分数为 6.5% 的玉米醪试管,沸水浴保温 45 s,立即用流水冷却,在 37 ℃ 恒温箱培养两天。

(2)倒平板。

将中性红培养基、碳酸钙明胶麦芽汁培养基分别溶化,冷至 45 ℃ 左右,倒平板冷凝备用(平板最好提前一天倒好,在 37 ℃ 放置过夜,烘干表面)。

(3)封袋。

将产气管、厌氧度指示管、催化管和吸湿剂包按图 13.1 所示放置在厌氧袋中。

(4)稀释。

取两天前活化的丙酮丁醇梭状芽孢杆菌的试管,打碎"醪盖",吸取培养液,稀释 10 ~

100倍。

（5）涂布。

吸取上述稀释液各0.1 mL,在不同培养基平板上分别用涂布棒涂布,随进样口将此平板放进厌氧袋中(每袋可放置3个平皿)。

（6）封袋。

将厌氧袋中的空气尽量除尽,然后剪取宽透明胶带(长约17 cm)将袋口封住,并将两边各留1 cm长的小段。封口后仔细检查,尽量使封口严密,然后将袋口向里折叠几层,再用两只4号票夹夹紧。

（7）除氧。

将已封口的厌氧袋倾斜放置,折断产气管中的安瓿瓶,使液体试剂与固体药物相接触产生 H_2 和 CO_2,此时反应部位发热。产生的 H_2 在钯的催化下与袋内 O_2 化合,生成水。经5~10 min,催化管处手感发热,并有少量水蒸气产生。

（8）指示。

折断产气管0.5 h后,才可折断厌氧度指示管中的安瓿瓶,观察指示剂的颜色变化。若指示剂不变蓝,说明厌氧环境已经建立,即可放入恒温箱进行培养。

（9）培养。

将上述厌氧袋放入37 ℃恒温箱内,培养一个星期左右后观察结果,并做记录。如果待培养的是丙酮丁醇梭状芽孢杆菌试样,把在加有中性红的红色平板上长出的菌落形态与该菌在上述平板上长出的典型黄色菌落形态进行对照观察,再转接到质量分数为6.5%玉米醪培养基试管中进行检验,在37 ℃培养2~3 d,观察其是否有"醪盖"产生,一般认为凡产生"醪盖"者,就是丙酮丁醇梭状芽孢杆菌。

（10）镜检。

从厌氧袋中取出平板,挑取黄色单菌落作为涂片,经染色后,观察菌体及芽孢。

5.实验结果

（1）形态观察结果记录(表13.1)。

表13.1　形态特征

培养特征						形态特征			备注
菌落大小	形状	颜色	光滑度	透明度	气味	菌体大小	有无芽孢及形状	碘液染色	

（2）生理生化结果记录(表13.2)。

表13.2　生理生化特性

项目	明胶液化	$CaCO_3$ 分解	淀粉试验	中性红平板上的颜色[①]	备注
结果					

注:①丙酮丁醇梭状芽孢杆菌在中性红平板上显示黄色

6. 注意事项

①钯粒在使用前一定要活化。活化时可将钯粒放在 140 ℃烘箱烘 2 h,或将钯粒在石棉网上用小火灼烧 10 min 即可。

②厌氧度指示管中的安瓿一定要在产气至 0.5 h 后再折断,否则会影响厌氧度的指示。

③产气管中若加入微量 $CoCl_2$ 作为催化剂,则效果更好。

实验 14　高效脱酚菌的分离和筛选

1. 实验目的
掌握分离纯化微生物的基本技能和筛选高效降解菌的基本方法。

2. 实验原理
　　环境中存在各种各样的微生物,其中某些微生物以有机污染物作为其生长所需的能源、碳源或氮源,从而使有机污染物得以降解。本实验以苯酚为例,反应式为

3. 实验材料及仪器
（1）培养基及试剂。

①脱酚菌分离培养基。蛋白胨 0.5 g,磷酸氢二钾 0.1 g,硫酸镁 0.05 g,蒸馏水 1 000 mL,调 pH 为 7.2～7.4,固体培养基添加质量分数为 20% 的琼脂。

②苯酚标准液。称取分析纯苯酚 10 g,溶于蒸馏水中,稀释至 1 000 mL,摇匀,此溶液每毫升含苯酚 1 mg。取此溶液 10 mL,移入另一 100 mL 容量瓶,用蒸馏水稀释至刻度,摇匀。用 K_2CrO_4 标准溶液对此溶液的酚浓度进行标定。

③四硼酸钠饱和溶液。称取 $Na_2B_4O_7$ 40 g,溶于 1 L 热蒸馏水中,冷却后使用,此溶液 pH 为 10.1。

④质量分数为 3% 的 4 - 氨基安替比林溶液。称取分析纯 4 - 氨基安替比林 3 g,溶于蒸馏水,并稀释至 100 mL,置于棕色瓶内,冰箱保存,可用两周。

⑤质量分数为 2% 的过硫酸铵溶液。取化学纯过硫酸铵 $(NH_4)_2S_2O_8$ 2 g,溶于蒸馏水,并稀释至 100 mL,冰箱保存,可用两周。无菌水。

（2）仪器及其他用具。

恒温培养箱、恒温振荡器、离心机、分光光度计、移液管（50 mL,10 mL,1 mL）、容量瓶（250 mL,100 mL）、培养皿（9 cm）、50 mL 离心管、玻璃刮棒、接种耳和酒精灯等。

4. 实验步骤
（1）富集培养。

采集活性污泥、生物膜或土样,接种于装有 50 mL 液体培养基和玻璃珠并加有适量苯酚的三角瓶中,在 30 ℃条件下振荡培养。待菌生长后,用无菌移液管吸取 1 mL 转至另一个装有 50 mL 液体培养基并加适量苯酚的三角瓶中。如此连续转接 2～3 次,每次所加的苯酚量适当增加,最后可得到脱酚菌占绝对优势的混合培养物。

（2）平板分离和纯化。

①用无菌移液管吸取经富集培养的混合菌液 0.1 mL,注入 9.9 mL 无菌水中,充分混匀,并继续稀释到适当浓度。

②取最后 3 个稀释管,分别自各管中吸取稀释菌液,滴一滴（约 0.05 mL）于固体平板（倒平板时添加适量的酚）中央,每个稀释度做 2～3 个重复。

③用无菌玻璃刮棒把滴加在平板上的菌液推平,盖好皿盖。室温放置,待接种菌液被

培养基吸收后,倒置于 30 ℃恒温箱中,培养 1～2 d。

④挑选不同形态的菌落,在含适量酚的固体平板上划线纯化。平板倒置于 30 ℃恒温箱中,培养 1～2 d。

(3)转接斜面。

将纯化后的单菌落转接至补加适量酚的试管斜面,在 30 ℃恒温箱中培养 24 h。

(4)降解试验。

用接种环取各斜面菌苔一环,分别接种于 100 mL 液体培养基中,在 30 ℃振荡培养 22～24 h。

(5)测定含酚量。

①绘制标准曲线。取 100 mL 容量瓶 7 只,分别加入 100 mg/L 苯酚标准溶液 0 mL, 0.5 mL,1.0 mL,2.0 mL,3.0 mL,4.0 mL,5.0 mL。在每只容量瓶中加入四硼酸钠饱和溶液 10 mL,质量分数为 3% 的 4 - 氨基安替比林溶液 1 mL,再加入四硼酸钠饱和溶液 10 mL,质量分数为 2% 的过硫酸铵溶液 1 mL,然后用蒸馏水稀释至刻度,摇匀。放置 10 min 后将溶液转至比色皿中,在 560 nm 处以试剂空白为参比读取吸光度。根据吸光度和苯酚标准溶液的用量(苯酚毫克数),绘制标准曲线。

②取经降解的培养液 30 mL,离心。

③移取上清液 10 mL 于 100 mL 容量瓶内,加入四硼酸钠饱和溶液 10 mL,质量分数为 3% 的 4 - 氨基安替比林溶液 1 mL,再加入四硼酸钠饱和溶液 10 mL,质量分数为 20% 的过硫酸铵溶液 1 mL,然后用蒸馏水稀释至刻度,摇匀。同时做空白对照。

④放置 10 min 后用分光光度计测定吸光度。

⑤由测得的吸光度和绘制的标准曲线查得酚的毫克数。

⑥计算酚含量,计算公式为

$$苯酚(mg/L) = \frac{查得酚的毫克数}{10} \times 1\ 000$$

5. 实验结果

①根据含酚量,求出各株降解菌的脱酚率。

②选出高效降解菌。

6. 实验注意事项

①分离用平板在使用前 2～3 d 倒好,放置于室温下或 30 ℃左右的恒温箱内,使平板表面无水膜。

②涂布时,若不更换无菌刮棒,应按稀释倍数从高至低的顺序进行。

③涂布后待菌液被平板充分吸收,再倒置于恒温箱培养。

④测定时,如果分光光度计读数超过标准曲线值,可对待测液进行适当稀释后测定。

实验 15　厌氧微生物的培养技术

1. 实验目的

熟悉厌氧微生物的培养原理和方法。

2. 实验原理

微生物对氧的需要和耐受能力在不同的类群中变化很大。根据微生物和氧的关系,可将它们分为好氧微生物、兼性好氧微生物、厌氧微生物等类群。厌氧微生物是一类在其细胞呼吸中不能以氧作为末端电子受体的微生物,根据耐氧能力又可分为耐氧厌氧微生物和严格厌氧微生物两类。前者尽管不需要氧,但可耐受氧,在有氧气存在情况下仍能生长;而后者对氧极其敏感,有氧存在即死亡。氧气对严格厌氧微生物的毒害作用在于其细胞内缺乏超氧化物歧化酶(SOD)和过氧化氢酶,不能消除氧气还原为水的过程中形成的有毒中间产物(如 H_2O_2, O_2^-, $OH·$ 等),因而这类微生物死于 H_2O_2, O_2^-, $OH·$ 等的毒害作用。因此,在厌氧菌的培养过程中必须创造和保持无氧环境。图 15.1 是厌氧微生物的一些培养方法。

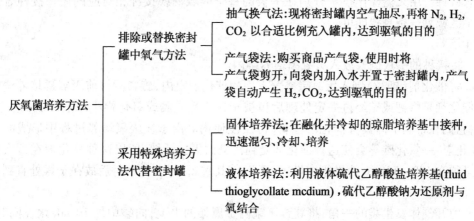

图 15.1　厌氧微生物的一些培养方法

本实验主要介绍利用厌氧菌培养罐和液体硫代乙醇酸盐培养基培养厌氧微生物的方法。图 15.2 为 GasPak™厌氧菌培养罐结构示意图。

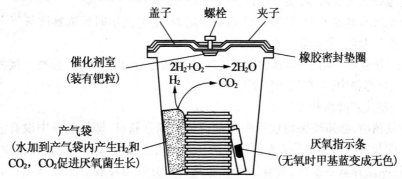

图 15.2　GasPak™厌氧菌培养罐结构示意图

3. 实验材料

①菌种。培养 24 h 的蜡状芽孢杆菌、大肠埃希菌、藤黄微球菌营养肉汤培养物、培养 48 h 的生孢梭菌营养肉汤培养物。

②培养基。营养琼脂培养基(平板)和硫代乙醇酸盐培养基(分装于带螺旋盖的试管中)。

③设备。GasPak™厌氧菌培养罐。

④其他催化剂(钯粒)、产气袋、厌氧指示袋、接种环、试管架、酒精灯、记号笔等。

4. 实验方法

(1)利用 GasPak™厌氧菌培养罐培养厌氧微生物。

①分区。取 2 块营养琼脂培养基平板,用记号笔在每个平板底部画一条线,将平板分成两个区域。

②标记。在平板底部每个区域用记号笔分别标上要接种微生物的菌名(蜡状芽孢杆菌、大肠埃希菌、藤黄微球菌和生孢梭菌)。

③接种。用无菌操作技术分别在平板的每个区域划线接种相对应的菌。接种时只要在每个区域划一条直线即可。

④培养。

a. 将接种的平板倒置放入厌氧菌培养罐内。

b. 将催化剂(钯粒)倒入厌氧罐罐盖下面的催化剂室内,旋紧。目前厌氧罐培养法中使用的催化剂是将钯或铂经过一定处理后包被于还原性硅胶或氧化铝小球上形成的"冷"催化剂,它们在常温下即具有催化活性,并可反复使用。由于在厌氧培养过程中形成的水蒸气、硫化氢、一氧化碳等会使这种催化剂受到污染而失去活性,所以这种催化剂在每次使用后都必须在 140～160 ℃的烘箱内烘 1～2 h,使其重新活化,并密封后放在干燥处直到下次使用。

c. 剪开气体发生袋的一角,将其置于罐内金属架的夹上,向袋中加 10 mL 水。同时,再剪开指示剂袋,使指示条暴露(还原态为无色,氧化态为蓝色),立即放入罐中,注意指示剂暴露面朝外,以便观察。注意必须在一切准备工作齐备后再往产气袋中注水,而加水后应迅速密闭厌氧罐,否则,产生的氢气过多外泄,会导致罐内厌氧环境建立失败。

d. 迅速盖好厌氧罐罐盖,旋紧螺栓。

e. 将厌氧培养罐置于 37 ℃恒温培养箱中培养,培养几小时后观察厌氧指示条颜色变化。从蓝色变为无色,表示罐内为厌氧条件。

⑤另取两块营养琼脂平板,按照上述①～③步骤进行分区、标记、接种。接种后将其置于 37 ℃恒温培养箱中,在有氧条件下培养。

(2)利用硫代乙醇酸盐流体培养基培养法。

接种厌氧菌前,必须确保硫代乙醇酸盐流体培养基新鲜,即培养基中没有溶解氧。判断硫代乙醇酸盐流体培养基是否新鲜的方法是观察培养基上部 1/3 处是否出现粉色,如果出现粉色,说明培养基不新鲜,含有溶解氧。其处理方法是将装有培养基试管的试管帽旋松,然后将其置于沸水浴中加热 10 min,除去溶入的氧,接种前冷却至 45 ℃。

①标记。取 4 支装有硫代乙醇酸盐流体培养基的试管,在试管上用记号笔分别标上要

接种微生物的菌名(蜡状芽孢杆菌、大肠埃希菌、藤黄微球菌和生孢梭菌)。

②接种。用无菌操作技术分别在每支试管中接种相对应的菌,接种时尽量将接种环伸入培养基的底部。

③培养。将接种后的试管置于 37 ℃恒温培养箱中培养 24～48 h。

5. 实验方法

①将蜡状芽孢杆菌、大肠埃希菌、藤黄微球菌和生孢梭菌分别接种于营养琼脂平板培养基上,并放入厌氧培养罐内,在 37 ℃培养并观察生长情况。

②将蜡状芽孢杆菌、大肠埃希菌、藤黄微球菌和生孢梭菌分别接种于营养琼脂平板培养基上,并置于 37 ℃恒温培养箱中培养并观察生长情况。

③将蜡状芽孢杆菌、大肠埃希菌、藤黄微球菌和生孢梭菌分别接种于硫代乙醇酸盐流体培养基中,并置于 37 ℃恒温培养箱中培养并观察生长情况。

6. 实验结果

①观察蜡状芽孢杆菌、大肠埃希菌、藤黄微球菌和生孢梭菌在硫代乙醇酸盐流体培养基中,厌氧和有氧条件下在营养琼脂平板培养基上的生长情况,并将结果填入表 15.1 中。

表 15.1

菌种	硫代乙醇酸盐液体培养基	营养琼脂培养基		对氧气的要求
		厌氧	有氧	
Bacillus cereus				
Escherzchia coli				
Clostridium sporogenes				
Micrococcus luteus				

②将蜡状芽孢杆菌、大肠埃希菌、藤黄微球菌和生孢梭菌对氧的需求情况填入表 15.1 中。

7. 实验讨论

①为什么硫代乙醇酸流体盐培养基可以用来培养厌氧微生物?

②GasPak™厌氧菌培养罐中加美蓝指示剂的目的是什么,根据你的知识是否可以不加或加入其他指示剂代替美蓝指示剂?

③GasPak™厌氧菌培养罐中加入产气袋,产气袋产气的原理是什么?

④根据你所学的知识和查阅的知识,芽孢杆菌、大肠埃希菌、藤黄微球菌和生孢梭菌在厌氧和有氧条件下预期的生长结果如何?你的实验结果是否与预期结果相符,为什么?

⑤是否还有其他方法或培养基用于厌氧菌的培养?

实验 16　厌氧细菌的分离培养

1. 实验目的

了解厌氧细菌培养的原理,学习分离培养厌氧细菌的技术。

2. 实验原理

厌氧细菌在隔绝空气的条件或在低氧化还原电位下才能生长繁殖。故分离培养厌氧细菌时,必须除去培养环境中的空气或提高培养基的还原能力。实验室常用以下几种方法对其进行培养:

(1)矿油隔绝空气法。

在试管或三角瓶中装入占容积 2/3 的培养液,接种后,在液面滴加一层熔化的石蜡油,用灭菌橡皮塞封闭管口,然后进行培养。此法简便易行,但厌氧条件不够严格。

(2)化学除氧法。

化学除氧法常用碱性的焦性没食子酸法。其原理是在密闭容器中(干燥器)放入培养物后,再按 100 mL 容积需焦性没食子酸 1 g 及 100 g/L 浓度的 NaOH 10 mL 计量,两种物质在混合后即吸氧造成容器中厌氧环境。利用美蓝的变色反应作为厌氧度的指示剂。

此法吸氧力强,效果明显,无需特殊设备;但缺点是容器中 CO_2 也被碱吸收,不利于某些需 CO_2 的菌系生长。

(3)排气法。

排气法利用可密封的玻璃真空干燥器,用真空泵抽气以创造绝对厌氧的环境条件。还可采用倒扣培养皿法(图 16.1),即将接种后的培养基倒入皿盖使之凝固,再以底为盖,底面紧贴培养基表面以驱逐空气。工作时,需严格无菌操作,注意皿盖需保持无菌。

图 16.1　排气法(倒扣培养皿法)
1—培养皿底;2—培养皿盖;3—培养基

3. 实验材料

(1)待测样品。

污泥或丁酸细菌培养液。

(2)试剂和器材。

10 g/L 葡萄糖的牛肉膏蛋白胨琼脂培养基 50 mL,肉膏胨琼脂斜面培养管,9 mL 无菌水管,无菌培养皿,无菌吸管,美蓝指示剂,焦性没食子酸,10 g/L NaOH 溶液,凡士林,烧杯,干燥器。

4. 实验步骤

用焦性没食子酸吸氧法进行。

(1)稀释倾注分离法。

①培养容器的准备。

备干燥器 1 个,装有美蓝指示剂的试管或小三角瓶 1 个。称取焦性没食子酸粉 x g(称量按培养容器体积计算加入,一般为 100 mL 容积约需 1 g)放入干燥器的底层,量取浓度为

100 g/L NaOH 10x mL 于小烧杯中,烧杯斜置于干燥器隔板上,再放入装有美蓝指示剂的试管(煮沸呈无色时放入)备用。

②样品稀释。

将待检样品适当稀释或按 10 倍系列稀释法稀释到 10^{-3}(体积比),备用。

③接种。

取无菌培养皿 2 副或 3 副,用无菌吸管吸取待检样品稀释液各 1 mL 于无菌培养皿中,然后倒入已融化并保温在 50 ℃左右的含 10 g/L 葡萄糖的牛肉膏蛋白胨琼脂培养基,转动培养皿使之混合均匀并冷凝成平板。

④培养。

将培养皿置于干燥器中,随即将其中盛 NaOH 的小烧杯倾倒,使碱液与焦性没食子酸相互作用,并立即封好干燥器盖(以凡士林封口),在 28 ~ 30 ℃下培养 10 ~ 14 d。培养期间注意美蓝指示剂颜色的变化,若为无色,即为厌氧条件(图 16.2)。

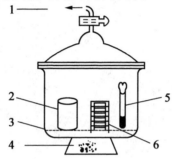

图 16.2　化学除氧法厌氧培养装置

1—连接真空泵;2—盛 NaOH 的烧杯;3—隔板;4—焦性没食子酸;5—盛美蓝指示剂的管;6—培养物

⑤结果检查。

培养后,观察培养基中有无菌落出现,并涂片、染色、镜检细胞形态。若有梭状芽孢杆菌并且是纯菌落,可移接于斜面上保存备用。

(2)厌氧细菌斜面分离法(图 16.3)。

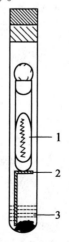

图 16.3　厌氧细菌斜面分离法

1—斜面菌种管;2—玻璃支架;3—除氧药剂

①稀释、接种。将待测样品先进行一系列稀释,然后取高稀释度的稀释液在斜面上划线接种多管。

②培养。另取大试管(25 mm×250 mm)1 支,加入焦性没食子酸 1 g,在管底放入玻璃支架一个。然后用吸管沿管壁加入 100 g/L NaOH 10 mL,迅速将接种好的斜面管放于玻璃支架上,用橡皮塞紧塞管口,在 28~30 ℃下培养 10~14 d,检查结果。若一次未获种,可再行稀释分离,直至获得纯种。

5.实验结果

简述你做的厌氧菌分离培养的方法原理,该分离方法有何优缺点?

6.实验讨论

在通气良好的环境中,空气对厌氧细菌产生毒害作用的原因是什么?

实验 17　铁细菌的计数、富集和分离

1. 实验目的

①学习、掌握铁细菌的计数方法。

②学习、掌握铁细菌的形态观察方法以及铁细菌的分离与纯化技术。

2. 实验原理

埋于地下的铁管和水下的铁构筑物,由于化学因素和微生物的作用而引起锈蚀。参与金属锈蚀的微生物有铁细菌和硫酸盐还原菌两大类。铁细菌的作用在于它在金属表面形成生物垢和大量沉积物,这些沉积物在金属表面能产生氧差电池引起电化学腐蚀,同时为硫酸盐还原细菌创造条件,对金属锈蚀起到了间接的加速作用。硫酸盐还原菌将硫酸盐还原为硫化物,通过消耗氢使金属表面阴极部位极化,从而加速化学腐蚀。由于反应是在缺氧程度很高的情况下进行,故又称为厌氧锈蚀作用,其总的反应式为

$$4Fe^{2+} + SO_4^{2-} + 4H_2O \longrightarrow FeS + 3Fe(OH)_2 + 2OH^-$$

当反应物被水冲走后,在管壁上留下了一个个凹陷。细菌腐蚀只发生在 10 ~ 30 ℃,pH 值高于 5.5 的条件下。

管道的堵塞是由于在给排水管道内常有氧化锰和铁的细菌,尤其是由具柄铁细菌和具鞘铁细菌的大量繁殖而引起。大量的锰和铁的氧化产物与大量增生的菌体黏合在一起,就会造成管道堵塞,使管道水压显著下降。当水的 pH 值为中性时,常由具柄铁细菌起作用,使管道表面的可溶性 Mn^{2+} 氧化为不溶性的 Mn^{3+}。具鞘铁细菌中的纤发菌属,衣鞘增生能力极强,在短期内就能形成大量的空鞘。由于鞘上有黏性分泌物,能同时沉积铁和锰,故这类细菌是造成管道堵塞的主要原因。铁细菌因在细胞外鞘或原生质内含铁粒或铁离子而得名,属化能自养型细菌,在好氧或微好氧条件下,能氧化亚铁为高铁,从反应中获得能量,其反应式为

$$4FeCO_3 + O_2 + 6H_2O \longrightarrow 4Fe(OH)_3 \downarrow + 4CO_2 + 能量$$

由微生物引起的管道锈蚀和堵塞示意图如图 17.1 所示。

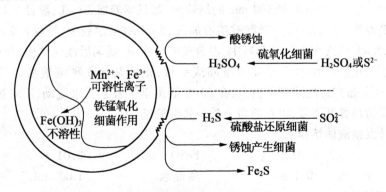

图 17.1　由微生物引起的管道锈蚀和堵塞示意图

3. 实验材料

(1)细菌计数的培养基。

$(NH_4)_2SO_4$	0.5 g	$CaCl_2 \cdot 6H_2O$	0.5 g
$NaNO_3$	0.5 g	柠檬酸铁铵	10.0 g
K_2HPO_4	0.5 g	蒸馏水	1 000 mL
$MgSO_4 \cdot 7H_2O$	0.5 g	pH	7.0

每支试管分装 8 mL,在 121 ℃灭菌 20 min。

(2)铁细菌的分离与纯化的培养基。

①含铁嘉氏菌无机培养液。

$(NH_4)_2SO_4$	1.5 g	$Ca(NO_3)_2$	0.01 g
KCl	0.05 g	蒸馏水	1 000 mL
$MgSO_4 \cdot 7H_2O$	0.05 g	pH	6.0
K_2HPO_4	0.05 g		

分装于 100 mL 的三角瓶中,每瓶 20 mm 高,在 121 ℃灭菌 20 min。冷却后加入预先封闭的试管中,单独加以 160 ℃干热灭菌 1h 的大粒软铁屑 0.05 g。为使菌生长良好,可加 1% 无菌的重碳酸铁 $Fe(HCO_3)_2$,即可接种。

②含铁嘉氏菌固体培养基。

a. 无机培养液。

$(NH_4)_2SO_4$	6 g	$Ca(NO_3)_2$	0.01 g
KCl	0.05 g	蒸馏水	200 mL
$MgSO_4 \cdot 7H_2O$	0.05 g		

分装于 25 mL 的锥形瓶中,每瓶 25 mL,在 121 ℃灭菌 20 min,备用。

b. 缓冲液:将 13.5 g K_2HPO_4 溶于 100 mL 蒸馏水中,单独灭菌备用。

c. 重碳酸铁溶液:将 10 g $Fe(HCO_3)_2$ 加蒸馏水至 100 mL,过滤除菌即可。

d. 硅酸溶胶:利用蒸馏水将浓盐酸(相对密度 1.19)的相对密度调至 1.10(每 100 mL 浓盐酸大约须加蒸馏水 100 mL)。另外,利用蒸馏水将水玻璃的相对密度调到 1.06 ~ 1.08。取等量的这两种溶液,将后一种溶液倾入前一种溶液,不得反之。两种溶液充分混匀后,利用盐酸调 pH 值为 2,分装于试管和烧瓶,在 121 ℃灭菌 20 min,烧瓶中培养基倾注成平板,试管摆成斜面(或立即倒入直径 100 mm 的培养皿,每只培养皿 30 mL,静置 1 d 凝成平板)。

e. 固体培养基:取 1.0 mL 重碳酸铁溶液加入 75 mL 硅酸溶胶中,另取 1.0 mL 无菌磷酸缓冲液加入 25 mL 的无菌无机培养液中,混合此两种溶液,摇匀后倾注平板,静置 24 h 使其凝胶化。若预先把硅酸溶胶在平皿上凝固成平板,则把其他 3 种溶液混匀后,取混合液 2.0 mL 均匀地分布在硅酸溶胶平板上,在 50 ℃下烘至平板上无水流动,不宜过干,以免平板破裂。为保持培养基潮湿,可在皿盖上放一张湿滤纸。

③缠绕纤发菌液体培养基。

KNO_3	1.0 g	$FeSO_4$	0.01 g
K_2HPO_4	0.1 g	蒸馏水	1 000 mL
$MgSO_4 \cdot 7H_2O$	0.05 g		

将上述各成分按顺序溶于蒸馏水中,调节 pH 值为 6,分装于 100 mL 的烧瓶中,每瓶液

面高约 20 mm,在 121 ℃灭菌 20 min。

④缠绕纤发菌固体培养基。

a. 无机培养液:即用其液体培养基。

b. 母液:质量分数为 1% 的 $FeSO_4$ 溶液。

c. 缓冲液:同含铁嘉氏菌固体培养基的缓冲液。

d. 硅酸溶胶:同含铁嘉氏菌固体培养基的硅酸溶胶,但调节 pH 值为 6。

e. 固体培养基:各成分的比例及配法参见含铁嘉氏菌固体培养基。

4. 实验方法

(1)细菌的计数(MPN 法)。

①用小铁铲从锈蚀部位取样放于灭菌小铝盒中,再用胶布封口备用。若不能立即进行分析,可置于 4 ℃冰箱中保存,48 h 内计数。

②样品按倍比稀释法稀释,然后取 $10^{-2} \sim 10^{-8}$ 稀释度,每管 1 mL,3 个重复管,在 28 ～ 30 ℃恒温培养 5 ～ 7 d。

③培养后,若培养液变浑浊,液面长有菌膜者为阳性。记录后,确定数量指标,查表计数。

每克干样品中菌数 =(最可能数 × 数量指标第一位数的稀释倍数)/干样重

(2)铁细菌的形态观察。

利用铁细菌计数的培养基培养后,如果出现松软的灰色花絮,然后转变为赭黄色时,将其挑取少许制成水浸片,在显微镜下观察。取下载玻片,在盖片的一边加质量分数为 2% 的 $K_3Fe(CN)_5$ 和质量分数为 10% 的盐酸各 1 小滴,从另一边,用吸水纸吸去多余水分,再置于显微镜下观察。若菌丝或黏液变为蓝色,证明产生含铁的沉淀物,即三价铁与黄血盐作用形成普鲁士蓝,所镜检的细菌为铁细菌,其反应式为

$$4Fe^{3+} + 3(Fe(CN)_6)^{4-} \longrightarrow Fe_4(Fe(CN)_6)_3 \downarrow$$

(3)铁细菌的分离与纯化(接种分离培养)。

取增菌中的菌液或待测样品少许,分别接种于上述各种培养液中,与无接种的对照瓶一起放于同样条件下培养。含铁嘉氏菌置于 6 ℃下培养,缠绕纤发菌于 8 ℃中培养,均至有明显生长为止。

①平板分离。取液体培养物涂抹于相应的平面上,置于适当温度下培养至长出明显菌落。观察菌落形态,并做镜检。

②纯培养。挑取单个菌落中央菌苔,在斜面划线,在适当温度下培养,长出后放在 -5 ℃以下的冰箱中保存,备用。

实验 18　厌氧菌的测定

1. 产甲烷菌的分离培养和保藏方法概述

产甲烷菌是严格的厌氧菌,目前所分离得到的产甲烷菌主要来自牛瘤胃、污泥、淤泥,从粪便中尚未分离到产甲烷菌。产甲烷菌对氧非常敏感,在氧化还原电位高于 -0.33 V 时便不能生长。在 pH 值为 7.0,氧的浓度与一个大气压时的氧平衡时,$O_2 \rightarrow O^{2-}$ 反应的电位是 0.81 V,或在空气的浓度下为 0.80 V,因此,在 -0.33 V 时,O_2 的浓度是大气压中氧浓度的 10^{-75}。所以说,要保证厌氧菌的低电位是很困难的,这需要除氧来达到,由于 Hungate 技术的建立和改进,才成功地使产甲烷菌的分离和培养及保存可以在一般实验条件下进行。

产甲烷菌的分离一般分为两步:一是富集培养,通常采用的方法是将接种物置于含有所需培养的 200 mL 的培养瓶中,培养瓶在旋转摇床上通入 H_2 与 CO_2($H_2 : CO_2 = 80 : 20$)混合气体,振动培养一定时间后,可直接划线培养,或者经稀释后在琼脂滚管内划线,或倒平板;二是采用 Hungate 技术进行纯培养的分离。本法从开始使用至今已有很多改进,但基本部分没有改变,即在几乎完全无氧的条件下,制备培养基并灭菌(图 18.1)。

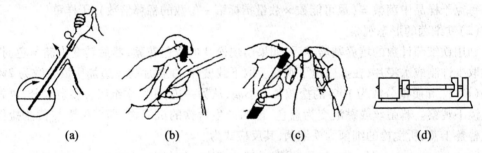

$$(a) \qquad\qquad (b) \qquad\qquad (c) \qquad\qquad (d)$$

图 18.1　培养严格厌氧细菌的 Hungate 技术图解

(a)当培养舷从瓶中取出时,要用 N_2 在培养瓶内充气;(b)将试管首先用 N_2 充气,赶走所有管内空气,然后把培养签加入管内,立即塞上瓶塞;(c)待瓶塞塞进管内,及时拔去充气针头;(d)已加有琼脂培养基的试管,立即上架滚动,使琼脂在管子旋转中固化

Hungate 技术是 Hungate 等人在 1950 年首先应用于研究牛、羊瘤胃细菌的一种严格厌氧微生物技术。该技术为研究严格厌氧微生物开创了前所未有的技术条件,实现了在相当短的时期内,能够使新种的分离纯化、分类。在生理学、生物化学等方面取得很大的成果。几十年来,众多的研究者对这一技术不断改进,使 Hungate 技术日臻完善,形成了研究严格厌氧微生物的一套完整技术。其中常用物理和化学方法相结合来去除 O_2 的影响:一是以无氧纯氮(或 He,H_2,CO_2 等)来除去气相中的空气;二是煮沸基质液体去除溶解氧(DO);三是在培养基中加入 Na_2S、半胱氨酸等还原剂与基质中的 DO 起作用来除去 O_2 的影响。O_2,Na_2S 和半胱氨酸不仅作为有效的还原剂,还可作为硫源,而半胱氨酸还可为某些产甲烷菌提供氮源。另外,在产甲烷菌的培养基中,一般加入刃天青(即树脂天青)作为氧化还原电位指示剂。当有 O_2 存在时,刃天青呈现紫色或粉红色(随培养液的 pH 值而定),无氧时则呈无色(培养基呈原来的颜色),颜色变化明显,易于判定。这是一种较为理想的氧化还原电位指示剂。因产甲烷菌要求的氧化还原电位为 -330 mV,由刃天青所指示的培养基氧

化还原电位还没有达到产甲烷菌生长所要求的氧化还原电位,所以培养基在接种之前还必须加入一定数量的 Na_2S 和半胱氨酸,使培养基进一步还原,并降低其氧化还原电位,以期达到产甲烷菌的生长要求。

下面介绍一种常用的改良 Hungate 方法。

(1)培养基的配制过程(图 18.2)。

在一个圆底烧瓶内装有 200 mL 水,加入培养基的各种成分。用一个 5 mL 注射器和 18 号针头制成一打气探针,针头弯曲,针尖锉平,取下活塞,针筒内用棉花填充。安装后全部进行灭菌。灭菌后与一橡皮管连接,输入混合气体,气体要先通过一灼热铜柱(350 ℃ 左右),以除去气体中的微量氧气。这样处理过的气体通入烧瓶,排出空气。当气体通过煮沸的培养基表面时,培养基轻轻沸腾。当培养基完全还原(培养基中加入的刃天青可指示),即可移入试管内。移入的方法可用嘴与橡皮吸管相连或用吸耳球均可(不论采用什么方法,吸管必须先用培养基上面的气体冲洗、填充,然后插入培养基的下层)。这样,当培养基移入试管时,就处于无氧气体层的下面。另一打气针头置于空试管内,将吸入培养基的吸管迅速移于此管中,同时在不断进气的情况下放出培养基。将硬质黑橡皮塞置于试管口部时仍留有打气探针,塞紧橡皮塞,这是 Hungate 技术最关键的地方。在用蒸汽灭菌时,橡皮塞必须夹住,经灭菌后的试管冷却至 50 ℃,取下夹具,在室温下可保存数月。

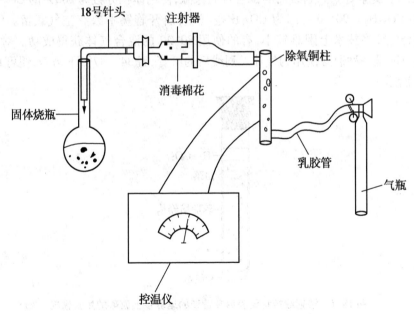

图 18.2　培养基制备流程图

(2)滚管技术(即分离过程)。

琼脂培养的滚管技术是将试管在水龙头下的冷水中不断转动而制成固体培养基,或将琼脂管置于旋转器上使其凝固的技术。当琼脂围绕管壁完全凝固后,琼脂滚管即可放置储存,并可使少量水分集中在底部。灭菌滚管接种时,橡皮塞在火焰上灼烧片刻,稍冷后,用指头捏住塞子的末端,松动瓶口。在取下瓶塞之前,针筒打气探针对着喷灯火焰,当喷出的气流对准火焰时,气流调节到正好能稳定地改变火焰形状,于是探针的针头迅速通过火焰灭菌。这一操作时间要配合好,当橡皮塞一取下,灭菌的打气探针迅速插入管内。近年来,采取了一种同步电动机带动试管划线器(60 r/min),如图18.3所示。

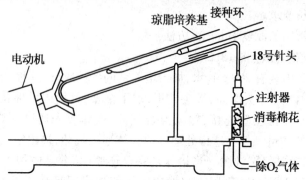

图 18.3　Hungate 分离技术的滚管划线装置

当试管在同步电动机上旋转时,接种环上的接种物越过打气针伸至管底,接种环轻轻靠近琼脂表面,慢慢向管口方向划动,此操作完成后,捏住,置于无尘环境下。橡皮塞的一端在火焰上灼烧一下,挨着打气针塞住管口,在针头快速取下前,通气15~20 s,管口一端在火焰上烧片刻,旋紧管塞。划线后的试管直立保温,使用体积分数为100%的 CO_2 或 CO_2 与 H_2 混合物(CO_2:H_2 = 90:10),因为 CO_2 比空气重,启开管塞不致有空气载留。CO_2:H_2 为50:50的混合气体在技术上困难较小,有的使用80:20的混合气体获得成功。对于不需要 H_2 的细菌,He 是一种通常使用的气体。划线后的滚管,置34~37℃下培养,便可长出菌落,如图18.4所示。

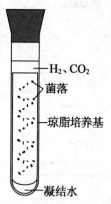

图 18.4　按划线接种培养后在管壁的培养基上菌落的生长情况

(3)产甲烷菌的保存技术。

产甲烷菌的储备培养可用 Hungate 技术,琼脂深层培养或斜面培养,可用穿刺接种后置于 −70 ℃下保藏。另外,关于产甲烷菌的保藏有了很大的改进,如图18.5所示。

随着废水厌氧生物处理技术的发展,在处理污水的同时得到沼气等能源的技术,越来越受到人们的重视。要想从机理上阐明厌氧处理过程及提高处理效率,就需要掌握厌氧菌的分离技术,这样才能使研究更加深入。

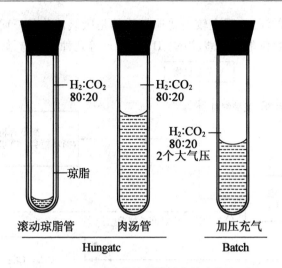

图 18.5　产甲烷菌培养管保存技术的发展

产甲烷菌分离纯化的一般步骤如图 18.6 所示。另外,关于专性厌氧菌的计数,可按 Hungate 技术采用 MPN 方法计数。

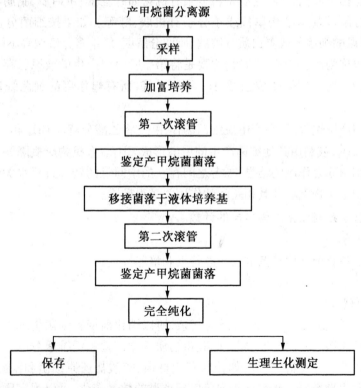

图 18.6　产甲烷分离纯化的一般步骤

2.厌氧消化过程中主要细菌类群的计数

厌氧消化的过程很复杂,长期以来,将厌氧消化分为两个阶段,即复杂有机物分解为简单有机物,因积累多种有机酸,使 pH 值下降,故称为产酸阶段;然后,由简单有机物发酵生成甲烷。但随着研究的深入,现在较为普遍接受的是厌氧消化的三阶段理论,明确认识到微生物生成甲烷的底物仅限于乙酸、甲酸、H_2 和 CO_2 等几种化合物,如图 18.7 所示。

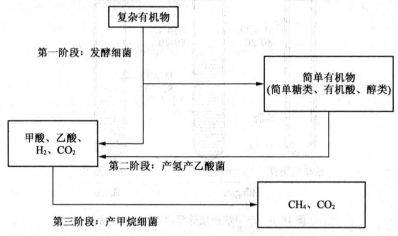

图 18.7　有机物厌氧降解三阶段示意图

第一阶段也称为液化阶段,主要是将复杂有机物如纤维素、蛋白质、脂肪等被发酵细菌产生的胞外酶分解成基本结构单位或小分子有机酸、醇等。如果按细菌分泌的胞外酶类型,可将这一阶段的细菌分成蛋白质分解菌、脂肪分解菌、纤维素分解菌等不同的类群。

第二阶段也称为产氢产乙酸阶段,主要是将第一阶段中产生的或原已存在于物料中的简单有机物经微生物作用转化成乙酸、H_2 和 CO_2 等,所有起作用的细菌统称产氢产乙酸菌。

第三阶段即产甲烷阶段,在产甲烷细菌的作用下,将乙酸分解成 CH_4 和 CO_2,或利用 H_2 还原 CO_2 生成 CH_4,或利用其他细菌产生的甲酸形成 CH_4。有机物厌氧降解是由非产甲烷细菌和产甲烷细菌联合作用的结果,二者之间存在的中间氢的转移过程很关键,所以,了解厌氧消化过程中微生物类群及其相互间的作用关系很重要。

3. 厌氧消化前期各细菌生理类群的计数

(1)实验目的。

①掌握厌氧消化前期优势菌群的形态特点和培养特点。

②熟悉厌氧菌的常用培养方法。

(2)实验原理。

废水的厌氧消化过程,由于水质极为复杂,所以消化前期各细菌生理类群的消化与甲烷形成有一定的关系。其中一般异养细菌、蛋白质氨化细菌和纤维素分解菌等均是厌氧消化中有机物转化的重要类群,此外,如梭状芽孢杆菌、硫酸盐还原细菌和硝酸盐还原菌等,也是重要的厌氧生理类群。研究这些细菌生理类群的数量变化,可以观察厌氧消化前期优势菌群的演替及其与甲烷形成之间的相关性。

(3)实验材料。

各生理类群培养基如下。

①一般厌氧异养细菌培养基的配制：

葡萄糖	0.5 g	$CaCl_2$	0.1 g
蛋白胨	1.0 g	$FeCl_3$	0.01 g
$(NH_4)_2SO_4$	0.5 g	蒸馏水	1 000 mL
$MgCl_2$	0.05 g	原污水	250 mL
$MgSO_4 \cdot 7H_2O$	0.05 g	pH	6.0
K_2HPO_4	0.4g	酵母膏	1.0 g

在 121 ℃灭菌 20 min。

②厌氧纤维素分解菌培养基培养基的配制：

$Na(NH_4)HPO_4$	2.0 g	$CaCO_3$	5.0 g
$MgSO_4 \cdot 7H_2O$	0.5 g	蛋白胨	1.0 g
$CaCl_2 \cdot 6H_2O$	0.3 g	蒸馏水	1 000 mL
KH_2PO_4	1.0 g		

③硫酸盐还原细菌培养基的配制：

质量分数为60%乳酸钠	6 mL	$CaCl_2$	0.05 g
$Na_2SO_4 \cdot 7H_2O$	0.5 g	$MgSO_4 \cdot 7H_2O$	2.0 g
NH_4Cl	0.5 g	K_2HPO_4	0.5 g

在 121 ℃灭菌 20 min。使用前每管分装 15 mL，并加新配制的质量分数为 10%$(NH_4)_2Fe(SO_4)_2$。

④蛋白质厌氧氨化细菌培养基的配制：

a. 蛋白胨液体培养

蛋白胨	5.0 g	$MgSO_4 \cdot 7H_2O$	0.5 g
K_2HPO_4	0.5 g	$FeSO_4$	0.01 g
NaCl	0.25 g	pH	7.2

在 121 ℃灭菌 20 min。

b. 酪氨酸氧化培养基

酪氨酸	0.5 g	pH	7.2

维氏标准盐溶液(原溶液稀释 20 倍)1 000 mL

在 121 ℃灭菌 20 min。

维氏标准盐溶液的配制：

K_2HPO_4	0.5 g	$FeSO_4 \cdot 7H_2O$	0.05 g
$MgSO_4 \cdot 7H_2O$	0.5 g	$MnSO_4 \cdot 7H_2O$	0.05 g
NaCl	2.5 g	蒸馏水	1 000 mL

⑤硝酸盐还原细菌培养基的配制：

$NaNO_2$	1.0 g	$NaCO_3$	1.0 g
K_2HPO_4	0.75 g	$CaCO_3$	1.0 g
NaH_2PO_4	0.25 g	蒸馏水	1 000 mL
$MnSO_4 \cdot 4H_2O$	0.01 g	pH	7.2
$MnSO_4 \cdot 7H_2O$	0.03 g		

每管分装 10 mL 且每管中倒置一小反应管（杜氏小管），在 121 ℃灭菌 30 min。

⑥梭状芽孢杆菌（以丁酸梭菌为此生理类群数量的相对指标）培养基的配制：

葡萄糖	20 g	$FeSO_4 \cdot 7H_2O$	0.01 g
NaCl	0.25 g	$MnSO_4 \cdot 7H_2O$	0.01 g
K_2HPO_4	1.0 g	蒸馏水	1 000 mL
$MgSO_4 \cdot 7H_2O$	0.5 g		

分装于 18 mm × 18 mm 试管中，每管 15 mL，做深层培养，在 121 ℃灭菌 20 min。

（4）实验方法。

定期采厌氧消化发酵前期的发酵液，倍比稀释后分别取 1.0 mL 相应稀释度的稀释液于相应的培养基中，重复 3～5 个管，在 28 ℃采用焦性没食子酸（黑、褐色，吸收游离的氧气）和氢氧化钠反应吸氧方法进行厌氧培养 7 d。

①各种待测菌的稀释度（供参考）。

厌氧纤维素分解菌：$10^{-1} \sim 10^{-5}$；一般厌氧异养细菌：$10^{-5} \sim 10^{-12}$；蛋白质厌氧氨化细菌：$10^{-3} \sim 10^{-7}$；硫酸盐还原细菌：$10^{-1} \sim 10^{-7}$；硝酸盐还原细菌：$10^{-3} \sim 10^{-7}$；梭菌群：$10^{-1} \sim 10^{-7}$。

②结果的检测。

a. 一般厌氧异养细菌通过检测培养基是否浑浊。

b. 厌氧纤维素分解菌的计数。采用观察滤纸条上是否产生灰色半透明或黄色斑点及断裂情况。

c. 氨化细菌的检测。培养第 7 d，取出培养液 5 滴滴于白瓷比色板上，加纳氏试剂 2 滴，检查是否出现棕褐色，确定是否产生氨，若有氨，则说明发生了氨化作用，有氨化细菌的存在。

d. 硫酸盐还原细菌检测。检查结果时，每管滴入质量分数为 1% $BaCl_2$ 溶液 2 滴，如果有白色沉淀，表明有 SO_4^{2-} 存在，证明有硫化菌进行硫化作用，为正反应，反之为负反应，然后查表确定菌量。

e. 硝酸盐还原细菌检测。测定时，取培养液 1.0 mL，加 0.2 mL 酚二磺酸试剂，10 min 后再滴加氢氧化铵液 1 滴，使呈微碱性，如果有硝酸存在即呈黄色。如果培养液中放置反应管，管中有气泡出现表明有硝化细菌生长。

f. 检测菌群培养液中有无气泡发生。如果在深层有气泡产生为正反应；若无明显气泡产生，则以涂片染色镜检观察判断。根据检测结果确定数量指标，计算结果。

4. 厌氧消化各阶段优势菌群的计数

（1）目的要求。

①掌握厌氧消化各阶段优势菌群的形态特点和培养特点。

②熟悉厌氧菌的常用培养方法。

（2）实验原理。

影响微生物代谢的因素很多，在实际中往往利用微生物的数量作为指标，因此，定期测定各个阶段的微生物数量，对于及时了解厌氧消化的全过程，以及排除有害因子具有重要的指导意义。按三阶段理论进行计数。

（3）实验材料。

各阶段计数培养基如下。

①第一阶段计数培养基：

葡萄糖	10 g	半胱氨酸	0.5 g
蛋白胨	5 g	刃天青	0.002 g
牛肉膏	3.0 g	pH	7.2 ~ 7.4
NaCl	3.0 g		

②第二阶段计数培养基：

CH_3CH_2COONa	30 mmol	K_2HPO_4	1.0 g
$CH_3(CH_2)_2COONa$	30 mmol	KH_2PO_4	1.0 g
乳酸钠	30 mmol	半胱氨酸	0.5 g
琥珀酸钠	30 mmol	刃天青	0.002 g
CH_3CH_2OH	30 mmol	厌氧消化液	300 mL
酵母膏	12.0 g	微量元素液	10 mL
$MgCl_2$	0.1 g	pH	7.0 ~ 7.3
NH_4Cl	1.0 g		

③第三阶段计数培养基：

HCOONa	5.0 g	$MgCl_2$	0.1 g
CH_3COONa	5.0 g	K_2HPO_4	4.0 g
CH_3OH	5.0 g	KH_2PO_4	4.0 g
$H_2:CO_2$	80:20(体积比)	半胱氨酸	0.5 g
厌氧消化液	300 mL	刃天青	0.002 g
NH_4Cl	1.0 g	微量元素液	10 mL

微量元素液的配制：

$Na(CH_2COOH)_3$	4.5 g	NaCl	1.0 g
$FeCl_3 \cdot 4H_2O$	0.4 g	$CaCl_2$	0.02 g
$MnCl_2 \cdot 4H_2O$	0.1 g	$NaMnO_4$	0.01 g
$CoCl_2 \cdot 6H_2O$	0.12 g	H_3BO_3	0.01 g
$AIK(SO_4)_2$	0.01 g	蒸馏水	1 000 mL
$ZnCl_2$	0.1 g		

厌氧消化液的制备：采集厌氧消化池发酵液若干,静置过夜,取上清液,用多层纱布或脱脂棉过滤去除粗渣。在 121 ℃灭菌 20 min,冷却后以 5 000 r/min 离心 20 ~ 30 min,取上清液于试剂瓶中,放冰箱中低温保存备用。

(4)测定步骤。

①按 Hungate 厌氧操作步骤配制上述培养基,分装试管,每管 4.5 mL。

②根据要求定期取样,利用无氧灭菌水进行倍比稀释。

③第一阶段计数培养基分别用 $10^{-1} \sim 10^{-7}$ 系列稀释液接种,第二阶段、第三阶段计数培养基分别用 $10^{-8} \sim 10^{-2}$ 系列稀释液接种,每管接 0.5 mL。同时各管中加入 0.1 mL 质量分数为 1% 的 Na_2S 和质量分数为 5% 的 $NaHCO_3$ 混合液。在第三阶段计数培养试管中加入 0.1 mL 青霉素液,在 35 ~ 37 ℃恒温培养 5 ~ 21 d(按各阶段生长速率而定)。

④结果测定和计数。对第一阶段计数培养物测定 CH_4、CO_2、H_2、乙酸、丙酸和丁酸,可

以利用 H_2 的产生数量作为指标。对第二阶段计数培养物测定项目同第一阶段,在 CH_4、H_2、乙酸中利用乙酸作为数量指标。对第三阶段计数培养物测定 CH_4,并利用 CH_4 作为数量指标。对代谢产物的测定采用气相色谱法。

根据确定的数量指标,按 MPN 法确定各阶段的微生物数量。

⑤在第三阶段计数培养基中同时加入 2% 的琼脂,制成固体厌氧培养基。稀释和接种同 MPN 法,接种后制成滚管。培养 2~3 周后,直接计算菌落数。在可能的条件下,宜计数能在紫外光下产生荧光的菌落。

无氧灭菌水的配制:在 1 000 mL 圆底烧瓶中,加入 500~700 mL 蒸馏水,煮沸 15~20 min,去除水中的溶解氧(DO),然后通入高纯无氧的氮气流,去除气相中的空气 10 min 左右,按 Hungate 技术每管 9mL 或 4.5mL 制成无氧水,在 121 ℃灭菌 20~30 min。

无氧 Na_2S(质量分数为 1%)和 $NaHCO_3$(质量分数为 5%)混合液的配制:在 50 mL 厌氧瓶中,以配制 40 mL 溶液计,加入 Na_2S(如 Na_2S 受潮吸水而呈有膜状,应先用洁净滤纸或吸水纸吸去水分)0.4 g,无水 $NaHCO_3$ 2.0 g,插入 N_2 针头。去除空气 5~10 min 后,用注射器注入已除氧的蒸馏水 40 mL,抽出 N_2 针头的同时塞紧异丁胶塞,用铝盖密封,在 121 ℃灭菌 20~30 min,或者分装于试管中灭菌亦可。

无氧青霉素液的配制:将 7 瓶 80 万 U 的青霉素(或青霉素钾盐)粉剂倒入 50 mL 玻璃瓶中,利用 N_2 流去除空气,然后注入已灭菌冷却的无氧水 40 mL,配制成溶液,储存在冰箱中备用。配制时不能用热的无氧水,溶化时也不能用较高温度,否则青霉素液会发生乳白色浑浊,失去能效。这样配制的青霉素溶液使用时每 5 mL 培养基加入 0.1 mL,使每毫升培养基中达 3 000 U 左右,平常储存于冰箱中。

5. 产甲烷菌的生态分布实验

产甲烷菌生态分布的实验,主要是调查在不同的自然生境或厌氧消化系统中,所生存的产甲烷菌数量、种类(尤其是优势菌群)、分布的方式和演替规律、环境因子对其影响,以及与其他微生物类群的相互关系等。

(1)采样方法。

①如果从阴沟、下水道、厌氧反应器、池塘、河水等处采集污泥沉积物,应在采样时除去表面的泥,把底层呈现乌黑色的沉积物放入带塞的无菌广口瓶中。若采集废水处理流出样,应待流出液处于稳定状态时采样。采样后立即封闭瓶口,迅速带回实验室接种。整个过程中,应尽量减少样品与空气的接触。

②在研究某一区域内的生态分布时,应选取具有代表性的位点随机取样,每一位点的取样深度应尽量一致,减少因取样不一致造成的差异。

③在研究某一位点的产甲烷菌垂直分布时,应在同一位点采取不同深度的样品。

④在研究某一位点不同时期的产甲烷菌生态分布时,可以利用年变化周期、季节变化周期、月变化周期、甚至日变化周期来采样,但每次采样时间应保持一致,同时记录各种条件。

⑤在研究厌氧反应器中产甲烷菌的生态分布时,应注意采集气样、水样、泥样等,将产甲烷菌的自身变化与反应条件结合在一起。

(2)分析测定。

①运用 MPN 法测定各类菌的数量。

②采用滚管法计数菌落,并根据菌落形态对产甲烷菌进行大致分类,确定所存在的产

甲烷菌的种类及其优势种。

　　③测定单位质量样品在单位时间内甲烷形成的数量与速率,做相应比较。

　　④关于产甲烷菌生长条件的测定(如 pH 值、温度等),以及碳源和生长物质的要求等。

实验 19　厌氧活性污泥的培养与驯化

厌氧消化系统试运行的一个主要任务是培养厌氧污泥,即消化污泥。厌氧活性污泥培养的主要目的是培养厌氧消化所需的产甲烷细菌和产酸菌,当两种菌种达到动态平衡时,有机质才会被不断地转换为甲烷气,即厌氧沼气。

1.厌氧活性污泥培养前的准备工作

厌氧消化系统的启动,就是完成厌氧活性污泥的培养或产甲烷菌的培养。当厌氧消化池经过满水试验和气密性试验后,便可开始产甲烷菌的培养。

2.厌氧活性污泥的培养方法

污泥的厌氧消化过程中,产甲烷细菌的培养与驯化方法主要包括两种:接种培养法和逐步培养法。

接种污泥一般取自正在运行的厌氧处理装置,尤其是城市污水处理厂的消化污泥,当液态消化污泥运输不便时,可采用污水厂经机械脱水后的干污泥。在厌氧消化污泥来源缺乏的地方,可从废坑塘中取腐化的有机底泥,或以牛粪、猪粪、酒糟或初沉池底泥代替。大型污水处理厂,若同时启动,所需接种量太大,可分组分别启动。

(1)接种培养法。

接种培养法是向厌氧消化装置中投入容积为总容积10% ~30%的厌氧菌种污泥,接种污泥一般采用含固率为3% ~5%的湿污泥,加入新鲜污泥至设计液面,然后通入蒸汽加热,升温速度保持1 ℃/h,直至达到消化温度。如果污泥呈酸性,可人工加碱调整 pH 至 6.5 ~7.5。维持消化温度,稳定一段时间(3 ~5 d)后,污泥即可成熟,再投配新鲜污泥正式运行。此法适用于小型消化池,因为对于大型消化池,要使升温速度为 1 ℃/h,需热量较大,锅炉供应不上。

(2)逐步培养法。

逐步培养法指向厌氧消化池内逐步投入生污泥,使生污泥自行逐渐转化为厌氧活性污泥的过程。该方法使活性污泥经历一个由好氧向厌氧的转变过程,由于厌氧微生物的生长速率比好氧微生物低很多,因此培养过程较慢,一般需历时 6 ~10 个月才能完成产甲烷菌的培养。或者通过加热的方法加速污泥的成熟:将每日产生的新鲜污泥投入消化池,待池内的污泥量达到一定数量时,通入蒸汽,升温速度控制在 1 ℃/h。当池内温度升到预定温度时,可减少蒸汽量,保持温度不变,并逐日投加一定数量的新鲜污泥,直至达到设计液面时停止加泥。整个成熟过程一直维持恒温,成熟时间需 30 ~40 d。污泥成熟后,即可投配新鲜污泥正式运行。

(3)培菌注意事项。

厌氧消化系统处理的主要对象是活性污泥,不存在毒性问题。但是厌氧消化菌繁殖速度太慢,为了加快厌氧消化系统的启动过程,除投入接种污泥外,还应做好厌氧污泥的加热。

厌氧消化污泥的培养,初期生污泥投加量与接种污泥的数量和培养时间有关,早期可按设计污泥量的30% ~50%投加,到污泥培养经历60 d 左右,可逐渐增加投加量。若从监测结果发现消化不正常时,应减少投泥量。

厌氧消化系统处理城市污水处理厂的活性污泥,由于活性污泥中碳、氮、磷等营养均衡,能够适应厌氧微生物生长繁殖的需要,因此,即使在厌氧消化污泥培养的初期也不需要加入营养物质。城市污水厂厌氧消化系统产生沼气的时间较早,沼气产量也较大。为了防止发生爆炸事故,投泥前,应使用不活泼的气体(氮气)将输气管路系统中的空气置换出去以后再投泥,产生沼气后,再逐渐把氮气置换出去。

(4)厌氧污泥驯化。

对于厌氧生物处理工艺,主要通过驯化使厌氧菌成为优势群体。首先保持工艺的正常运转,然后严格控制工艺参数,溶解氧(DO)在厌氧池控制在 0.1 mg/L 以下,外回流比为 50% ~ 100% ,内回流比为 200% ~ 300% ,每天除泥量为 30% ~ 50% 的剩余污泥。在此过程中,每天测试进出水水质指标,直到出水各指标达到设计要求。

实验20　分离纯化大肠杆菌噬菌体实验

1. 实验目的

学习掌握分离纯化噬菌体的方法及技术。

2. 实验原理

因为噬菌体是专性寄生菌,所以自然界中凡是细菌分布的地方,均可发现其特异的噬菌体的存在,即噬菌体一般是伴随着宿主细胞的分布而分布的,例如粪便与阴沟污水中含有大量的大肠杆菌,故也能很容易地分离到乳酸杆菌噬菌体等。虽然自由噬菌体可以独立存活(当然不能生长),对自然条件有一定的耐受能力,又受到自然流动的散布,不一定总是和其宿主细胞同时存在,但没有宿主细胞的地方,其特异噬菌体的数量比较少。

由于噬菌体 DNA(或 RNA)浸入细菌细胞后进行复制、转录和一系列基因的表达并转录成噬菌体后,通过裂解宿主细胞或通过"挤出"宿主细胞(宿主细胞不被杀死,如 M13 噬菌体)而释放出来,所以,在液体培养基中可以使浑浊的菌悬液变为澄清或比较清,此现象可指示有噬菌体的存在。也可利用这一特性,在样品中加入敏感菌株与液体培养基进行培养,使噬菌体增殖释放,从而可以分离到特异的噬菌体。在有宿主细胞生长的固体琼脂平板上,噬菌体可能裂解细菌或限制被感染细菌生长从而形成透明的或浑浊的空斑,称为噬菌斑,一个噬菌体产生一个噬菌斑,利用这一特性可将分离到的噬菌体进行纯化与测定噬菌体效价。

本实验是从阴沟污水中分离大肠杆菌噬菌体,刚分离出的噬菌体常不纯,如表现在噬菌斑的形态、大小不一致等,然后再做进一步纯化。

3. 实验仪器

①高压蒸汽灭菌器。

②生化恒温培养箱。

③离心机。

④蔡氏细菌滤器。

⑤恒温水浴。

⑥玻璃器皿:抽滤瓶、1 mL 移液管、无菌吸管、平皿、500 mL 三角瓶、150 mL 三角瓶、250 mL 三角瓶和试管。

4. 实验试剂

牛肉膏、蛋白胨、NaCl、乳糖和琼脂。

5. 实验操作步骤

(1)培养基的制备。

①三倍浓缩的肉膏蛋白胨培养液(500 mL/瓶)。

②普通浓度的肉膏蛋白胨培养液(9 mL/瓶)。

③表层肉膏蛋白胨培养基(其中琼脂质量分数为 0.6%,4 mL/管)。

④底层肉膏蛋白胨培养基(倒平板,约 10 mL/皿)。

500 mL 三角烧瓶中装三倍浓缩的普通蛋白胨培养基 100 mL,试管液体培养基上层琼脂培养基(其中琼脂质量分数为 0.7% ,试管分装,每管 4 mL),底层琼脂平板(含培养基 10 mL,其中琼脂质量分数为 2%)。

各种培养基的制作法见测定大肠菌群数实验。

(2)菌种培养。

①强化培养的大肠杆菌。

②采取含大肠杆菌噬菌体的阴沟污水。

(3)操作方法与步骤

①噬菌体的分离。

a. 制备菌悬液:在 37 ℃培养 18 h 的大肠杆菌斜面一支,加 4 mL 无菌水洗下菌苔,制成菌悬液。

b. 增殖培养:向装有 100 mL 三倍浓缩的肉膏蛋白胨培养基的三角烧瓶中,加入污水样品 200 mL 与大肠杆菌悬液 2 mL,在 37 ℃振荡培养 12 ~24 h。

c. 制备裂解液:将以上混合培养液以 2 500 r/ min 的速度离心 15 min。将无菌滤器用无菌操作安装于灭菌抽滤装置上。将离心上清液倒入滤器,开启真空泵,过滤细菌。所得滤液经 37 ℃培养过夜,以做无菌检查。液体抽滤完毕,应打开安全瓶的放气阀,增压后再停真空泵,否则将产生滤液回流,污染真空泵。

d. 确认实验:对经无菌检查没有细菌生长的滤液做进一步证实噬菌体的存在。

(a)在肉膏蛋白胨琼脂平板上加一滴大肠杆菌悬液,用灭菌玻璃涂棒将菌液涂布成均匀的一薄层。

(b)待平板菌液干后,分散滴加上述滤液 3 ~5 小滴于平板菌层上面,注意每小滴量不可过多,以免流淌。另设一不加滤液的平板作为对照,然后在 37 ℃培养过夜。如果在滴加滤液处形成无菌生长的透明噬菌斑,便证明滤液中有大肠杆菌噬菌体存在。

②噬菌体的纯化。

a. 滤液稀释:将含有噬菌体的滤液用肉膏蛋白胨培养液按十倍稀释法,依次稀释为 10^{-1},10^{-2},10^{-3},10^{-4},10^{-5} 5 个稀释度。

b. 倒底层平板:取 9 cm 直径的平皿 5 个,向每个平皿约倒入 10 mL 底层琼脂培养基,标明稀释度。

c. 倒上层平板:取 5 支各装有 4 mL 上层琼脂培养基的试管,分别标明稀释度。溶化后置于 48 ℃左右恒温水浴箱内保温,然后分别向每支试管加入 0.1 mL 大肠杆菌悬液,摇匀,然后对号倒入底层琼脂平板上,摇匀铺平。

d. 待上层琼脂凝固后,置于 37 ℃生化恒温培养箱培养 18 ~24 h。

e. 此方法分离的单个噬菌斑,其形态、大小常不一致,需要进一步纯化。噬菌体纯化的操作比较简单,用接种针在单个噬菌斑上刺一下,小心采取噬菌体接入含有大肠杆菌的液体培养基内,37 ℃恒温培养 18 ~24 h,再用上述方法进行稀释,倒平板进行分离纯化,直至平板上出现的噬菌斑形态、大小一致,则表明已获得纯的大肠杆菌噬菌体。

以上 a,b,c 三步骤的目的是在平板上得到单个噬菌斑,能否达到目的,决定于所得到的噬菌体滤液的浓度和所加滤液的量,最好在无菌实验的同时,先做预备实验。若在平板上的噬菌斑连成一片,则需要减少接种量(少于一环)或增加液体培养基的量;若噬菌斑太少,则增加接种量。

③高效价噬菌体的制备。刚分离纯化所得到的噬菌体往往效价不高,需要进行增殖。将纯化的噬菌体滤液与液体培养基按体积1:10的比例混合,再加入大肠杆菌悬液适量,也可与噬菌体滤液等量或1/2的量,培养,使增殖,如此重复移种数次,最后过滤,可得到高效价的噬菌体制品。

6.实验结果处理

①描述分离得到的噬菌斑的大小、形态等特征。

②将平板上出现的噬菌斑记录于表20.1中。

表 20.1　噬菌斑记录

噬菌体稀释度	10^{-1}	10^{-2}	10^{-3}	10^{-4}	10^{-5}
平板上噬菌斑数目					

③计算噬菌体效价。

$$活噬菌体数/mL = 噬菌斑数 \times 噬菌体稀释度 \times 10$$

7.思考题

①试比较分离纯化噬菌体与分离纯化细菌、放线菌等在基本方法上的异同。

②要证实新分离到的噬菌体滤液中确实有噬菌体存在,除本实验用的平板法外,还有什么方法,如何证明?

③加大肠杆菌增殖的污水裂解液为什么要过滤除菌,不过滤的污水将会出现什么实验现象,为什么?

④某生产抗生素的工厂在发酵生产卡那霉素时发现生产不正常,主要表现为:发酵液变稀,菌丝自溶,氨氮上升,你认为可能原因是什么,如何证实你的判断是否正确?

实验 21 厌氧菌的分离和培养

1. 实验目的

①了解厌氧微生物的生长特性。

②掌握厌氧菌分离、培养的一般方法。

③观察厌氧微生物酪酸菌的菌落及菌体形态特征。

2. 实验原理

厌氧微生物在自然界分布广泛,种类繁多,在日常生活和工业生产中的作用也越来越重要。酪酸菌是调节人体肠道微生态平衡的有益菌,能促进肠道有益菌群(双歧杆菌、乳酸杆菌)的增殖和发育,抑制肠道内有害菌和腐败菌的生长、繁殖,纠正肠道菌群紊乱,减少肠毒素的发生;在肠道内能产生 B 族维生素、维生素 K、淀粉酶等物质,对人体具有保健作用;其代谢产物丁酸是肠道上皮组织细胞再生和修复的主要营养物质;而酪酸菌是厌氧芽孢杆菌,稳定性好,在人体内不受胃酸、胆汁酸等的影响,在体外室温下能保存 3 年以上,可以对多种抗生素有较强的耐受性,在临床上可与其并用。

厌氧菌在有氧的情况下不能生长,通常在培养基中加入还原剂,或用物理、化学方法去除环境中的游离氧,以降低氧化还原电势。

常用的厌氧培养方法有许多,主要包括下列几种:

(1)厌氧罐法。

厌氧罐法是将接种好标本的平板或液体培养基试管,放入厌氧罐内培养。厌氧罐是普通的干燥罐,用物理、化学的方法使罐内形成厌氧环境,从而可用于厌氧菌培养。

(2)厌氧袋法。

厌氧袋法是在塑料袋内造成厌氧环境来培养厌氧菌。塑料袋透明而不透气,内装有气体发生管(有硼氢化钠的碳酸氢钠固体以及质量分数为 5% 柠檬酸安瓿)、美蓝指示剂管、钯催化剂管、干燥剂。放入已接种好的平板后,尽量挤出袋内空气,然后密封袋口。先折断气体发生管,后折断美蓝指示剂管,在袋内 0.5 h 内造成无气环境。如果不变色,表示袋内已达厌氧状态,可以进行菌体培养。

(3)厌氧手套箱法。

手套箱是一个密闭的大型金属箱,箱的前面有一个有机玻璃做的透明面板,板上装有两个手套,可通过手套在箱内进行操作。在箱的一侧有一交换室,有内外两门,内门通箱内先关着。若在箱内放入物体,先打开外门,放入交换室,关上外门,进行抽气和换气达到厌氧状态,然后手伸入手套把交换室内门打开,将物品移入箱内,关上内门。箱内保持厌氧状态,也是利用充气中的氢在钯的催化下和箱中残余氧化合成水的原理。该箱可调节温度,本身即是孵箱或孵箱附在其内,还可放入解剖显微镜便于观察厌氧菌菌落。这种厌氧手套箱适于做厌氧细菌的大量培养研究,大量培养基也可放入做预还原和厌氧性无菌试验。金属硬壁型厌氧箱的抽气、充气、厌氧环境和温度等均系自动调节。

(4)厌氧盒。

厌氧盒的原理同厌氧袋,有成品销售。

（5）生物耗氧法。

生物耗氧法是在一密闭的容器内放生物,消耗氧气,同时产生二氧化碳,供细菌生长用。

（6）焦性末食子酸法。

焦性末食子酸法是在一洁净的玻片上铺上纱布或滤纸,均匀撒上焦性末食子酸,然后再混入 $NaHCO_3$ 粉末或 NaOH 溶液,迅速将已接种细菌的平板倒扣在上面,用熔化的白蜡封边,形成一个封闭空间,焦性末食子酸与碱反应耗氧。该法用于厌氧不严格的厌氧菌的培养。

（7）疱肉培养基法。

疱肉培养基法是一个不需特殊设备的厌氧培养法,将疱肉和肉汤装入大试管,液面封凡士林,造成无氧环境。

本实验采用亨盖特滚管技术对酪酸菌进行分离培养,在实验中将适当稀释度的酪酸菌富集培养物,在无氧条件下接入含灭菌琼脂培养基的厌氧试管中,然后将它在滚管机上或者冰盘中均匀滚动,使含菌培养基均匀地凝固在试管内壁上,经培养后在管壁上生成在解剖镜下清晰可见的单菌落。

3. 器材与试剂

（1）材料与试剂。

①菌种:酪酸梭菌二联活菌散药物。

②培养基:

a. 液体富集培养基:葡萄糖 1.5%（质量分数）,酵母粉 1.5%（质量分数）,牛肉膏 0.5%（质量分数）,KH_2PO_4 0.2%（质量分数）,$MgSO_4$ 0.1%（质量分数）,半胱氨酸 0.1%（质量分数）,$NaHCO_3$ 0.1%（质量分数）,自然 pH。

b. 固体富集培养基:葡萄糖 1.5%（质量分数）,酵母粉 1.5%（质量分数）,牛肉膏 0.5%（质量分数）,KH_2PO_4 0.2%（质量分数）,$MgSO_4$ 0.1%（质量分数）,半胱氨酸 0.1%（质量分数）,$NaHCO_3$ 0.1%（质量分数）,琼脂 1.5%（质量分数）,自然 pH。

③试剂:树脂刃天青。

（2）仪器。

亨盖特厌氧滚管装置一套、厌氧管、厌氧瓶、滚管机、定量加样器、水浴锅、无菌注射器、振荡器、无菌毛细管和试管架等。

4. 实验步骤

（1）铜柱系统除氧。

铜柱是一个内部装有铜丝或铜屑的硬质玻璃管,此管的大小为 40 ~ 400 mm,两端被加工成漏斗状,外壁绕有加热带,并与变压器相连来控制电压和稳定铜柱的温度。铜柱两端连接胶管,一端连接气钢瓶,另一端连接出气管口。由于从气钢瓶出来的气体如 N_2,CO_2 和 H_2 等都含有微量 O_2,故当这些气体通过温度约为 360 ℃ 的铜柱时,铜和气体中的微量 O_2 化合生成 CuO,铜柱则由明亮的黄色变为黑色。当向氧化状的铜柱通入 H_2 时,H_2 与 CuO 中的氧就结合形成 H_2O,而 CuO 又被还原成了铜,铜柱则又呈现明亮的黄色。此铜柱可以反复使用,并不断起到除氧的目的。当然,H_2 源也可以由氢气发生器产生。

(2)预还原培养基及稀释液的制备。

制作预还原培养基及稀释液时,先将配置好的培养基和稀释液煮沸驱氧,然后用半定量加样器趁热分装到螺口厌氧试管中,一般固体富集培养基装 4.5～5.0 mL,稀释液装 9 mL,并插入通 N_2 气的长针头以排除 O_2。此时可以清楚地看到培养基内加入的氧化还原指示剂(刃天青)由蓝色到红色最后变成无色,说明试管内已成为无氧状态,然后盖上螺口的丁烯胶塞及螺盖,灭菌备用。

(3)富集培养。

在 250 mL 三角瓶中加入 200 mL 的液体培养基,灭菌,然后接入酪酸梭菌二联活菌散药物 5.0 g,静置培养,置于培养箱内在 35 ℃下静止培养 20 h。

(4)酪酸菌样品不同稀释度的制备。

在无菌条件下准确用无菌注射器吸取 1 mL 富集培养液,然后加入装有预还原稀释液(生理盐水)的厌氧试管中,用振荡器将其振荡均匀,制成 10^{-1} 稀释液。用无菌注射器吸取 1 mL 10^{-1} 稀释液至另一支装有 9 mL 生理盐水的试管中,制成 10^{-2} 稀释液。按此操作方法依次进行 10 倍系列稀释至 10^{-7},制成不同浓度的样品稀释液。通常选 10^{-5},10^{-6},10^{-7} 3 个稀释度,进行滚管培养计数,重复 3～6 次。稀释时,每做一个稀释度都要更换一支注射器。

(5)厌氧管接种。

将无氧无菌的固体富集培养基在沸水浴中溶化,置于 46～50 ℃恒温的水浴中,待用。当培养基从瓶中取出时,要用 N_2 在培养基内中充气。再在试管中用 N_2 充气,赶走所有管内空气,然后把培养基加入管内,立即塞上瓶塞。待瓶塞塞入管内,及时拔出充气针头。用无菌注射器吸取 10^{-4},10^{-5},10^{-6} 3 个稀释度各 0.1 mL,分别注入待用的试管中,每个稀释度重复 3 次。

(6)滚管。

在滚管机水槽中加入冰块,并加入冷水。水位加至滚轴下线浸没冰块 2～3 mm,使在滚轴转动时冰水在滚轴上形成一层均匀水膜。启动滚管机,调节滚轴转速(60～80 r/min),将上述稀释的琼脂培养管平稳放在滚轴与支托点之间,任意均匀转动。待琼脂培养基在培养管内壁凝固成均匀透明的琼脂薄膜为止。

(7)滚管培养。

滚管后,放置于 35 ℃培养 20 h 后获得单菌落。

(8)分离纯化。

生成的菌落需挑取出来,镜检其形态及纯度。如果尚未获得纯培养物,需再次稀释滚管,并再次挑取菌落,直至获得纯培养物为止。

(9)菌种菌落显微观察。

采用普通光学显微镜观察与扫描电子显微镜观察相结合的方法观察菌体形态,并记录单菌落形态。

①记录酪酸菌的分离方法及培养条件,填入表 21.1 中。

表21.1　　酪酸菌的分离培养

样品来源	分离方法	培养基名称	培养温度	培养条件

②记录镜检单菌落培养物,填入表21.2中。

表21.2　　酪酸菌的培养特征

菌落编号	菌落特征	镜检菌体颜色

6. 思考题

①实验中采取何种措施来保持培养过程中的无氧状态?

②简要描述亨盖特厌氧滚管装置的操作步骤。

③简要描述酪酸菌的基本特征及其应用。

实验 22　从沼液中分离产甲烷细菌

1. 实验目的

学习亨氏厌氧技术分离产甲烷细菌。

2. 实验原理

获得产甲烷细菌分离物是研究产甲烷细菌形态与生理生化特征的首要步骤。产甲烷细菌是一类严格的厌氧菌,在其分离过程中,不仅应使用无氧试剂和无氧培养基,而且还要使全部操作环节都在严格厌氧的条件下进行。亨盖特的滚管技术和厌氧手套箱技术是当前最有效的两类严格厌氧技术。本实验所使用的亨盖特滚管技术,就是把适当稀释度的产甲烷细菌富集培养物,在无氧条件下接入含灭菌琼脂培养基的厌氧试管中,然后将它在滚管机上或者冰盘中均匀滚动,使含菌培养基均匀地凝固在试管内壁上。经培养后,管壁上生成在解剖镜下清晰可见的单菌落。

3. 实验器材

①培养基:已灭菌的无氧固体和液体试管培养基各若干支,培养基的配方见附录 1。

②灭菌的厌氧试剂:硫化钠(质量分数为 1%)与碳酸氢钠(质量分数为 5%)混合试剂,2.5 mol/L 乙酸钠,质量分数为 25% 甲酸钠,质量分数为 50% 甲醇。

③器材:

a. 高纯度的氮气、氢气和二氧化碳,厌氧装置一套。

b. 水浴锅、无菌毛细管、试管架、滚管机、冰块、1 mL 灭菌注射器若干和旋涡混合器 1 台。

4. 实验方法

①产甲烷细菌的富集培养在已灭菌的液体培养管中用 1 mL 灭菌注射器加入质量分数为 1% 硫化钠和碳酸氢钠混合试剂 0.1 mL,加入青霉素液 0.1 mL,加入乙酸钠、甲酸钠、甲醇各 0.1 mL,然后接入分离物 1 g,置于 35 ℃ 下振荡培养 10 ~ 15 d。

②熔化好装有固体培养基的培养管,排列在水温为 50 ~ 60 ℃ 的水浴锅中的试管架上,每一分离对象排列 6 支,每列前放一支同样组分仅缺少琼脂的液体培养基。

③在每支琼脂培养管中,用 1 mL 注射器分别加入硫化钠(质量分数为 1%)和碳酸氢钠(质量分数为 5%)混合试剂 0.1 mL、青霉素液 0.1 mL、乙酸钠 0.1 mL、甲酸钠 0.1 mL、甲醇 0.1 mL。

④把加富培养物放在旋涡混合器上将絮状物打散。

⑤将 1 mL 灭菌注射器以氮气流洗去氧后,吸取 0.1 mL 样品,迅速注入第一支液体培养基中,此管立即在旋涡混合器上混匀,然后换 1 支注射器取 0.5 mL 样品注入第二支琼脂培养管中,依次稀释,每次稀释后均应混匀。稀释程度视样品中产甲烷细菌的数量而定,以最后 1 个稀释度的培养管中出现 10 个以下单菌落为宜。一般稀释至 10^{-6}。稀释时,每做一个稀释度都要更换 1 支注射器。

⑥在滚管机水槽中加入冰块,并加入冷水。水位加至滚轴下线浸没冰块 2 ~ 3 mm,使在滚轴转动时冰水在滚轴上形成一层均匀水膜。冰块加入量使滚管过程中水温保持在较低

温度,能使培养管中琼脂培养基迅速凝固。

⑦启动滚管机,调节滚轴转速(60～80 r/min),将上述稀释的琼脂培养管平稳放在滚轴与支托点之间,任意均匀转动。待琼脂培养基在培养管内壁凝固成均匀透明的琼脂薄膜为止。若无滚管机,可在一瓷盘中加水和冰块(为降低温度还可加少量食盐),用手滚管。

⑧如果以二氧化碳为基质,滚管后用氢气置换氮气,再注入二氧化碳。30 mL 的厌氧培养管中注入 6 mL 二氧化碳,或直接以氢和二氧化碳混合气体(5:1 体积比)进行换气。

⑨滚管后放置于 35～37 ℃下培养,约 10～15 d 后可见细小菌落出现。以乙酸盐为基质的产甲烷菌菌落出现所需时间较长。

⑩按亨氏厌氧操作法,用无菌毛细管挑取单菌落转液体培养基进行厌氧培养。

在荧光显微镜下镜检单菌落培养物。产甲烷菌菌体有自发荧光,在荧光显微镜下菌体呈现黄绿色。若不纯,应做进一步的滚管分离,直至获得纯培养体。

5. 实验讨论

①分离产甲烷细菌的关键操作是什么?

②为什么要在培养基中加入青霉素、半胱氨酸和硫化钠?

实验 23　乙醇发酵实验

1. 实验目的

了解乙醇发酵的原理,学习发酵试验方法。

2. 实验原理

在厌氧条件下,酵母菌分解己糖产生乙醇并放出 CO_2 的过程称为乙醇发酵。这一作用是由兼性厌氧性的酵母菌细胞中乙醇发酵酶系统进行无氧呼吸产生大量乙醇的缘故。此原理是酿酒工业生产乙醇及酿制酒类饮料的基础。

3. 实验材料

(1)菌种。

在麦芽汁琼脂培养基上培养 3 d 的啤酒酵母。

(2)试剂和器材。

乙醇发酵培养液、艾氏发酵管、质量分数为 10% 的 H_2SO_4、10 g/L $K_2Cr_2O_7$、150 g/L NaOH、路哥氏碘液、试管、10 mL 吸管、载玻片、接种环、酒精灯、挂线标签和显微镜。

4. 实验步骤

(1)发酵液准备。

取灭菌的艾氏发酵管 1 支(图 23.1),按无菌操作法倒入灭菌的乙醇发酵液,使发酵液充满管部并赶走气泡,液量加至下端球部的 1/4 处,塞好棉塞,备用。

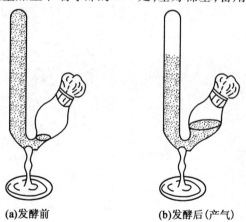

(a)发酵前　　　　　　　(b)发酵后(产气)

图 23.1　艾氏发酵管

(2)接种。

用接种环接入啤酒酵母菌数环(要求多量),接种时,将接种环放至发酵管壁充分研磨使细胞分散,轻轻振荡,使之混匀。用挂线标签标记后悬于发酵管上。

(3)培养。

置发酵管于 28 ℃下培养 24 ~ 48 h,观察结果。

(4)结果检查。

①打开发酵液棉塞,嗅闻有无酒香味产生,并记录。

②记录发酵液管顶部气体容积,然后用吸管酌情吸出球部发酵液少许弃去,并向管内加入与发酵液等量的 150 g/L NaOH 溶液,轻轻摇动,使管内 CO_2 气体渐被碱液吸收,发酵液面逐渐上升,即证明有 CO_2 产生。其原理为

$$CO_2 + NaOH \longrightarrow NaHCO_3$$

③取发酵液制成水浸片,检验酵母细胞的形态及出芽生殖现象。

5. 实验讨论

①酵母菌的呼吸特点是什么,乙醇发酵试验中为何强调要接入多量酵母菌体?

②了解乙醇发酵作用有何实践意义?

实验 24　乳酸发酵实验

1. 实验目的

了解乳酸发酵作用的原理及其应用,学习乳酸发酵试验的方法,并观察乳酸细菌的细胞形态。

2. 实验原理

在厌氧条件下,微生物分解己糖产生乳酸的过程称为乳酸发酵。引起乳酸发酵的微生物种类很多,在实践中应用的主要是各种乳酸细菌,常见的有乳酸链球菌、乳酸杆菌等。

乳酸发酵累积的乳酸,使环境的 pH 降低,从而抑制了腐败细菌的生长。保存食物或家畜饲料以及制造酸奶等,都是乳酸发酵原理在人们生活和生产实践中的应用。

3. 实验材料

(1)发酵原料。

萝卜、甘蓝或其他含糖分多的蔬菜。

(2)试剂和器材。

食盐,发酵栓,三角瓶,量筒,10 mL 吸管,小刀,菜板,pH 试纸,白色反应盘,托盘天平,层析缸,喉头喷雾器,吹风机,玻璃毛细管,大头针,新华一号滤纸(4 cm × 15 cm),正丁醇,苯甲醇,甲酸,质量分数为 0.04% 的溴酚蓝乙醇溶液,质量分数为 10% 的 H_2SO_4,20 g/L $KMnO_4$,质量分数为 2% 的乳酸溶液,含氨硝酸银溶液,革兰氏染色液,显微镜等。

4. 实验步骤

(1)发酵装置。

量取自来水 100 mL,称取食盐 6 ~ 8 g,放入 150 mL 三角瓶中。将萝卜或甘蓝洗净、切块,投入三角瓶中约至瓶高 2/3 处,摇匀后,用 pH 试纸测试溶液 pH,并记录。在三角瓶口加发酵栓塞紧,发酵栓侧管盛水至淹没内层小管口,以隔绝空气,创造厌氧环境(图 24.1)。

图 24.1　乳酸发酵装置

(2)保温培养。

挂上标签,置发酵瓶于 28 ℃下培养一周后,检查发酵结果。

（3）结果检查。

①发酵液酸度检查。

打开发酵栓，先嗅闻瓶内有无酸气味散出，再以 pH 试纸测定 pH，并记录。

②乳酸定性检查。

a. 高锰酸钾反应法。取发酵液 10 mL 放入试管中，加质量分数为 10% 的硫酸 1 mL，煮沸后再加入 20 g/L 的高锰酸钾溶液数滴，取一条滤纸在含氨的硝酸银溶液中浸湿后盖住管口，继续加热使有气体产生。若滤纸变黑，即证明有乳酸生成。其反应式为

$$2KMnO_4 + 3H_2SO_4 \longrightarrow K_2SO_4 + 2Mn \longrightarrow SO_4 + 3H_2O + 5[O]$$

$$CH_3CHOHCOOH + [O] \longrightarrow CH_3CHO + CO_2 + H_2O$$

$$CH_3CHO + 2Ag(NH_3)_2OH \longrightarrow CH_3COONH_4 + 2Ag\downarrow + 2H_2O + 3NH_3$$

b. 纸层析法（图 24.2）。

将新华一号滤纸裁成 4 cm × （5～18）cm 纸条。在滤纸下方 3 cm 处用铅笔画一直线，按图 24.2（b）标出样品点（a）与对照点（b）（两点间距离约为 2 cm）。

取粗细近似的毛细管两根，一根取乳酸液点在对照点（b）上，每点一次用吹风机冷风吹干，连续点 3 次，每次点样直径为 0.3 cm 左右。另一根毛细管取发酵液点在样品点（a）上，以同样方法连续点 3 次。

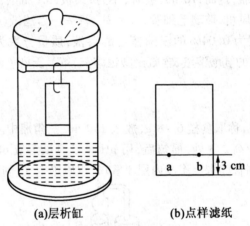

(a)层析缸　　　　　　　(b)点样滤纸

图 24.2　纸层析法

将点好样品的滤纸按图 24.2（a）所示放入装有展开剂的层析缸中饱和 4 h（注意不要使滤纸沾上展开剂），然后开始层析，即滤纸下端浸入展开剂约 1.5 cm（注意样点不能浸入展开剂），在室温下展开，展开距离为 10～12 cm，待溶剂走至距滤纸顶端约 2 cm 处时取出。

其中展开剂是指将水、苯甲醇和正丁醇按水:苯甲醇:正丁醇 = 1:5:5 的量混合后，加入质量分数为 1% 的甲酸，充分混合。

取出滤纸，用吹风机冷风吹干滤纸至无甲酸气味。

用大头针将吹干的滤纸条钉在木板上，用喉头喷雾器将质量分数为 0.04% 的溴酚蓝乙醇溶液（喷前用 0.1 mol/L 的 NaOH 调至微碱性）喷在纸条上，观察样品上行是否有黄色斑点，并与对照点比较产生黄色斑点的位置，用铅笔画好，根据 R_f 值可确定是否为乳酸。

R_f 值的计算法：

$$R_f = \frac{\text{原点到层析点中心距离}}{\text{原点到溶剂前沿距离}}$$

在本实验条件下,按同样方法应用标准乳酸点样 2 点或 3 点,求其 R_f 平均值,以进行对比。

③镜检取发酵液涂片,用革兰氏染色液染色,镜检,观察乳酸杆菌的形态特征。

5. 实验结果

①记录乳酸发酵作用实验结果、发酵液 pH 的变化、高锰酸钾反应及纸层析结果。

②图示镜检的乳酸细菌形态特征及革兰氏染色反应。

6. 实验讨论

①乳酸发酵试验中,为何不进行纯种接种即可进行发酵作用?

②泡菜制作的原理及成功的关键是什么?

实验 25　丁酸发酵实验

1. 实验目的

了解丁酸发酵作用的原理,观察丁酸细菌的形态特征。

2. 实验原理

在厌氧条件下,微生物分解糖产生丁酸的过程称为丁酸发酵。在自然界中该过程广泛存在,例如,纤维素、半纤维素、淀粉、果胶物质及简单糖类,在不通气条件下都能进行丁酸类型的发酵。引起丁酸发酵的主要微生物是专性厌氧性丁酸细菌,它生存于植物体表、土壤、污水及污泥中。

3. 实验材料

(1)发酵原料。

马铃薯。

(2)试剂和器材。

150 mL 三角瓶,发酵栓,小刀,菜板,$CaCO_3$,路哥氏碘液,石炭酸复红液,盖玻片,载玻片,试管,试管夹,挂线标签,托盘天平,质量分数为5% $FeCl_3$,质量分数为0.03%甲基红/硼酸钠溶液,新华一号滤纸(4 cm×15 cm),层析缸,丁酸,正丁醇,浓氨水,酒精灯,接种环,显微镜。

4. 实验步骤

(1)发酵装置。

洗净马铃薯,称取 30～40 g,切块,装入 150 mL 三角瓶中,并加入 $CaCO_3$ 一小匙(约0.5 g),然后加自来水至瓶高 2/3 处。置三角瓶于水浴锅中,在75～80 ℃加热处理 10 min,冷却。三角瓶口加发酵栓塞紧,发酵栓侧管盛水至淹没内层小玻璃管口,构成厌氧装置,以隔绝氧气进入瓶内。

(2)保温与培养。

挂上标签,置发酵瓶于 28 ℃下培养 3～4 d,检查发酵结果。

(3)结果检查。

①气味检查。

打开发酵栓,用手在瓶口轻轻扇动,嗅闻是否有丁酸的恶臭气味,并注意瓶内有大量气泡生成,此即丁酸发酵现象。

②丁酸定性检查。

a. 三氯化铁反应法。取发酵液 5 mL 于一空试管中,加入质量分数为5% $FeCl_3$ 2 mL,用试管夹夹住,在酒精灯上加热,即有褐色的丁酸铁出现,证明有丁酸存在。其反应式为

$$3CH_3 + CH_2 + CH_2 + COOH + FeCl_3 \longrightarrow Fe(CH_3CH_2CH_2COO)_3 \downarrow + 3HCl$$

b. 丁酸乙酯反应法。取发酵酸 5 mL 于空试管中,加入 0.5 mL 乙醇,再加 2 mL 浓H_2SO_4,摇匀,用试管夹夹住,置灯焰上加热。待冒气后,嗅闻气味呈凤梨香味,即生成了丁酸乙酯。

c. 纸层析法。操作法同实验24。

展开剂:正丁醇:浓氨水:水 = 16:3:2。

显色剂:质量分数为 0.03% 的甲基红/硼酸钠水溶液,pH = 8.0。

显色时,观察样品上行是否有红色斑点,与对照点比较产生红色斑点的位置,用铅笔画好,根据 R_f 值确定是否是丁酸生成。

用同样的方法,用丁酸做标样,测定本实验条件下丁酸的 R_f 值,以进行对比。

③镜检取发酵液涂片,简单染色,在油镜下观察丁酸细菌的细胞形态及芽孢位置。另取发酵液 1~2 环于载玻片上,加碘液一滴,盖上盖玻片,观察细菌细胞内有无蓝色颗粒物出现,即检查有无淀粉,以证明丁酸细菌的存在。

5. 实验结果

①记录实验结果。

②图示镜检的丁酸细菌细胞形态特征。

6. 实验讨论

①丁酸发酵的菌种从何而来,发酵前加热处理的目的是什么?

②丁酸发酵有何意义?

实验 26　微生物引起的反硝化作用实验

1. 实验目的

了解反硝化作用的过程及其发生的条件,认识反硝化作用对生产的危害性。

2. 实验原理

NO_3^- 中 N 是植物最好利用的 N 素养料,但在通气不良的土壤中,被反硝化细菌还原为 N_2 的过程,称为反硝化作用。这是一类兼性厌氧细菌,在土壤中广泛存在。当有机物与硝酸盐同时存在时最易发生反硝化作用,造成土壤有效氮的损失,应引起重视。

3. 实验材料

(1)测试样品。

土壤或污泥。

(2)试剂和器材。

反硝化作用培养基,1 mL 无菌吸管,红色石蕊试纸,奈氏试剂,格里斯试剂Ⅰ及Ⅱ,白色反应盘,滴管,100 g/L NaOH 溶液等。

4. 实验步骤

(1)接种与培养。

取装有反硝化作用培养基的杜氏发酵管 2 支,一支接种土壤(或污泥)少许,摇匀后,在管口悬湿的红色石蕊试纸 1 条,加棉塞,置于 28~30 ℃下培养 5~7 d。

(2)结果检查。

①NH_3 的检查:用奈氏试剂检查有无 NH_3 生成,并记录。

②NO_2 的检查:用格利斯试剂Ⅰ,Ⅱ测定有无 NO_2 生成,并记录。

(3)N_2 的生成。

首先观察发酵管内的杜氏小管中有无气体聚集,若有,则向发酵管中加入100 g/L NaOH 3 mL 左右,轻摇,使碱液吸收小管中的 CO_2,液面上升至不再上升时,最后的余留气体可判断为反硝化过程中生成的氮气。

(4)镜检。

取发酵液涂片,简单染色,镜检。反硝化细菌形态多为一些无芽孢的小杆菌。

5. 实验结果

记录实验结果,并图示镜检结果。

6. 实验讨论

反硝化作用发生的条件有哪些,生产上应如何防止它的危害?

实验 27　厌氧微生物产沼气

1. 实验目的

①理解微生物产沼气的原理,认识微生物产沼气的过程。

②学习并掌握在实验室制取沼气的一种简捷方法,并为其他发酵实验装置的制作、试验中的技术方法提供经验和借鉴。

2. 实验原理

用富含淀粉等有机质的稻米或面条替代废弃有机物产沼气,首先是许多异养微生物将淀粉等不同有机质在有氧条件下,分解生成简单有机酸、醇和 CO_2 等,然后是产甲烷菌将乙酸、CO_2、H_2 等在厌氧条件下,转化生成甲烷,从而形成以甲烷(体积分数为 60% ~ 70%)为主,其次为 CO_2(体积分数为 30% ~ 40%),尚有极少数其他气体的沼气。发酵的原料、温度、pH、菌种、反应器等对沼气产生的速度、质量都有很大影响。微生物产沼气是一个非常复杂的过程,其机制还没有完全清楚,但可以肯定,它是多种微生物经好氧和厌氧混合发酵的结果。

3. 实验材料

(1)菌种。

来自于培养室的菌种。

(2)培养基。

50 g 稻米或面条。

(3)仪器和其他用品。

2 个 1 000 mL 左右带盖的塑料饮料瓶,50 cm 长的乳胶或塑料软管,医用 2 号注射针头,橡皮塞,接种环,剪刀,强力黏胶,500 mL 的玻璃杯等。

4. 实验步骤

(1)发酵装置的制备。

将接种环烧红,在 2 个塑料饮料瓶近底部各烙穿一小孔,孔径大小与乳胶管口径相近,再将一瓶盖中央烙穿一小孔,孔径大小与 2 号注射针头的尾端大小相近。将乳胶管的两端分别插入两塑料饮料瓶的小孔内,用强力黏胶密封乳胶管与塑料饮料瓶的相交处。将 2 号注射针头的尾端嵌入瓶盖的小孔,同样密封瓶盖与 2 号注射针头的相交处。待密封处干燥后,用水检验,确认密封处不漏水,才能算完成制备。这种连接在一起的 2 个带盖的塑料瓶可称为发酵装置,带注射针头瓶盖的塑料瓶可称为发酵罐,另一塑料瓶则称为储存罐(图 27.1)。这种装置可用于实验室的一些发酵实验。

(2)好氧发酵。

取 50 g 稻米或面条,置于玻璃杯中,加入 200 mL 的自来水,在 28 ~ 37 ℃ 发酵 24 ~ 48 h 后,见水表面有许多小气泡,表明好氧发酵成功。如果需要加快实验的速度,便将稻米或面条加水煮熟,并放在 37 ℃ 发酵 24 h,同样可以使好氧发酵成功。

(3)厌氧发酵。

将储存罐的盖盖上,并拧紧,好氧发酵过的物料和发酵液全部装入发酵罐,并加自来水将发酵罐灌满,拧紧罐盖,使水滴从注射针头的针尖中溢出,针尖扎入一小橡皮塞,密封注射针头的针管。全套发酵装置放在28～37℃室内,打开储存罐的盖,进行厌氧发酵,并经常观察厌氧发酵的状况。

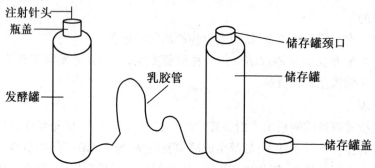

图27.1　厌氧微生物产沼气的发酵装置示意图

（4）沼气的检验。

厌氧发酵时,在发酵罐中微生物发酵物料持续地产生沼气,聚集在发酵罐液面的上方,并产生压力将发酵罐中的物料和发酵液逐渐地排入储存罐中。发酵4 h后,定期地记录排入储存罐中的物料和发酵液的量。表示厌氧发酵产沼气的量,由于存在 $CO_2 + H_2O \longrightarrow H_2CO_3$ 反应,因而沼气中含 CO_2 的量较少,使其可以燃烧。待发酵液绝大多数被排入储存罐时,将储存罐提升,放在高处,使储存罐底部高于发酵罐的颈盖部,拔去发酵罐注射针头上的橡皮塞,这时发酵液将回流到发酵罐,沼气从注射针孔排出。对准注射针的针尖点火,则可见针尖处有气体燃烧,因沼气的火焰小,而且色淡,亮处不易看清,但可见针尖被烧红,或用纸片可在针尖上方被点燃。如果气体离开火源能自行燃烧,说明气体中甲烷含量已达50%,CO_2 含量在40%以下,也表明发酵产生了沼气。1 000 mL沼气从针尖排出,可燃烧7～8 min。

（5）检测产沼气的总量。

沼气燃烧完后,待储存罐的发酵液全部流回发酵罐,将储存罐的盖盖上,并拧紧。用小橡皮塞再次扎入发酵罐盖上的针尖,放在28～37℃室内,再打开储存罐的盖,进行厌氧发酵,并经常观察厌氧发酵的状况,记录所产气体的量。待发酵液绝大多数被排入储存罐时,便可进行第二次沼气的检验。如此从厌氧发酵到沼气的检验,还可进行第三次、第四次……直至产生沼气很少。每次所产生沼气相加,则是50 g稻米或面条在本次实验条件下产生沼气的总量。

（6）产沼气的发酵条件试验。

根据实验目的要求的需要,可用此发酵装置或再添加某些设备,如水浴锅、搅拌器,进行产沼气的发酵条件试验,包括发酵原料(有机垃圾、秸秆、人畜粪便)、碳氮比、温度、pH、搅拌、活性污泥或菌剂的添加、有害物的控制等实验。将实验得到的产沼气速度、总量等分析比较,获得的结论对改良大规模生产沼气有参考义和价值。

5. 实验结果

①厌氧发酵在48 h期间产气情况如何?

②以培养时间(d)为横轴,产气量(mL)为纵轴,绘制你所试验原料的产气曲线。

6. 实验讨论

①如果用农作物的秸秆作为产沼气的主要原料,应采取哪些措施提高产沼气量?

②你所制作的沼气发酵装置还能用于哪些微生物学方面的实验,经改造后又能用于哪些实验?

③农村目前推广的"沼气生态园"有哪些优越性,又有哪些问题或不足之处? 试提出改进建议。

实验 28　氢离子浓度对微生物生长的影响

1. 实验目的

了解氢离子浓度对微化物生长发育的影响,学习测定微生物生长最适 pH 值的方法。

2. 实验原理

微生物生长繁殖需要一定的酸碱度即 pH 值环境,H^+ 浓度影响微生物对营养物质的吸收和生化反应。一般细菌适应于中性环境,放线菌适应于偏碱性环境,酵母菌和霉菌则适应于在微酸性环境中生长,若超出其适应的范围,微生物生长将受到抑制或不能生长。

3. 实验材料

(1)菌种。

培养 24 h 的大肠杆菌斜面菌种、培养 5 d 的吸水链霉菌 5102 斜面菌种及培养 3 d 的黑曲霉斜面菌种。

(2)培养基和试剂。

牛肉膏蛋白胨培养液、0.2 mol/L K_2HPO_4、0.2 mol/L 硼酸、0.2 mol/L NaOH 和 0.1 mol/L 柠檬酸。

(3)器材。

无菌水、无菌吸管(1 mL)和接种环。

4. 实验步骤

(1)培养基制备。

分组按不同配方配制不同 pH 值的培养基,并用 pH 计校正 pH 值,然后分装入试管中,每管装量为 0~6 mL,在 0.1 MPa 灭菌 30 min 备用,见表 28.1。

表 28.1　不同 pH 值培养基配置表

试管序号	0.2 mol/L K_2HPO_4/mL	0.2 mol/L 柠檬酸/mL	0.2 mol/L NaOH/mL	0.2 mol/L 硼酸/mL	牛肉膏蛋白胨培养液/mL	总量/mL	pH 值(近似值)
1	0.3	1.7	—	—	8	10	2.8
2	0.9	1.1	—	—	8	10	4.4
3	1.1	0.9	—	—	8	10	5.2
4	1.3	0.7	—	—	8	10	6.0
5	1.5	0.5	—	—	8	10	6.8
6	1.9	0.1	—	—	8	10	7.6
7	—	—	0.3	1.7	8	10	8.4
8	—	—	0.7	1.3	8	10	9.2
9	—	—	1.0	1.0	8	10	10.0

（2）接种培养。

取供试 pH 值培养基两组，用接种环按无菌操作法在试管中分别接入大肠杆菌、吸水链霉菌和黑曲霉，在 37 ℃下培养 48 h。

（3）检查结果。

取出培养物，观察并记录实验结果。

5. 实验结果

①将实验结果填入表 28.2 中。

表 28.2　不同 pH 值对大肠杆菌、吸水链霉菌、黑曲霉菌生长发育的影响

pH 值	2.8	4.4	5.2	6.0	6.8	7.6	8.4	9.2	10.0
吸水链霉菌									
黑曲霉菌									
大肠杆菌									

注：生长度表示法：+ + + 表示生长良好；+ + 表示生长一般；+ 表示生长差；- 表示不生长

②画出各菌的 pH 值与菌生长关系曲线，确定其最适生长 pH 值。

实验 29　乳酸脱氢酶及其辅酶作用的实验

1. 实验目的

了解乳酸脱氢酶及其辅酶作用的原理。

2. 实验原理

肌肉乳酸脱氢酶是含吡啶核苷酸的蛋白质,属于不需氧脱氢酶类,它们的辅酶是辅酶 I (NAD^+),其作用是催化乳酸氧化成为丙酮酸或使丙酮酸还原成为乳酸。NAD^+ 接受由乳酸脱下的氢(注意只有辅酶或酶蛋白时都无效),经呼吸链逐步传递,最终与氧结合生成水。乳酸脱氢酶及其辅酶的作用实验是用甲烯蓝(MB^+)做受氢体来接受黄素酶分子脱下的氢,其结果一方面乳酸被氧化,另一方面 MB^+ 被还原成甲烯白(MBH)。

在进行实验时须加入氰化钾以固定由乳酸氧化后所产生的丙酮酸,使反应不断向右进行,否则此反应只能达到平衡,而不能将乳酸完全变成丙酮酸。

本实验所用的不纯的乳酸脱氢酶制剂中已含有黄酶,故不必另加黄酶即可使 MB^+ 还原而褪色。为了防止还原型 MBH 再被空气中的氧所氧化,需使此酶反应体系与空气隔绝。

本实验用乳酸钠为底物,因用乳酸会使反应体系过酸,不适宜反应进行,而钠盐溶解度较大。

3. 实验材料

(1)仪器设备。

试管及试管架,滴管,20 mL 匀浆器。

(2)试剂。

①乳酸脱氢酶蛋白提取液。

②NAD^+ 提取液。

③0.1 mol/L pH 为 7.4 的磷酸缓冲液(81 mL 0.1 mol/L 磷酸氢二钠溶液加 19 mL 0.1 mol/L 磷酸二氢钠溶液)。

④质量分数为 0.5% 氰化钾溶液(注意有剧毒,使用前请阅读氰化物使用的安全注意事项)。

⑤质量分数为 5% 乳酸钠溶液。

⑥液体石蜡。

⑦质量分数为 0.2% 甲烯蓝溶液。

4. 实验步骤

①乳酸脱氢酶蛋白的提取。

称取大白鼠肌肉 7 g,放入匀浆器,加入 pH 为 7.4 磷酸缓冲液 20 mL,冰浴匀浆,制备成质量分数为 20% 匀浆液,然后加少量活性炭(目的是将 NAD^+ 吸附)。用搅拌棒搅拌 5 min,随即以 3 500 r/min 速度离心 10 min,取上清液静置备用(若不清可用布氏漏斗抽滤)。

②NAD^+ 的提取。

称取肌肉组织 5 g(注意必须新鲜,否则 NAD^+ 被分解),立即放入少量沸水中煮沸 10 min,将肌肉组织剪碎同煮沸液一同倒入匀浆器,加入 pH 为 7.4 磷酸缓冲液至 20 mL,制成质量分数为 25% 的匀浆备用。

③取试管 4 支,标记 1,2,3,4,按表 29.1 分别加入各种试剂。同时观察结果并解释加入各种试剂后所产生的现象。

表 29.1 乳酸脱氢酶及其辅酶作用实验所加试剂及加样量

加入试剂(滴)	管号 1	2	3	4
乳酸脱氢酶蛋白	10	10	10	—
NAD$^+$	—	10	10	10
质量分数为 0.5% 的氰化钠	10	10	—	10
质量分数为 5% 的乳酸钠	10	10	10	10
质量分数为 0.02% 的甲烯蓝	10	10	10	10
蒸馏水	10	—	10	10

④摇匀后,每管加液体石蜡一薄层,置于 37 ℃ 水浴保温(若天热可在室温进行)。

5. 实验讨论

①氰化钾在本实验中起何作用,使用氰化钾时应注意哪些事项?

②甲烯蓝在本实验中起何作用,生物体内有无此物?

③液体石蜡起何作用? 为何在细胞色素实验中不加石蜡油并须搅动,而本实验则需静止勿摇? 甲烯蓝褪色后,若摇动会产生什么结果,为什么? 再静置又会产生什么结果,为什么?

实验 30　利用互联网和计算机辅助基因分析鉴定古菌和细菌

1. 实验目的

①了解生物信息学在微生物学研究中的应用及常用的生物医学数据库和分析工具。

②了解掌握利用 16S rRNA 序列进行古菌和细菌鉴定的基本原理和方法。

③学习掌握利用 Ribosomal Database Project 等网站进行序列同源性分析方法。

2. 实验原理

生物信息学(Bioinformatics)是在生命科学的研究中,以计算机为工具对生物信息进行储存、检索和分析的科学。它是当今生命科学的重大前沿领域之一,同时也是 21 世纪自然科学的核心领域之一。其研究重点主要体现在基因组学(Genomics)和蛋白质组学(Proteomics)两方面,具体说就是从核酸和蛋白质序列出发,分析序列中蕴含的结构、功能信息。

古菌和细菌的经典鉴定方法包括形态观察、染色、生理生化反应和多项微量简易检测技术等,而现在 DNA 测序技术和生物信息学为古菌和细菌鉴定提供了新的方法。基本原理是亲缘关系越近的种类,其 DNA 序列相似度越高。一般选择所有生物都有的基因来进行比对,使用得最为普遍的是编码核糖体小亚基 16S rRNA 的 DNA 序列。

目前,核糖体 RNA 基因序列已被广泛用于原核、真核生物多样性研究,构建系统进化树,这是由于使用 RNA 具有以下几个优点:首先,细胞一般都含有核糖体和核糖体 RNA,亲缘关系较近的两种生物之间的 rRNA 碱基序列差异小于两种亲缘关系较远的 rRNA 碱基序列差异;其次,RNA 基因高度保守,变异相对较少,这是因为如果变异过大,两个序列之间就无法进行比较了;最后,对 rRNA 测序比较方便,可以不必在实验室进行细胞培养。

通过 RNA 序列比对在鉴定方面已取得不少成果,如在不同的生物群体中发现所谓的"信号序列",一般在 16S rRNA 上特定的位置存在长 5～10 bp 的特定序列,古菌、真细菌和真核生物,包括原核各主要类群之间都有自己特有的信号序列。通过计算机进行 rRNA 序列比对,揭示出更多的生物之间亲缘和进化关系的细节。

生物信息学研究中常通过比对基因序列鉴定生物种类,目前在公共数据库中拥有超过16 000 种生物的基因序列数据,当你向数据库提交 1 段新的序列时,可以在数秒内得到含有这一序列的生物的鉴定结果。基因序列比较一般包括:序列相似性比较,即将待测序列提交 DNA 序列数据库进行比对,找出与此序列相似的已知序列,用于确定该序列的生物属性,采用两两序列比较算法即可,常用的软件有 BLAST,FASTA 等;序列同源性分析,即将序列加入到一组与之同源,但来自不同物种的序列中进行多序列同时比较,以确定该序列与其他序列间的相似度大小,采用多序列比较算法,常用的软件有 CLUSTALW 等;构建系统进化树,根据序列同源性分析的结果,重建反映物种间进化关系的进化树,可采用 PYLIP,MEGA等软件完成构建工作。

本实验通过登陆 CenBank(http://www. ncbi. nlm. nih. gov/),提交细菌和古菌的 16SrRNA 的 DNA 序列片段,鉴定这几种未知的微生物。

此外,还有以下重要的网站拥有的数据库可以进行序列分析:

Ribosomal Database Project(http://rpd. cme. msu. edu/htmL/):位于密执安州立大学的

微生物生态学中心,由美国国家科学基金会、美国能源部和密执安州立大学发起支持,为科学界提供核糖体相关数据的服务,包括在线数据分析、构建 rRNA 进化树和进行 rRNA 序列比对等。

基因组研究所(The Institute for Genomic Research):http://www.tigr.org/。

欧洲生物信息学所(European Bioinformatics Institute):http://www.ebi.ac.uk/。

3. 实验材料

计算机及联网辅助设施,安装有 Internet Explorer 或 Netscape 浏览器。

4. 实验步骤

①启动计算机。

②打开 Internet Explorer 或 Netscape 浏览器。

③在地址栏输入"http://www.ncbi.nlm.nih.gov/",登陆 GenBank 网站,当主页打开后,点击页面上部链接栏中的"BLAST",进行在线分析。

④页面打开后,在"Nucleotide"栏中找到"Nucleotide - nucletide BLAST(blastn)"链接,点击。

⑤打开的页面用红色的线条分为 3 个区域,从上向下分别为:序列输入、参数选择和输出格式。将待比对分析的细菌和古菌的 16S rRNA 的 DNA 序列通过复制、粘贴到序列提交"Search"后面的大方框内;在"Set subsequence"后面的两个小方框内确定提交的序列范围;在"Choose database"后面的下拉菜单中选择"nr"。预先输入 word 文档或者文本文档中,以免在线输入费时间,而且容易出错。

⑥根据需要调整部分参数后,点击下面的"BLAST"按钮,提交序列。提交前如果发现需要修改,可以按"Reset query"或"Reset all",修改参数或序列后再提交。

⑦提交后出现新的页面,会在"The request ID"后面给出检索的编号,点击"Format"按钮。分析完成后,屏幕上会按选择的格式显示与提交的序列相似序列的登录号和来源。

分析完成的时间长短与服务器及网络运行情况有关。

5. 实验结果

将古菌和两种细菌鉴定的结果填入表 30.1 中。

表 30.1　鉴定结果记录表

古菌或细菌	属名	种名
古菌		
细菌 1		
细菌 2		

6. 实验讨论

①试比较经典鉴定方法和采用 16S rRNA 序列进行鉴定的优缺点。

②哪些参数对准确搜索很重要?

③你认为生物信息学是什么样的一门学科?

④介绍你所了解的生物数据库网站的主要功能和用途。

第2篇　厌氧微生物应用性实验

实验31　微生物的固定化技术

1. 实验目的

①掌握微生物细胞固定化的基本原理和技术。

②了解生物吸附法去除废水中重金属的方法。

2. 实验原理

生物固定化技术是现代生物工程领域中一项新兴技术,能使生物催化剂(酶、微生物细胞、动植物细胞、细胞器等)得到更广泛、更有效的应用。一般可以通过以下的相互作用将微生物固定化:

①带电荷酶或细胞和带电荷的载体之间的静电相互作用。

②细胞表面的氨基($-NH_2$)和羧基($-COOH$)与载体表面上的反应基团之间形成离子键。

③细胞表面的氨基或羧基和载体表面的羟基等形成部分共价键。

④包埋载体的孔径比生物催化剂更小,因而使生物催化剂保留在内,同时,底物可以进去,反应物可以出来。

⑤细胞表面的基团和载体上经过化学修饰而特异结合上去的基团形成共价键。

目前经常采用的生物催化剂固定化方法主要有吸附法、包埋法、交联法和截流法。微生物细胞的固定化方法,以包埋法最常用。包埋法是将微生物封闭在天然高分子多糖类或合成高分子凝胶的网络中,从而使微生物固定化。其特点是能将固定化微生物制成各种形状(球形、块形、圆柱形、膜状、布状、管状等),并且固定化后的微生物能繁殖,所以对它的研究最多,应用最广。

吸附法是将微生物细胞附着于固体载体上,微生物细胞与载体之间不起化学反应。其优点是该操作条件温和,细胞活性损失少,载体可以反复使用。其缺点是微生物与载体结合不牢,易脱落。

交联法是使用双功能或多功能试剂,如醛和胺,使酶或微生物细胞之间或它们与载体之间进行反应,从而将酶或细胞进行固定化,使酶或微生物细胞之间彼此附着相连。交联剂有很多,主要有戊二醛、聚乙烯亚胺等。

膜截留法是采用半透膜、中空纤维膜、超滤膜等截留酶和细胞,使生物催化剂不能透过此膜,而产物和底物可以透过,所以它也是固定化细胞的一种方式。

随着固定化技术的发展,人们又提出了联合固定化技术,它是指将外来酶结合于固定化完整细胞上。后来又发展到将两种酶、两种微生物细胞或生物催化剂(酶、细胞)与底物或其他物质联合固定在一起。联合固定化技术是酶、细胞固定化技术发展的新成果。

常用的固定化载体包括各种无机吸附材料和有机高分子材料。有机高分子材料可分为天然高分子多糖和合成高分子化合物,天然高分子多糖如琼脂、卡拉胶、海藻酸钠等,合成高分子化合物如聚乙烯醇、聚丙烯酰胺、光敏树脂等。

各种固定化方法和载体都有其特点(表 31.1),根据菌种的特性选择不同的载体和固定化方法。

表 31.1　各种固定化方法比较

性能	交联法	吸附法	共价结合法	包埋法
制备难易	适中	易	难	适中
结合力	强	弱	强	适中
活性保留	低	高	低	适中
固定化成本	适中	低	高	低
存活力	无	有	无	有
适应性	小	适中	小	大
稳定性	高	低	高	高
载体的再生	不能	能	不能	不能
空间位阻	较大	小	较大	大

从海藻提取获得的藻酸盐(常为钠盐)为 D－甘露糖醛酸和古洛糖醛酸的线性七聚物,外加阳离子(如 Ca^{2+},Al^{3+})可诱导凝胶形成,作为微生物细胞包埋的载体。微生物细胞包埋于藻酸钙凝胶中的方法主要有两种,即外交凝法和内交凝法,前者应用较广。外交凝法的基本方法是将微生物细胞与藻酸钠溶液混合后,通过一注射器针头或相似的滴注器将上述混合液滴入 $CaCl_2$ 溶液中,Ca^{2+} 从外部扩散入藻酸钠－细胞混合液珠内,使藻酸钠转变成不溶的藻酸钙凝胶,由此将细胞包埋其中。用于外交凝法制备藻酸钙凝胶的装置有简单滴落法固定化装置(图 31.1),能满足一般实验室制备珠状藻酸钙凝胶需求,也可用一般医用注射器进行改装。另一种装置由 Hulst 等人发明,利用共振将待固定化混合物射流断裂成均匀的微滴后,注入持续搅拌的 $CaCl_2$ 溶液中形成胶珠,此装置可满足工业化生产需要。

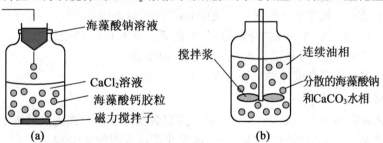

图 31.1　藻酸钙固定化细胞装置示意图

内交凝法是利用柠檬酸钙在酸性条件下释放钙离子,可使藻酸钠形成凝胶,首先将藻酸钠溶液与待固定细胞混匀,然后加入柠檬酸钙,再立即加入 D－葡萄糖酸－1,5 内酯,充分混匀,D－葡萄糖酯在水溶液中极易分解并使溶液 pH 下降,柠檬酸钙释放 Ca^{2+},凝胶很快诱导形成。

本实验以藻酸钙凝胶包埋法固定化酿酒酵母吸附重金属 Cu^{2+} 为例,了解微生固定化技术的基本方法及其应用。

3. 材料和器材

（1）酿酒酵母。

（2）培养基及溶液。

YEPD 液体培养基,质量分数为 4% 的藻酸钠溶液(高压灭菌,4 ℃存放),0.05 mol/L CaCl$_2$ 溶液(pH = 6 ~ 8,高压灭菌),15 mg/L Cu^{2+} 溶液。

（3）仪器及其他。

原子吸收分光光度计,水平式离心机,恒温振荡器,磁力搅拌器,蠕动泵,10 mL 注射器外套及 5$^{#}$ 头皮静脉针,100 mL 三角烧瓶(无菌),20 ~ 22 ℃ 及 37 ℃ 水浴,50 mL 带盖离心管(无菌),层析柱 20 mm × 120 mm。

4. 操作步骤

①将酿酒酵母接入 YEPD 液体培养基中,在 28 ℃ 振荡培养 36 h,离心收获菌体并用无菌水洗涤 2 次。

②将 2.5 g 湿菌体悬浮于 5 mL 无菌去离子水中。

③加入 5 mL 质量分数为 4% 的藻酸钠溶液,充分混匀。

④将 50 mL 0.05 mol/L CaCl$_2$ 溶液移入三角瓶中,将头皮静脉针通过三角瓶口的棉塞伸入三角瓶内,并与 10 mL 注射器连接,将此三角瓶浸入 37 ℃ 水浴中 10 min。

⑤将藻酸钠菌体混悬液移入注射器中,适度加力,将藻酸钠菌体悬液滴入 0.05 mol/L CaCl$_2$ 溶液中。

⑥滴完,将三角瓶移入 20 ~ 22 ℃ 水浴中,放置 1 h。

⑦倾去溶液,加入 100 mL 无菌去离子水冲洗 1 次。

⑧重新加入 50 mL 0.05 mol/L CaCl$_2$ 溶液,4 ℃ 平衡过夜。

⑨将固定化酵母细胞放入烧杯中,加水浸泡。

⑩在层析柱的底部加入颗粒状硅胶,以增加过滤速度。将烧杯中的已固定化的菌体和水一起倒入层析柱中,用去离子水洗涤至 pH 值为 6.0。

⑪配制 15 mg/L 的 Cu^{2+} 溶液 100 mL,过柱,流速控制在 5 mL/ min。

⑫用原子吸收分光光度计测量流出液中 Cu^{2+} 的质量浓度。

⑬用 1 mol/L H$_2$SO$_4$ 50mL 冲洗层析柱,测量流出液中 Cu^{2+} 的质量浓度。

⑭用去离子水洗涤至 pH 值为 6.0,重复⑪ ~ ⑬步骤。

⑮用原子吸收分光光度计测量流出液中 Cu^{2+} 的质量浓度。

5. 实验结果与分析

固定化菌体吸附率 = (加入金属离子量 − 流出金属离子量)/加入金属离子量×100%

酸洗回收率 = 酸洗得到的金属离子量/固定化菌体吸附量×100%

实验结果填入表 31.2 中。

表 31.2　固定化细菌吸附率

循环	Cu^{2+} 流出量	酸洗后 Cu^{2+} 流出量	固定化菌体吸附率	酸洗回收率
1				
2				
3				

6. 注意事项

①在使用藻酸钙包埋细胞时,应尽量使培养基中不含有钙螯合剂(如磷酸根),钙螯合剂可导致钙的溶解从而导致凝胶的破坏。

②包埋细胞在凝胶珠中分裂或使用不当的搅拌会导致包埋细胞的流失。

③由于藻酸钙凝胶网络的孔径尺寸太大,酶会从网络中泄漏出来,因此不适合大多数酶的固定化。

④高质量浓度的 K^+、Mg^{2+}、磷酸根以及其他单价金属离子会破坏藻酸钙凝胶的结构。

⑤由藻酸钠制备藻酸钙时,钙离子加入方式对藻酸钙凝胶的性质影响很大。如果钙离子加入太快,则会导致局部凝胶化,形成不连续的凝胶结构。可以利用慢速溶解的钙盐来控制钙离子的加入速度。

7. 思考题

①固定化微生物有什么优点,有哪些缺陷?

②第二次和第三次循环时,吸附率为什么有所下降?

③当存在高质量浓度的 K^+、Mg^{2+}、磷酸根以及其他单价金属离子时,为什么藻酸钙凝胶的结构会受到破坏?

实验 32　乳酸细菌产乳酸和乳酸菌素的测定

1. 实验目的

①掌握乳酸菌发酵糖类产生乳酸的定性和定量的测定方法。

②了解和掌握乳酸菌素的用途和活性的检测方法。

③学习纸层析和气相色谱分析乳酸菌素的方法。

2. 实验原理

一般情况下,细菌代谢糖类会产生各种酸类物质,发酵糖类产生大量乳酸的细菌称为乳酸菌。鉴定分离获得的细菌是否是乳酸菌,确定其发酵液中是否产生乳酸是关键的实验内容。在实验中采用的方法是:乳酸定性测定采用纸层析法,乳酸的定量测定采用气相色谱法。

乳酸菌在生长过程中都能合成一些抑制其他微生物生长的物质,这类物质统称为细菌素,通常为低相对分子质量的多肽或蛋白类物质。针对乳酸菌的细菌素一般称为乳酸菌素。由于乳酸菌素对多种食品腐败菌和病原菌有强烈的抑制或杀灭作用,容易被人体消化道分泌的蛋白酶降解,因而作为一种生物防腐剂,已越来越受到人们的重视。近年来,国内外许多实验室正致力于乳酸菌素的研究、开发与利用,其中研究最早、最成熟的乳酸链球菌素已进行了工业化生产,并被世界 50 多个国家和地区广泛应用于食品加工业。

到目前为止,对乳酸菌素的检测方法已有许多报道,概括起来可分为液体检测法和固体检测法。液体检测法主要包括生长延迟期法、比浊法和试管稀释法等。液体检测法虽能快速得出结果,但由于其操作烦琐,已很少被使用。目前,乳酸菌素活性的检测主要采用固体检测法,也称为琼脂扩散法,即将乳酸菌素加入到含有指示菌的琼脂平板上,扩散后形成透明的抑菌圈,经研究发现,抑菌圈大小与乳酸菌素活性强弱相关。最常用的杯碟法(Cylinder Plate Method)、滤纸片法(Disc Diffussion)和点种法(Spot Inoculation)均属固体检测法。

3. 材料和方法

(1)材料。

①菌种:乳酸杆菌和大肠杆菌。

②培养基配方及制作方法见实验一。乳酸杆菌保藏及传代培养基:MRS;乳酸杆菌发酵培养基:质量分数为 15% 脱脂牛乳培养基(0.075 MPa,灭菌 15 min);大肠杆菌(指示菌)培养基 YPN(质量分数为 1% 的蛋白胨,质量分数为 0.5% 的牛肉膏,质量分数为 0.5% 的 NaCl,pH 为 7.2);检测平板用固体培养基:在 YPN 培养基中加入质量分数为 2.0% 的琼脂。除特殊说明外,以上培养基灭菌条件为 0.1 MPa,20 min。

③仪器和试剂:氢火焰检测气相色谱仪,乳酸标准品;分析纯试剂:乙醇,甲醇,柠檬酸,溴甲酚紫,浓氨水,硫酸,三氯甲烷;牛津小杯等。

(2)方法。

①乳酸定性测定的纸层析法。溶剂系统为乙醇:浓氨水:水 =80:5:15,显色剂为质量分数0.04% 的溴甲酚紫酒精溶液,用 0.1 mol/L 的 NaOH 调 pH 到6.7。层析时将乳酸、柠檬酸配成质量分数为 1% 的标准溶液,两种标准溶液及乳酸发酵液均点样,用质量分数为 2% 的

乳酸和空白培养液为对照,上行层析,晾干后喷显色剂,观测样品是否出现黄斑,并与标准样比较。

②乳酸定量测定的气相色谱法。将乳酸菌株在 MRS 或脱脂牛乳培养基内 37 ℃ 培养 3 d,离心,取除菌上清液 2~3 mL,放入 10 mL 比色管中,100 ℃ 水浴 10 min,加入质量分数为 50% 硫酸 0.2 mL,甲醇 1 mL,58 ℃ 水浴 30 min 后,加水 1 mL,加三氯甲烷 0.5 mL,振摇 3 min,3 000 r/min 离心 5 min,取三氯甲烷层分析。气相色谱仪色谱柱:内径 3.2 mm,长 2 m 的不锈钢柱,内装涂以 30 g/L 磷酸的 60~80 目 GDX－401。氢火焰检测器(FID):气化室、检测器温度为 200 ℃;氮气流速为 60 mL/min;氢气流速为 55 mL/min;空气流速为 600 mL/min;纸速为 0.5 mm/min。根据保留时间定性,外标法定量。计算公式为

$$乳酸含量(\mu mol/mL) = \frac{被测定样液中乳酸的含量(\mu mol)}{样品体积(mL)}$$

③乳酸菌素的检测平板的制备。在无菌平皿中倒入 10 mL 加热融化的 2010 素琼脂,待其充分冷却凝固后,放入已灭菌的牛津杯数个,并按一定次序排放整齐。将分装于大试管中的 15 mL 固体检测培养基融化后冷却至 50 ℃ 左右,加入 10^7 个/mL 大肠杆菌菌液 1 mL,迅速混合均匀,倒入平皿。冷却后,用无菌镊子取出牛津杯,作为乳酸菌素活性检测平板。

④乳酸菌素的制备及活性检测。将在 MRS 培养基中 37 ℃ 静置培养 48 h 的乳酸杆菌菌株培养液离心(3 000 r/min,20 min),除去菌体,得到上清液。取上清液用碱液调节 pH 至 9.0,室温放置 20 min,这时出现絮状沉淀,收集沉淀,用 pH＝2.2 的磷酸氢二钠－柠檬酸缓冲液溶解沉淀,过滤,取上清液,再用碱液调节 pH 至 9.0,收集沉淀,用无菌水溶解,并用盐酸调节 pH 至 2.0,出现沉淀,过滤除去沉淀,取上清液,作为检测样品。用无菌的 0.1 mL 吸管吸取 100 μL 待测样品,加入到检测平板圆孔内,在 37 ℃ 培养 15 h,观察并测定抑菌圈直径。

⑤乳酸菌素效价的定义。将每毫升乳酸菌素能产生明显抑菌圈的最高稀释度的倒数定义为一个活性单位(WU/mL)。计算公式如下:

$$1 \text{ WU/mL} = 1\ 000/100 \times 1/D$$

式中,D 指能产生明显抑菌圈的乳酸菌素的最高稀释度;100 指检测样品量,μL。

4. 实验结果

①确定乳酸菌发酵培养液中乳酸菌的存在和含量。

②比较不同乳酸菌株发酵液中乳酸菌素的抑菌圈大小,对照标准样品计算出每个菌株发酵液乳酸菌素的效价。

5. 思考题

①查阅资料试写出能产生乳酸的细菌种类,分析细菌产生乳酸的条件。

②解释是否能产生乳酸的细菌均能产生乳酸菌素,细菌产生乳酸菌素的意义是什么?

实验 33　污泥沉降比和污泥体积指数的测定

1. 实验目的

①掌握表征活性污泥沉淀性能的指标——污泥沉降比和污泥体积指数的测定和计算方法。

②明确污泥沉降比、污泥体积指数和污泥浓度三者之间的关系,以及它们对活性污泥法处理系统的设计和运行控制的重要意义。

③加深对活性污泥的絮凝及沉淀特点和规律的认识。

2. 实验原理

二次沉淀池是活性污泥系统的重要组成部分。二次沉淀池的运行状态,直接影响处理系统的出水质量和回流污泥的浓度。实践表明,出水的 BOD 中相当一部分是由于出水中悬浮物引起的,在二次沉淀池构造合理的条件下,影响二次沉淀池沉淀效果的主要因素是混合液(活性污泥)的沉降情况。活性污泥的沉降性能用污泥沉降比和污泥指数来表示。污泥沉降比(SV)为曝气池出水的混合液在 100 mL 的量筒中静置沉淀 30 min 后,沉淀后的污泥体积和混合液的体积(100 mL)的比值(%)。污泥体积指数(SVI),即曝气池出口处混合液经 30 min 静沉后,1 g 干污泥所占的容积(以 mL 计)。即

$$SVI = \frac{混合液静沉 30\ min 后污泥体积(mL/L)}{污泥干重(g/L)} = \frac{SV \times 10}{MLSS}(mL/g)$$

污泥沉降比是评价活性污泥的重要指标之一,在一定程度上反映了活性污泥的沉降性能,而且测定方法简单、快速、直观。当污泥浓度变化不大时,用污泥沉降比可快速反映出活性污泥的沉降性能以及污泥膨胀等异常情况。当处理系统的水质、水量发生变化或受到有毒物质的冲击影响或环境因素发生变化时,曝气池中的混合液浓度或污泥指数都可能发生较大的变化,单纯地用污泥沉降比作为沉降性能的评价指标则很不充分,因为污泥沉降比中并不包括污泥浓度的因素。这时,常采用污泥体积指数(SVI)来判定系统的运行情况。简单地说,污泥体积指数能客观地评价活性污泥的松散程度和絮凝、沉淀性能,及时地反映出是否有污泥膨胀的倾向或已经发生污泥膨胀。SVI 越低,沉降性能越好。对城市污水,一般认为:

$SVI < 100\ mL/g$　　　　　　　　污泥沉降性能好

$100\ mL/g < SVI < 300\ mL/g$　　　　污泥沉降性能较差

$SVI > 300\ mL/g$　　　　　　　　污泥膨胀

正常情况下,城市污水 SVI 为 100 ~ 150 mL/g。此外,SVI 大小还与水质有关,当工业废水中溶解性有机物含量高时,正常的 SVI 值偏高;而当无机物含量高时,正常的 SVI 值可能偏低。影响 SVI 值的因素还有温度、污泥负荷等。从微生物组成方面看,活性污泥中固着型纤毛类原生动物(如钟虫、盖纤虫等)和菌胶团细菌占优势时,吸附氧化能力较强,出水有机物浓度较低,污泥比较容易凝聚,相应的 SVI 值也较低。

3. 实验装置及材料

①SV 及 SVI 测定装置如图 33.1 所示。

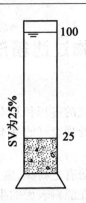

图 33.1　SV 及 SVI 测定装置

②活性污泥法处理系统。

③过滤器、烘箱、马弗炉、天平、称量瓶等。

④虹吸管、吸球等提取污泥的器具。

⑤100 mL 量筒、定时器(秒表)等。

4. 实验步骤

①将虹吸管吸入口放入曝气池的出口处,用吸球将曝气池的混合液吸出,并形成虹吸。

②通过虹吸管将混合液置于 100 mL 量筒中,至 100 mL 刻度处,并从此时开始计算沉淀时间。

③将装有污泥的 100 mL 量筒静置,观察活性污泥絮凝和沉淀的过程和特点,在第30 min 时记录污泥界面以下的污泥容积。

④将经 30 min 沉淀的污泥和上清液一同倒入过滤器中,测定其污泥干重。

⑤计算测定的污泥浓度。

5. 实验数据及结果分析

①根据测定污泥沉降比(SV)和污泥浓度(MLSS),计算污泥体积指数(SVI)。

②通过所得到的污泥沉降比和污泥体积指数,评价该活性污泥法处理系统中活性污泥的沉降性能,是否有污泥膨胀的倾向或已经发生膨胀,并分析其原因。

6. 实验讨论

①污泥沉降比和污泥体积指数二者有什么区别和联系?

②活性污泥的絮凝沉淀有什么特点和规律?

实验 34　微生物过滤箱法处理含氨废气

1. 实验目的

①了解并掌握生物过滤法处理废气的过程和基本方法。

②了解生物过滤箱的基本构造和处理废气的基本原理。

2. 实验原理

生物过滤箱中的多孔填料表面覆盖有生物膜,废气流经填料床时,通过扩散过程,气相中的污染物通过气液界面进入到附着在滤料表面的生物膜中,与生物膜内的微生物相接触而发生生物化学反应,从而使废气中污染物得到降解,同时生物量增加,如图 34.1 所示。

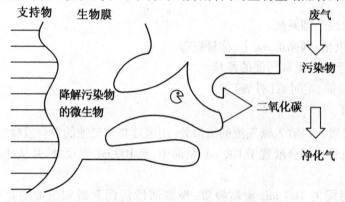

图 34.1　生物过滤箱去除污染物的基本原理

3. 实验材料与器材

生物过滤系统包括气源、气体控制系统(流量计、阀、输气管等)、气体混合室和生物过滤箱反应器,如图 34.2 所示。

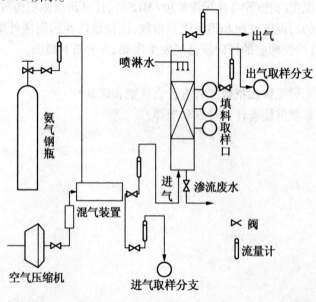

图 34.2　生物过滤系统示意图

生物过滤箱为封闭式装置,主要由箱体、生物活性床层和喷水器组成。床层由多种有机物混合制成的颗粒状载体构成,有较强的生物活性和耐用性。微生物一部分附着于载体表面,一部分悬浮于床层水体中。

4. 实验步骤

(1)含氨废气的配制。

调节氨气和空气的进气量,使混合气体的氨气质量浓度约为 150 mg/m^3。生物过滤箱处理废气时,进气质量浓度一般不超过 5 g/m^3。

(2)生物过滤系统的主要参数设计。

①停留时间。停留时间是一个重要的操作参数,不同的停留时间决定了系统具有不同的负荷,停留时间越短,系统处理负荷越高。在本实验中采用的停留时间为 35 s。

②进气浓度和流量。反应器中氨气的进气质量浓度为 150 mg/m^3 左右,进气流量为 0.5 m^3/h。

③生物过滤箱内的 pH 值。生物过滤箱中的大部分微生物在接近中性的环境下生物活性较高,去除率也较高。

④生物过滤箱床层的高度。床层高度一般为 0.5 ~ 1.5 m,过高会增加气体流动阻力,太低则易产生沟流现象。可以采用多层床结构以减少占地面积。

⑤滤料的湿度。生物过滤箱床层湿度对处理效果有很大影响,本层的湿度过高,导致床层孔隙率减少,氧传递困难,流动阻力损失增加,从而导致处理效果下降。湿度过低,会导致气相污染物难以转移到填料表面,填料老化快,床层老化快,床层干裂,微生物活性降低。一般控制床层(填料 + 微生物)含水率为 40% ~ 60%。生物过滤系统上方要设置水喷淋器以保持湿度,同时还具有冲洗作用。进气进行加湿处理可以使水分分布均匀。

(3)生物过滤箱处理含氨废气。

运行生物过滤箱系统后,对进气和出气进行采样,测定气体中的氨的量,计算氨的去除率。

5. 实验结果

测定氨的进气质量浓度和氨的出气质量浓度,计算氨的去除率。

6. 讨论

①处理含氨废气时,进气质量浓度不能过高,为什么?

②滤料的湿度要适当,为什么,湿度过高和过低会带来什么问题?

③废气停留时间的长短会给处理效果带来什么影响?

实验 35　活性污泥耗氧速率、工业废水可生化性及毒性的测定

1. 实验目的

掌握活性污泥耗氧速率及毒性测定方法,以判断废水的可生化性及废水毒性的极限程度。

2. 实验原理

活性污泥的耗氧速率(OUR)是评价污泥微生物代谢活性的一个重要指标。在日常运行中,污泥的 OUR 大小及其变化趋势可指示处理系统负荷的变化情况,并可以此来控制剩余污泥的排放。活性污泥的 OUR 若大大高于正常值,往往提示污泥负荷过高,这时出水水质较差,残留有机物较多,处理效果也差。污泥 OUR 值长期低于正常值,这种情况往往在活性污泥负荷低下的延时曝气处理系统中可见,这时出水中残存有机物数量较少,处理完全,但若长期运行,也会使污泥因缺乏营养而解絮。处理系统在遭受毒物冲击,而导致污泥中毒时,污泥 OUR 的突然下降常是最为灵敏的早期警报。此外,还可通过测定污泥在不同工业废水中的 OUR 值的高低,来判断该废水的可生化性及废水毒性的极限程度。

3. 实验材料和用具

(1)试剂。

①0.025 mol/L,pH 值为 7 磷酸盐缓冲液。称取 KH_2PO_4 2.65 g,Na_2HPO_4 9.59 g 溶于 1 L 蒸馏水中即成 0.5 mol/L,pH 值为 7 的磷酸盐缓冲液,备用。使用前将上述 0.5 mol/L 的缓冲液以蒸馏水稀释 20 倍,即成 0.025 mol/L,pH 值为 7 的磷酸盐缓冲液。

②质量分数为 10% 的 $CuSO_4$ 溶液。

(2)用具。

电极式溶解氧测定仪(图 35.1)、电磁搅拌器、恒温水浴、离心机、离心管、充气泵、BOD 测定瓶(300 mL 左右)、烧杯、橡皮滴管广口瓶(250 mL)等。

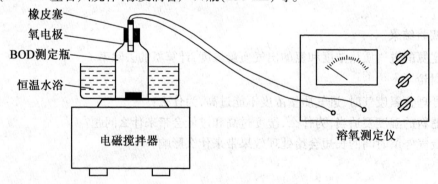

橡皮塞
氧电极
BOD测定瓶
恒温水浴
电磁搅拌器
溶氧测定仪

图 35.1　耗氧速率测定装置

4. 实验方法

(1)测定活性污泥的耗氧速率。

①将 250 mL 广口瓶两个,配好橡皮塞并编号,在其容积的一半处做一记号,然后将饱和溶氧自来水用虹吸的方法装至广口瓶记号处,再用活性污泥混合液装满。

②装满后向 1 号瓶中迅速加入质量分数为 10% 的 $CuSO_4$ 溶液 10 mL,将瓶盖塞紧,混匀。

③同时将 2 号瓶盖塞紧,不断颠倒瓶子,使污泥颗粒保持在悬浮状态。10 min 后,向 2 号瓶加入质量分数为 10% 的 $CuSO_4$ 溶液 10 mL,将瓶盖塞紧,混匀后静止。

④分别测定 1 号、2 号瓶中的溶氧浓度,通过下式计算耗氧速率(r):

$$r(\mathrm{mg} \cdot (\mathrm{L} \cdot \mathrm{h})^{-1}) = (a - b) \times \frac{60}{t} \times 2$$

式中,a 为 1 号瓶中的溶氧浓度;b 为 2 号瓶中的溶氧浓度;t 为 2 号瓶反应时间,min。

(2)工业废水可生化性及毒性的测定。

①对活性污泥进行驯化,方法如下:取城市污水厂活性污泥,停止曝气 0.5 h 后,弃去少量上清液,再以待测工业废水补足,然后继续曝气,每天以此方法换水 3 次,持续 15 ~ 60 d。对难降解废水或有毒工业废水,驯化时间往往取上限。驯化时应注意勿使活性污泥浓度有明显下降,若出现此现象,应减少换水量,必要时可适量增补充 N,P 营养素。

②取驯化后的活性污泥放入离心管中,置于离心机中以 3 000 r/min 转速离心 10 min,弃去上清液。

③在离心管中加入预先冷至 0 ℃的 0.020 mol/L,pH 值为 7 的磷酸盐缓冲液,用滴管反复搅拌并抽吸污泥,使污泥洗涤后再离心,并弃去上清液。

④重复步骤③,洗涤污泥 2 次。

⑤将洗涤后的污泥移入 BOD 测定瓶中,再以 0.025 mol/L,pH 值为 7 的溶解氧饱和的磷酸盐缓冲液充满,按以上耗氧速率测定法测定污泥的耗氧速率,此即为该污泥的内源呼吸耗氧速率。

⑥按步骤①~④将洗涤后的污泥以充氧至饱和的待测废水为基质,按步骤⑤测定污泥对废水的耗氧速率。将污泥对废水的耗氧速率同污泥的内源呼吸耗氧速率相比较,数值越高,该废水的可生化性越好。即

$$相对耗氧速率 = \frac{污泥的呼吸耗氧速率}{内源呼吸耗氧速率} \times 100\%$$

⑦对有毒废水(或有毒物质)可稀释成不同浓度,按上述步骤测定污泥在不同废水浓度下的耗氧速率,并分析废水的毒性情况及其极限浓度。

5. 实验报告

评价工业废水的可生化性和毒性,根据污泥的内源呼吸耗氧速率以及污泥对工业废水的耗氧速率和对不同浓度有毒废水的耗氧速率算得相对耗氧速率,然后依据图 35.2 评价该废水的可生化性或毒性,以供制定该废水处理方法和工艺时参考。

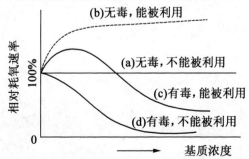

图 35.2　污泥的相对耗氧速率与废水毒性、可降解性的关系

6. 注意事项

①在反应瓶中加入质量分数为 10% 的 $CuSO_4$ 溶液后,应及时混合均匀,以减少误差。

②在耗氧速率的测定过程中,溶氧仪的电极应插入待测液体中,连接电极的橡皮塞应密封良好,以防空气中的氧气进入,影响测定结果。

7. 讨论

①什么是可生化性,它的含义是什么?

②试述采用活性污泥耗氧速率评价污泥可生化性及毒性的基本原理。

实验 36　PCR – DGGE 法检测含重金属废水净化过程中微生物群落变化实验

1. 实验目的

①掌握 PCR – DGGE 的基本原理和方法。

②确定重金属废水净化过程中的微生物群落结构变化。

2. 实验原理

（1）PCR 技术基本原理。

聚合酶链式反应（Polymerase Chain Reaction，PCR）技术的基本原理类似于 DNA 的天然复制过程，其特异性依赖于与靶序列两端互补的寡核苷酸引物。PCR 由变性—退火—延伸 3 个基本反应步骤构成：①模板 DNA 的变性：模板 DNA 经加热至 93℃左右一定时间后，使模板 DNA 双链或经 PCR 扩增形成的双链 DNA 解离，使之成为单链，以便其与引物结合，为下轮反应做准备；②模板 DNA 与引物的退火（复性）：模板 DNA 经加热变性成单链后，温度降至 55 ℃左右，引物与模板 DNA 单链的互补序列配对结合；③引物的延伸：DNA 模板引物结合物在 Taq DNA 聚合酶的作用下，以 dNTP 为反应原料，靶序列为模板，按碱基配对与半保留复制原理，合成一条新的与模板 DNA 链互补的半保留复制链重复循环变性→退火→延伸 3 过程，即可获得更多的"半保留复制链"，而且这种新链又可成为下次循环的模板。PCR 反应条件如温度、时间和循环次数因扩增不同的目的基因而相异。PCR 具有特异性强、对标本的纯度要求低、灵敏度高等特点。PCR 反应的特异性决定因素为：①引物与模板 DNA 特异正确的结合；②碱基配对原则；③Taq DNA 聚合酶合成反应的忠实性；④靶基因的特异性与保守性。

（2）DGGE 技术基本原理。

变性梯度凝胶电泳（Denaturing Gradient Gel Electrophoresis，DGGE）是一种根据 DNA 片段的熔解性质而使之分离的凝胶系统。核酸的双螺旋结构在一定条件下可以解链，称为变性。核酸 50% 发生变性时的温度称为熔解温度（T_m）。T_m 值主要取决于 DNA 分子中 GC 含量的多少。DGGE 将凝胶设置在双重变性条件下：温度为 50 ~ 60 ℃，变性剂 0 ~ 100%。当一双链 DNA 片段通过一变性剂浓度呈梯度增加的凝胶时，此片段迁移至某一点变性剂浓度恰好相当于此段 DNA 的低熔点区的 T_m 值，此区便开始熔解，而高熔点区仍为双链。这种局部解链的 DNA 分子迁移率发生改变，达到分离的效果。T_m 的改变依赖于 DNA 序列，即使一个碱基的替代就可引起突变值的升高和降低。因此，DGGE 可以检测 DNA 分子中的任何一种单碱基的替代、移码突变以及少于 10 个碱基的缺失突变。为了提高 DGGE 的突变检出率，可以人为地加入一个高熔点区 GC 夹。GC 夹（GC clamp）就是在一侧引物的 5 端加上一个 30 ~ 40 bp 的 GC 结构，这样在 PCR 产物的一侧可产生一个高熔点区，使相应的感兴趣的序列处于低熔点区而便于分析。因此，DGGE 的突变检出率可提高到接近 100%。

作为一种突变检测技术，DGGE 具有如下优点：①突变检出率高，DGGE 的突变检出率为 99% 以上；②检测片段长度可达 1 kb，尤其适用于 100 ~ 500 bp 的片段；③非同位素性，DGGE 不需同位素掺入，可避免同位素污染及对人体造成的伤害；④操作简便、快速，DGGE 一般在 24 h 内即可获得结果；⑤重复性好。

3. 实验仪器与试剂

①PCR 仪 1 台。

②基因突变检测系统 1 套。

③电泳仪 1 套。

④高速离心机。

⑤10 mL 移液管 3 支,吸耳球若干,移取高浓度变性胶、低浓度变性胶和缓冲液用。

⑥恒温水浴槽 1 个。

⑦100 mL 量筒 2 个,配置缓冲液和变性胶用。

⑧100 mL 容量瓶 3 个,配量缓冲液、高浓度变性胶和低浓度变性胶用。

⑨螺口瓶 9 个,分别盛装高浓度变性胶、低浓度变性胶、凝胶母液、1 × TAE、50 × TAE、溶液 Ⅰ、溶液 Ⅱ、溶液 Ⅲ、8 × 固定液和质量分数为 15% NaOH 溶液。

⑩脱色摇床 1 台和脱色盘子 1 个。

⑪微量紫外仪 1 台。

⑫200 mL 烧杯 1 个,清洗灌胶管子用。

⑬10 μL,100 μL 和 1 000 μL 微量加样器和 tip 头各若干盒。

⑭大小透明塑料板(文具店有售)。

⑮保鲜膜 1 卷。

⑯污泥 DNA 提取试剂盒 1 个。

⑰硼氢化钠 1 瓶。

⑱去离子甲酰胺 2 瓶(200 mL)。

⑲Goldview(百泰克)1 管。

⑳细菌 V3 引物 1 套。

㉑Mastermix(Promega 公司),PCR 用 2 包。

㉒1.5 ~ 2 mL EP 管架子 1 个。

㉓PCR 管架子 1 个。

㉔冰盒 72 孔(长方)1 个。

㉕Marker 2000;Marker λDNA (48 kb);Marker λDNA /EcoRI。

㉖100 μL PCR 管若干。

㉗琼脂糖,电泳用,1 瓶。

㉘DNA 纯化试剂 1 盒。

㉙基因克隆试剂 1 盒。

4. 实验步骤

(1)波形潜流人工湿地构建。

以 PVC 板材黏合成长 × 宽 × 高 = 2.00 m × 1.00 m × 0.70 m 的波形潜流人工湿地(Wavy Subsurface Constructed Wetland,W - SFCW)(图 36.1),其中进水区长 0.20 m,湿地长 1.80 m,湿地平分为 3 段,每段长 0.60 m。设计水力负荷为 0.20 m³/(m² · d),日最大进水量为 0.36 m³,水力坡度取 0.5%,基质深度定为 0.40 m,其中下层为 0.10 m 的砾石,上层为 0.30 m 的沸石与水稻土的混合基质。进水区基质采用粒径为 1 cm 左右的砾石,高为 0.50 m。进水中的重金属含量依据某电镀厂废水中的重金属含量用自来水和重金属配制而成,废水从进水区依次流经人工湿地第 1、第 2 和第 3 阶段,最后出水。3 个阶段均种有湿生植物李氏禾。

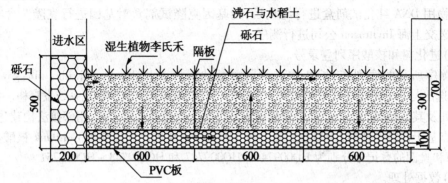

图 36.1　3 阶段波形潜流人工湿地示意图

（2）样品采集和前处理。

人工湿地出水浓度处于稳定时,在不同阶段中随机选取 2 个采样点,采集 0 ~ 15 cm 表层土壤,带回实验室后去掉植物根系和小石块,过 2 mm 筛后混合均匀,置于 4 ℃冰箱短暂保存后立即进行微生物特性分析。

（3）DNA 提取和浓度测定。

DNA 提取参照试剂盒说明进行,DNA 浓度用微量紫外仪测定。

（4）聚合酶链式反应（PCR）。

PCR 用于扩增的引物采用对大多数细菌的 16S rRNA 有特异性的引物对,正向引物 F338 - GC 为:5′ - CGC CCG CCG CGC GCG GCG GGC GGG GCG GGG GCA CGG GGG GCC TAC GGG AGG CAG CAG - 3′,反向引物 R518 为:5′ - ATT ACC GCG GCT GCT GG - 3′。扩增产物片段长约 200 bp;25 μL PCR 反应体系组成如下:2 × Master Mix 12.5 μL,去离子水 9.5 μL,DNA 模板（genomic DNA,10 ng/μL）1 μL,浓度为 20 μm/μL 正向引物和反向引物各 1 μL;PCR 反应采用降落（Touch down）PCR 程序,具体如下:94 ℃预变性 5 min,94 ℃变性 1 min,退火温度从 65 ℃开始,每两个循环降低 1 ℃,一直到 55 ℃,延伸温度为 72 ℃,再在退火温度 55 ℃下做 15 个循环,最后在 72 ℃下完全延伸 5 min。扩增后的 PCR 产物用质量分数为 1.2% 琼脂糖凝胶电泳检测质量。

（5）变性梯度凝胶电泳（DGGE）。

变性梯度凝胶的制备使用 Bio - RAD 公司 475 型梯度制胶系统（Model 475 Gradient Delivery System）,对于细菌,变性梯度从上到下为 35% ~ 60%,聚丙烯酰胺凝胶质量分数为 8%。先在 200 V 电压下,60 ℃电泳 4 min,然后在 90 V 电压下,60 ℃电泳 9 h。电泳完毕后,将凝胶在固定液中固定 3 min,用银染液染色 10 min,然后用蒸馏水洗涤 2 次,再加显影液显影 3 min。将染色后的凝胶用 Bio - RAD 的 Gel Doc - 2000 凝胶影像分析系统拍照。用 Quantity One 分析软件（Bio - RAD）确定样品电泳条带的数量、亮度峰值和相似性值,多样性指数计算方法参照以下公式进行。

$$多样性指数\ H' = -\sum P_i \ln P_i$$

式中,P_i 是第 i 条 OUT 在克隆中的比例（$P_i = n_i/N$）。

（6）克隆和测序。

从 DGGE 凝胶上切下标记的 DNA 条带,置于 1.5 mL 的离心管中,加适量无菌水,在

4 ℃下静置过夜让 DNA 流出。以流出液为模板进行 PCR,PCR 反应条件均与原来相同。PCR 产物用 DNA 纯化试剂盒进行纯化后,用基因克隆试剂盒对基因进行克隆。含有正确的克隆送交上海 Invitrogen 公司进行测序。

(7)进化树和核酸序列登录号。

将测序所得的序列在 NCBI 中进行同源性比对(http://blast. ncbi. nlm. nih. gov/Blast. cgi),挑选出与每个测定序列最相似的 2 个序列,利用 Mega 4.1 软件构建系统发育树。把获得核酸序列及其最相似的 2 个序列对齐后确定其进化上大概的从属关系,用邻接法构建进化树,每个节点基于核酸序列的 1 000 次重复。将本研究中产生的序列提交到 GenBank 核酸数据库中,细菌和真菌的登记号分别为 HQ009744 ~ HQ009747 和 HQ009748 ~ HQ009751。

(8)数据处理。

数据处理用 Microsoft Excel 2000 进行,相关性和显著性检测均采用 SPSS 13.0 软件进行。

5. 实验结果

(1)PCR 产物的琼脂糖凝胶电泳图谱(图 36.2)。

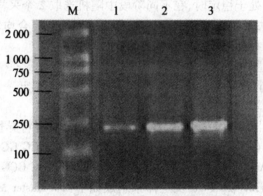

图 36.2　PCR 产物的琼脂糖凝胶电泳图谱

(2)DGGE 图谱(图 36.3)。

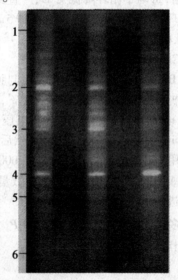

图 36.3　PCR 产物的 DGGE 图谱分析

（3）聚类分析（图 36.4）。

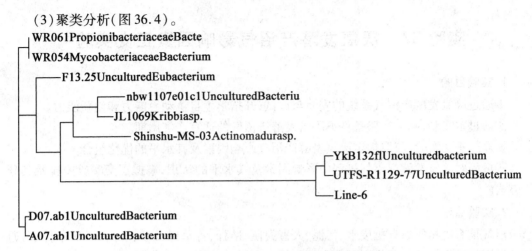

图 36.4 基于 16S rDNA DGGE 图谱的聚类分析

（4）多样性分析（表 36.1）。

表 36.1 人工湿地不同阶段香农多样性指数的比较

多样性指数	人工湿地不同的阶段		
	S1	S2	S3
H'			

6. 注意事项

①PCR 管、枪头和 EP 管要求经过灭菌处理。

②PCR 管中不能留有气泡。

7. 实验讨论

①PCR 无产物或者多个产物的原因是什么？

②DNA 模板为什么要定量？

实验 37　厌氧发酵产沼气影响因素正交实验

1. 实验目的

①通过厌氧发酵产沼气系统的安装与调试,开拓学生自主动手能力和创新能力。

②通过本实验,确定实验条件下厌氧发酵产沼气的适宜产气周期。

③通过正交实验,获取拟定厌氧发酵产沼气影响因素及其水平的优化组合。

④巩固对厌氧发酵产沼气过程中影响因素及其水平的认识,掌握正交实验安排及其分析方法。

2. 实验原理

沼气是有机物质如有机废水、污泥、人畜粪便、秸秆、青草以及垃圾等在厌氧条件下,通过各类厌氧微生物的分解代谢而产生的气体。它是一种清洁的可燃烧的多组分混合气体,由甲烷、二氧化碳和少量的一氧化碳、氢气、氧气、硫化氢、氮气等组成,主要成分是甲烷,约占所产生的各种气体的60% ~ 80%。在标准状态下,纯甲烷的燃烧值为 3.93×10^7 J/m³,比天然气(3.53×10^7 J/m³)高,1 m³ 沼气完全燃烧后产生的热量相当于 1.2 kg 标准煤燃烧释放的热量。

沼气发酵的实质是微生物自身物质代谢和能量代谢的一个生理过程。沼气发酵的过程中,微生物在厌氧环境下,为了取得进行自身生活和繁殖所需要的能量,而将一些高能量的有机物分解,有机物在转变为低能量成分的同时放出能量以供微生物代谢使用。不同的发酵原料和条件下沼气微生物的种类会有所不同,参与沼气发酵的微生物种类繁多决定了沼气发酵过程的复杂性,因此其产物除了甲烷之外还有其他气体成分。

产甲烷的过程是一个复杂的有机物厌氧降解过程,目前通用的解释理论有两阶段理论和三阶段理论。两阶段理论是指将有机物厌氧消化过程分为酸性发酵和碱性发酵两个阶段。

几十年来,厌氧消化两阶段理论一直占统治地位。但到了 1979 年, M. P. Bryant(布赖恩)根据产甲烷菌和产氢产乙酸菌阶段微生物菌群的不同,提出了三阶段理论。

厌氧产沼气的影响因素有厌氧环境、物料的碳氮比、物料的固体浓度、发酵温度、投加的微量元素种类、微量元素的投加量等。

3. 实验原料、设备与分析方法

(1)实验原料。

选取高浓度有机废水、鲜猪粪、干稻草、青草、南瓜叶、菜叶等农业废弃物等为厌氧发酵原料。

(2)实验设备。

实验设备由发酵系统、温控系统和沼气计量系统组成。

①发酵系统。

发酵系统为自制的厌氧发酵反应器(图 37.1),反应器为容积 50 L 的倒置密封塑料桶,底部设置排气管道以及水样取样管道,由气阀开关控制。排气管道通至沼气计量系统用于沼气产气计量,水样取样管道用于水样取样分析。

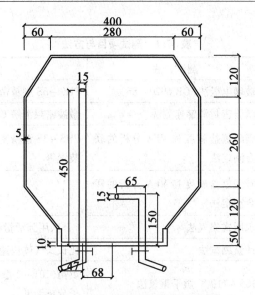

图 37.1　厌氧发酵反应装置示意图

②温控系统。

温控系统为自制保温柜,柜体为隔层木板,内置保温泡沫板与塑料层,门框四周设置胶布条密封,在柜内上方设置两盏 100 W 加热白炽灯,柜内中部设置细长型金属探头为温度指示控制仪(WMZK - 01,上海华辰医用仪表有限公司)传输探头环境温度。当探测温度高于设置温度时,自动控制白炽灯熄灭;当探测温度低于设置温度时,自动控制白炽灯加热升温以达到对沼气发酵环境温度进行控制的目的(图 37.2)。

图 37.2　厌氧发酵反应装置实物图

③沼气计量系统。

沼气计量系统为医用 6 L 肺活量测定仪(FLJ - A,常州好德医疗器械厂),连接发酵系统的排气管道,放置于温控系统的保温柜内,可收集计算出人工控制温度下沼气发酵的产气量。

(3)分析项目及其仪器方法。

本实验测试的项目及方法见表 37.1。

表 37.1　测试项目与方法

测试项目	测试方法	仪器或设备
pH 值	玻璃电极法(GB 6920 – 86)	PHS – 3S 型精密 pH 计
COD	微波密封消解速测法	微波密封消解 COD 速测仪
挥发性脂肪酸浓度	碳酸氢盐碱度和 VFA 分析的联合滴定法	PHS – 3S 型精密 pH 计、磁力搅拌器、蒸馏装置等
碳酸氢盐碱度	碳酸氢盐碱度和 VFA 分析的联合滴定法	同上
每日产气量	水压式集气法	6 L 医用肺活量测定仪
甲烷含量	计量测试法	比长式气体快速检测管
总固体含量	105 ~ 110 ℃烘干重量法	烘箱(101 – 2 型电热恒温鼓风干燥箱)、电子分析天平
挥发性固体含量	550 ~ 600 ℃灼烧重量法	马弗炉、电子分析天平
碳素含量	以挥发性固体含量的 47% 估算	同上
氮素含量	《有机肥料全氮的测定》(NY/T 297 – 1995)	蒸馏装置、电子分析天平

注:该标准属于农业行业标准(NY),标准编号为:NY/T 297 – 1995,标准名称为有机肥料全氮的测定

4.实验步骤及记录

(1)实验装置的安装和调试。

按照实验设备图对实验装置进行对接调试,保证管道接头紧密,不漏水,发酵罐盖子封闭性好。

(2)确定实验方案。

根据实际对实验进行具体实施方案设计。

①选取确定的厌氧发酵原料,测试原料的总固体含量、挥发性固体含量、含碳量、含氮量。

②采用正交实验法对上述厌氧发酵原料的沼气发酵效果影响因素进行正交安排,以确定的工艺条件为控制条件,开展厌氧发酵实验,以适宜发酵周期内的沼气产量以及甲烷产量为实验指标,通过正交实验极差分析法、方差分析法结合工艺参数水平变化影响分析,优选出最佳工艺条件组合。

③应用正交实验分析方法针对所考察的各因素、各水平对实验指标的影响开展科学分析,得出结论,以便对沼气发酵实际工程中发酵周期选择、最优工艺参数选择等提供指导。

5.数据处理

①列表记录实验原料的投配情况表(表 37.2),正交实验因素水平表(表 37.3),选取正交实验表,并进行安排列表(表 37.4)。

②列表记录正交实验各反应器的沼气日产量和甲烷日产量(表 37.5、表 37.6),对应画出产气趋势图并开展分析,获取适宜产气周期。

③用工艺参数极差分析法、方差分析法对正交实验结果进行分析,获取工艺参数优化

组合。

④分别针对不同影响因素开展影响分析,阐述厌氧发酵产气机理。

⑤撰写实验研究技术报告。

表 37.2　1# 反应器原料投配情况

原料种类	实投重/kg	折合干重/kg	干固体占总重比例/%	含碳量/g	含氮量/g
鲜猪粪	6.00	0.72	2.9	0.592 2	0.034 2
有机废水					
…	…	…	…	…	…
微量元素 (Fe/Co/Ni…)	…	…	…	…	…
总计					

注:多个反应器则此表格可复制,其中表中原料种类可以根据自己设计投加物品自行更改和添加

表 37.3　正交实验因素水平表

水平	因素			
	A	B	C	D
1	Fe	20:1	25 ℃	6%
2	Co	25:1	30 ℃	7%
3	Ni	30:1	35 ℃	8%

注:此表为 4 因素 3 水平正交水平表范例,选择了微量元素投加种类(A)、厌氧发酵物料碳氮比(B)、厌氧发酵温度(C)、厌氧发酵固体总量(D)为因素,分别选取常见 3 个水平进行列表,具体实验者可根据选取的水平和因素个数,结合正交表选取而进行具体更改列出

表 37.4　正交实验安排列表

工艺条件	1	2	3	4	A	B	C	D
1	1	1	1	1				
2	1	2	2	2				
3	1	3	3	3				
4	2	1	2	3				
5	2	2	3	1				
6	2	3	1	2				
7	3	1	3	2				
8	3	2	1	3				
9	3	3	2	1				

注:此表为 4 因素 3 水平正交水平表范例,具体实验者可根据选取的水平和因素个数,结合正交表的选择

进行具体更改列出

表 37.5　正交实验各反应器的沼气日产量

发酵天数 /d	工艺条件 1	工艺条件 2	工艺条件 3	工艺条件 4	工艺条件 5	工艺条件 6	工艺条件 7	工艺条件 8	工艺条件 9
1	45.9	75.5	87.3	61.4	113.3	42.0	87.3	45.9	56.4
2	41.3	73.2	80.3	70.8	99.1	41.3	96.8	45.2	66.9
…	…	…	…	…	…	…	…	…	…
…	…	…	…	…	…	…	…	…	…
…	…	…	…	…	…	…	…	…	…
28	15.2	23.6	22.8	27.5	21.2	27.0	22.8	54.8	21.9
29	16.5	21.8	18.9	24.8	17.7	31.5	20.1	52.7	20.5
30	17.3	16.7	16.3	19.3	13.7	25.2	14.2	46.4	20.5

注:发酵天数可以根据实际实验开展天数确定后具体更改列出

表 37.6　正交实验各反应器的甲烷日产量

发酵 天数/d	工艺条件 1	工艺条件 2	工艺条件 3	工艺条件 4	工艺条件 5	工艺条件 6	工艺条件 7	工艺条件 8	工艺条件 9
1	45.9	75.5	873	61.4	113.3	42.0	87.3	45.9	56.4
2	41.3	73.2	80.3	70.8	99.1	41.3	96.8	45.2	66.9
…	…	…	…	…	…	…	…	…	…
…	…	…	…	…	…	…	…	…	…
…	…	…	…	…	…	…	…	…	…
28	15.2	23.6	22.8	27.5	21.2	27.0	22.8	54.8	21.9
29	16.5	21.8	18.9	24.8	17.7	31.5	20.1	52.7	20.5
30	17.3	16.7	16.3	19.3	13.7	25.2	14.2	46.4	20.5

注:发酵天数是根据沼气日产量作图,确定适宜厌氧发酵产沼气的周期而定,周期单位为天

6. 注意事项

①厌氧发酵产沼气,需要绝对厌氧环境,因此必须保证厌氧发酵罐的密封性。

②沼气收集罐的容量有限,应根据产气量的变化设定实验气体收集频率。

③设定厌氧反应温度应根据实验开展的季节环境温度适当确定,不宜变化过大。

7. 实验讨论

①厌氧发酵罐为什么需要绝对的厌氧环境?

②厌氧发酵的主要原理是什么?

③实验过程中,还可以使用什么方法进行沼气收集和计量?

实验 38　发光菌的生物毒性实验

1. 实验目的

①了解发光菌的生物毒性测试方法和基本原理。

②掌握发光菌的基本培养方法和生物毒性测定仪的基本结构和原理,并能进行正确的操作和使用。

2. 实验原理

发光菌的生物毒性测试是 20 世纪 70 年代建立的生物测试方法。发光菌是一种海洋发光细菌,属非致病的革兰氏阴性兼性厌氧细菌,它们在适当条件培养后,能发出肉眼可见的蓝绿色光。细菌的发光过程是菌体内一种新陈代谢的生理过程,是呼吸链上的一个侧支,即菌体是借助活体细胞内具有 ATP、荧光素(FMN)和荧光素酶发光的。综合化学反应过程为

$$FMNH_2 + RCHO + O_2 \xrightarrow{细菌荧光酶} FMN + RCOOH + H_2 + h\nu$$

该光波长为 490 nm 左右。这种发光过程极易受到外界条件影响。凡是干扰或损害细菌呼吸或生理过程的任何因素都能使细菌发光强度发生变化。当有毒物质与发光菌接触时,发光强度立即改变,并随着毒物浓度的增加而发光减弱。这种发光强度的变化,可用一种精密测光仪测定。美国 Microbics 公司设计制造了一套微毒测定仪器。中国科学院南京土壤研究所、华东师范大学生物学系也分别成功地研制了 DXY - 2 型生物毒性测试仪和 SDJ - 1 型坐物发光光度计。

目前,国内外采用的发光细菌实验有 3 种测定方法:①新鲜发光细菌培养测定法;②发光细菌和海藻混合测定法;③冷冻干燥发光菌粉制剂测定法。本实验采用新鲜发光菌培养法或冷冻干燥发光菌粉制剂法检测环境样品的生物毒性。

3. 实验仪器与试剂

①DXY - 2 型生物毒性测试仪。

②恒温磁力搅拌器。

③培养液:

酵母浸出汁	0.5 g
胰蛋白胨	0.5 g
NaCl	3.0 g
Na_2HPO_4	0.5 g
KH_2PO_4	0.1 g
甘油	0.3 g
蒸馏水	加至 100 mL

pH 调至 7 ± 0.5,经 121 ℃,15 磅/m² 15 min 高压灭菌后置冰箱备用。

④固体培养基:

上面培养液	100 mL
琼脂粉	2.0 g

pH 调至 7 ± 0.5，经 121 ℃，15 磅/m² 15 min 高压灭菌后置冰箱备用。

⑤稀释液：

质量分数为 3% 的 NaCl 溶液　　　500 mL

质量分数为 2% 的 NaCl 溶液　　　10 mL

⑥参比毒物。$0.02 \sim 0.24$ mg/L $HgCl_2$ 系列标准溶液。

⑦待测物：视需要而定（化学毒物或综合废水）。

⑧实验生物：新鲜明亮发光杆菌 T3 变种或明亮发光杆菌冻干粉。

4. 实验内容与步骤

（1）菌种准备。

①发光细菌新鲜菌悬液的制备。

a. 斜面菌种培养。在测定前 48 h 取保存菌种，在新鲜斜面上接出第一代斜面，在（20 ± 0.5）℃培养 24 h 立即转接第二代斜面，（20 ± 0.5）℃培养 12 h，再接出第三代斜面，（20 ± 0.5）℃培养 12 h 后备用。每次接种量不超过 1 接种耳。

b. 摇瓶菌液培养。取第三代斜面菌种近 1 环，接种于装有 50 mL 培养液的 250 mL 三角瓶内，在（20 ± 0.5）℃，184 r/min 下培养 $12 \sim 14$ h，备用。

c. 将培养液稀释至每毫升 $10^8 \sim 10^9$ 个细胞，初始发光度不低于 800 mV，置冰浴中备用。

②菌液复苏。

取冷藏的发光菌冻干粉，置冰浴中，加入 0.5 mL 冷的 2% NaCl 溶液，充分摇匀，复苏 2 min，使其具有微微绿光，初始发光度不低于 800 mV。

（2）样品采集与处理。

①水样。

a. 从不同工业废水的各排放口，每 4 h 采样一次，每次取样后在 4 ℃保存，连续采集 24 h 后，均匀混合后备用。

b. 纳污水体取其入口、中心、出口 3 个断面混合水样备用。

c. 以同样方法采集清洁水，作为空白对照。

浊度大的污水，需静置后取上清液。一般样品不需任何处理。水样按 3% 比例投加 NaCl，置冰箱备用。

②气体样品。

以大气采样法采取一定体积的大气样品，通过气体吸收液（5 mL）吸收，按 3% 比例投加 NaCl，置冰箱备用。同样方法收集清洁空气作为对照组。

③固体样品。

取固体废弃物，按《工业固体废弃物有害特性试验与监测分析方法》制备浸出液，取上清液，按 3% 比例投加 NaCl，置冰箱备用。

（3）实验浓度的选择。

在预备实验的浓度范围内，按等对数间距或百分浓度取 $3 \sim 5$ 个实验浓度，同时设空白对照和参比毒物系列浓度组。

（4）发光细菌法生物毒性测定。

①工业废水或有毒物质的生物毒性测定。

a. 发光菌悬液初始发光度测定。取 4.9 mL 质量分数为 3% 的 NaCl 溶液于比色管内，加新鲜发光菌悬液或冻干粉复苏菌悬液 10 μL，若测量发光度在 800 mV 以上，允许置于冰浴中备用。

b. 取已处理待测废水样品，按等对数间距或百分浓度编号，并注明采集点。

c. 按表 38.1 依次加入稀释液、待测水样及参比毒物系列浓度溶液。

d. 打开生物毒性测试仪电源，预热 15 min，调零点，备用。

e. 每管加入菌悬液 10 μL，准确作用 5 min 或 15 min，依次测定其发光强度，记录毫伏数。

每个浓度设 3 管重复。

表 38.1　发光强度测试管加试液量（适用测试管 5 mL 的仪器）

水样	工业废水						参比毒物 Hg^{2+} 溶液					
测试管编号	1	2	3	4	5	6	1	2	3	4	5	6
稀释液/mL	4.99	4.89	4.81	4.67	4.43	3.99	4.99	4.94	4.84	4.69	4.54	4.39
废水样/mL	0.00	0.10	0.18	0.32	0.56	1.00	0.00	0.00	0.15	0.30	0.45	0.60
发光菌悬液/mL	0.01	0.01	0.01	0.01	0.01	0.01	0.01	0.01	0.01	0.01	0.01	0.01

②工业废气（或有害气体）的生物毒性测定。

a. 气体直接通入法。用注射器直接注入气体于菌悬液中，经 10～20 min 后，测定发光菌强度的变化。

b. 气体吸收法。方法同工业废水测定法。

c. 固体菌落法。挑选固态培养对数生长期的发光菌单菌落，连同培养基切下，置于比色管内，测定初始发光强度，然后用注射器将待测气体注入菌苔表面，经 10～20 min 后，测定发光度的变化。

5. 数据处理

（1）记录工业废水、废气的生物毒性实验数据并计算。

①相对发光率或相对抑光率计算公式为

$$相对发光率\ T(\%) = \frac{对照发光强度}{样品发光强度} \times 100\%$$

$$相对抑光率\ T(\%) = \frac{对照发光强度}{对照发光强度 - 样品发光强度} \times 100\%$$

②EC_{50} 值。

在半对数坐标纸上，以对数浓度为横坐标，以相对抑制或发光率为纵坐标，作图求得 EC_{50} 值。

（2）处理与评价。

①建立相对抑光率与参比毒物系列浓度的回归方程，求出样品的生物毒性相当于参比毒性的水平，以评价待测样品的生物毒性。

②以 EC_{50} 值评定样品的生物毒性水平。

6. 注意事项

①斜面菌种、摇瓶菌液避光于黑暗中保存。

②在转换培养中,菌种接种量不得超过 1 环,过多影响发光度。

③比色管、容量瓶应用硝酸(1:1)洗涤。

7. 实验讨论

①如何控制发光菌的培养条件使其保持最佳发光强度?

②菌液复苏的条件是什么,如何控制最佳状态?

实验 39　UCT 生物脱氮除磷技术

1. 脱氮除磷原理

（1）氮、磷对水体的危害。

氮、磷是植物生长所必需的营养物质，但过量的氮、磷进入天然水体会导致：

①水体富营养化。

②影响水源水质，增加给水处理的成本。

③对人和生物也会产生毒性。因此城市污水在排入天然水体之前必须要经过脱氮、除磷处理。常规的生物处理工艺其主要功能是去除污水中的含碳有机物，某些工艺对氮有一定的去除率，但对磷的去除效果非常差。污水中的含磷化合物除少部分用于微生物自身生长繁殖的需要外，大部分难以去除而以磷酸盐的形式随二级处理出水排入受纳水体。

（2）生物除磷。

含磷污水主要来源于各种洗涤剂、工业原料、农业肥料的生产和人体的排泄物。污水中的磷，根据污水的类型而以不同的形态存在，最常见的有磷酸盐、聚磷酸盐和有机磷。生活污水中的含磷量一般为 3～4 mg/L，其中有 70% 是可溶性的。传统的二级处理出水中有 90% 左右的磷以磷酸盐形式存在。污水中磷的去除一般可以采取两种方式：化学沉淀法和生物法。化学沉淀法是通过投加氯化铁或硫酸铁，从而使污水中的磷以磷酸铁的形式沉淀，从而达到除磷的目的。这种方法效果很好，但费用高，出水含高浓度的氯盐或硫酸盐且污泥产生量高，因此越来越多的国家选择生物法除磷。生物法除磷是利用一种特殊的微生物种群——聚磷菌来完成污水除磷目的的。通常在厌氧－好氧这样交替变化的活性污泥系统中，会产生这种聚磷菌。在厌氧/缺氧条件下聚磷菌的生长会受到抑制，为了生存它释放出其细胞中的聚磷酸盐（以溶解性的磷酸盐形式释放到溶液中），并利用此过程中产生的能量（以 ATP 形式）摄取污水中的低分子量的脂肪酸（LMFA）以合成聚－p－羟基丁酸盐（PHB）颗粒储存在其体内，此时表现为磷的释放。

当聚磷菌进入好氧环境后，它们的活力将会得到充分的恢复，而此时水中有机物由于经过了厌氧环境下的降解其浓度已经非常低，为了生存它们将 PHB 降解为 LMFA 和能量（以 ATP 形式）。它们从污水中大量摄取溶解态正磷酸盐用于合成 AIP，并在其细胞内以多聚磷酸盐的形式储存能量。这种对磷的积累作用远远超过微生物正常生长所需的磷量。这一阶段表现微生物对磷的吸收。最后将富含磷的污泥以剩余污泥的方式排出处理系统以外，从而降低处理出水中磷的含量。

（3）生物脱氮。

污水中的氮一般以有机氮、氨氮、亚硝酸盐氮和硝酸盐氮 4 种形态存在。生活污水中的氮的主要形态是有机氮和氨氮。其中有机氮占生活污水含氮量的 40%～60%，氨氮占 50%～60%，亚硝酸盐氮和硝酸盐氮仅占 5%。污水脱氮主要采用生物法。其基本机理是在传统的二级生物处理中，在将有机氮转化为氨氮的基础上，通过硝化菌和反硝化菌的作用，将氨氮通过硝化作用转化为亚硝酸氮、硝酸氮，再通过反硝化作用将亚硝酸盐氮、硝酸盐氮转化为氮气，而达到从废水中脱氮的目的。通常生物脱氮包括氨氮硝化和亚硝酸盐氮及硝酸盐氮的反硝化两个阶段。只有当废水中的氮以亚硝酸盐氮和硝酸盐氮的形态存在时，就仅需反硝化一个阶段。

2. 实验原理

UCT 工艺是在 AINO 工艺基础上对回流方式作了调整以后提出的工艺，它兼具脱氮、除磷的功能。首先，污水进入一个厌氧池，在这里兼性厌氧发酵菌将污水中的可生物降解的大分子有机物转化为 VFA 这类相对分子质量较低的发酵中间产物。在厌氧区聚磷菌的生长受到抑制，为了生存，其将体内聚磷酸盐分解以溶解性磷酸盐形式释放入溶液中，同时释放其生存所需要的能量。并利用此阶段释放出的能量摄取水中的 VFA，合成 PHB 颗粒储存在体内。其次，污水进入第一个缺氧池，反硝化菌利用有机基质和从进水中进来的和从沉淀池回流来的硝酸盐进行反硝化。然后，污水进入第二个缺氧池，反硝化细菌利用好氧区中回流液中的硝酸盐以及污水中的有机基质进行反硝化，达到同时除磷脱氮的效果。最后，污水进入一个好氧池，在此，聚磷菌在利用污水中残留的有机基质的同时，主要通过分解其体内储存的 PHB 所放出的能量来维持其生长所需，同时过量摄取环境中的溶解态磷。硝化菌将污水中的氨氮转化成为硝酸盐。此时有机物经厌氧、缺氧段分别被聚磷菌和反硝化菌利用后，浓度已相当低。最后混合液进入二沉池，在二沉池中完成泥水分离。二沉池的污泥回流和好氧区的混合液回流到缺氧区，这样就阻止了处理系统中硝酸盐进入到厌氧池而影响厌氧过程中磷的释放。为了补充厌氧区中的污泥流失，缺氧区混合液向厌氧区回流。在污水的 TKN/COD 适当的情况下，可实现完全的反硝化作用，使缺氧区出水中的硝酸盐浓度接近于零，从而使其向厌氧段的回流混合液中的硝酸盐浓度也接近于零，这样使厌氧段保持严格的厌氧环境而保证良好的除磷效果。

3. 实验装置

UCT 系统工艺流程如图 39.1 所示。

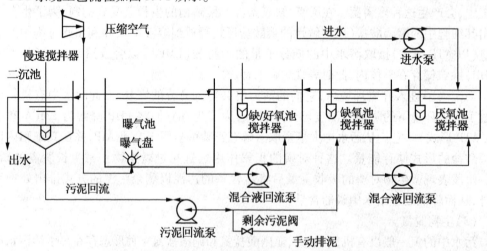

图 39.1　UCT 系统工艺流程

①UCT 系统由进水泵、污泥回流泵、混合液回流泵、厌氧反应器、缺氧反应器、好氧反应器、搅拌器、曝气盘、空气压缩机等组成。

②必要的水质分析仪器和玻璃仪器。

4. 实验步骤

（1）启动和试运行。

UCT 系统是在传统活性污泥运行方式的基础上改良而来,因此 UCT 系统在正式运行之前也要进行试运行以确定最佳的运行条件。在 UCT 系统运行中,作为变数考虑的因素同样是混合液污泥浓度、空气量、污水的注入方式等。

（2）正式运行。

试运行确定最佳条件后,即可转入正式运行。为了经常保持良好的处理效果,需要对处理情况定期进行检测。通常需要测定以下参数:

①进水流量,Q_{inf}(L/h)。

②二沉池污泥回流流量,Q_r(L/h)。

③好氧池向缺氧池回流的混合液流量,Q_{m1}(L/h)。

④缺氧池向厌氧池回流的混合液流量,Q_{m2}(L/h)。

⑤好氧池内溶解氧浓度,DO(mg/L)。

⑥厌氧池、缺氧池、好氧池内 pH 值。

⑦进、出水 BOD_5 浓度,BOD_5(mg/L)。

⑧进、出水 COD 浓度,COD_{tot}(mg/L)。

⑨进、出水总氮浓度,N_{total}(mg/L)。

⑩厌氧池、缺氧池、好氧池中混合液悬浮固体浓度,MLSS(g/L)。

⑪进、出水总磷浓度,P_{total}(mg/L)。

5. 结果与讨论

将监测数据列于表 39.1

表 39.1　监测数据

项目	进水流量 /(L·h^{-1})	二沉池污泥回流装置 /(L·h^{-1})	好氧池向缺氧池回流的混合液流量 Q_{m1}/(L·h^{-1})	缺氧池向厌氧池回流的混合液流量 Q_{m2}/(L·h^{-1})	DO /(mg·L^{-1})	pH 值			MISS/(mg·L^{-1})		
						厌氧池	缺氧池	好氧池	厌氧池	缺氧池	好氧池

项目	COD 浓度			BOD_5 浓度			总氮浓度			总磷浓度		
	进水 /(mg·L^{-1})	出水 /(mg·L^{-1})	去除率 /%	进水 /(mg·L^{-1})	出水 /(mg·L^{-1})	去除率 /%	进水 /(mg·L^{-1})	出水 /(mg·L^{-1})	去除率 /%	进水 /(mg·L^{-1})	出水 /(mg·L^{-1})	去除率 /%
微生物镜检												
备注												

计算以下参数:

①污水在各个池中的水力停留时间。

②二沉池的污泥回流比。

6. 思考题

（1）试分析水力停留时间对总氮、总磷去除效率的影响。

（2）根据你的操作经验，简单介绍一下 UCT 系统运行的控制要点。

实验 40　UASB 高效厌氧生物处理

1. 实验原理

(1) 污水厌氧生物处理。

污水厌氧生物处理是指在无氧的条件下,利用专性厌氧菌作用进行污水处理的过程。有机物的厌氧分解过程可以分为以下 4 个阶段:

①水解或液化阶段。复杂的、不溶的大分子有机物不能透过细胞膜,因此不能为细菌直接利用。在这一阶段它们会被水解成小分子有机物(糖、氨基酸和脂肪酸)。这些小分子的水解产物能够溶解于水并透过细胞膜为细菌所利用。

②发酵或酸化阶段。在这一阶段,上述小分子的化合物在发酵细菌(即酸化菌)的细胞内转化为更简单的化合物并分泌到细胞外。这一阶段的主要产物有挥发性脂肪酸、醇类、乳酸、二氧化碳、氢气、氨、硫化氢等。与此同时,酸化菌也要利用部分物质合成新的细胞物质。

③产乙酸阶段。在此阶段,上一阶段的产物被进一步转化为乙酸、氢气、碳酸以及新的细胞物质。

④产甲烷阶段。这一阶段,乙酸、氢气、碳酸、甲酸和甲醇等被转化为甲烷、二氧化碳和新的细胞物质。

(2) UASB 反应器。

UASB 反应器通常有两种构造形式:一种是周边出水,顶部出沼气的构造形式(本系统);另一种则是从周边出沼气,顶部出水的构造形式。无论何种构造形式,其基本构造都包括以下几个部分:

①污泥床。污泥床位于整个 UASB 反应器的底部。污泥床内具有很高浓度的生物量,其污泥浓度一般为 40 000 ~ 80 000 mg/L。污泥床中的污泥由活性生物量(或细菌)占70%~80% 的高度发展的颗粒污泥组成,正常运行的 UASB 中的颗粒污泥的粒径一般为0.5~5 mm,具有优良的沉降性能,其沉降速度一般为 1.2~1.4 cm/s,其典型的污泥体积指数为 10~20 mL/g。污泥床的容积一般占到整个 UASB 反应器容积的 30% 左右,但它对UASB 反应器的整体处理效果起着极为重要的作用。它对反应器中有机物的降解量一般可占到整个反应器全部降解量的70% ~90%。污泥床对有机物如此有效的降解作用使得在污泥床内产生大量的沼气,微小的沼气气泡经过不断地积累、合并而逐渐形成较大的气泡,并通过其上升的作用而使整个污泥床层都得到良好的混合。

②污泥悬浮层。污泥悬浮层位于污泥床的上部。它占据整个 UASB 反应器容积的70% 左右,其中的污泥浓度要低于污泥床,通常为 15 000 ~ 30 000 mg/L,由高度絮凝的污泥组成,一般为非颗粒状污泥,其沉速明显小于颗粒污泥的沉速,污泥体积指数一般为 30 ~40 mL/g,靠来自污泥床中上升的气泡可以使此层污泥得到良好的混合。污泥悬浮层中絮凝污泥的浓度呈自下而上逐渐减小的分布状态。这一层污泥担负着整个 UASB 反应器有机物降解量的 10% ~30%。

③沉淀区。沉淀区位于 UASB 反应器的顶部,其作用主要是使得由于水流夹带作用而随上升水流进入出水区的固体颗粒(主要是污泥悬浮层中的絮凝性污泥)在沉淀区沉淀下来,并沿沉淀区底部的斜壁滑下而重新回到反应区内(包括污泥床和污泥悬浮层),以保证反应器中污泥不致流失,同时保证污泥床中污泥浓度。沉淀区的另外一个作用是,可以通

过合理调整沉淀区的水位高度来保证整个反应器的有效空间高度而防止集气空间的破坏。

④三相分离器。三相分离器一般设在沉淀区的下部,但有时也可将其设在反应器的顶部,具体视所用的反应器的形式而定。三相分离器的主要作用是将气体(反应过程中产生的沼气)、固体(反应器中的污泥)和液体(被处理的废水)这三相加以分离,将沼气引入集气室,将处理出水引入出水区,将固体颗粒导入反应区。它由集气室和折流挡板组成。有时,也可将沉淀装置看做三相分离器的一个组成。具有三相分离器是 UASB 反应器的主要特点之一。三相分离器的合理设计是保证其正常运行的一个重要内容。

运行过程中,废水以一定的流速自反应器的底部进入反应器,水流在反应器中的上升流速一般维持在 0.5~1.5 m/h,最佳上升流速在 0.6~0.9 m/h。水流依次流经污泥床、污泥悬浮层至三相分离器及沉淀区。UASB 反应器中的水流呈推流形式,进水与污泥床及污泥悬浮层中的微生物充分混合接触并进行厌氧分解。厌氧分解过程中所产生的沼气在上升过程中将污泥颗粒托起,由于大量气泡的产生,即使在较低的有机和水力负荷条件下,也能看到污泥床明显膨胀。随着反应器中产气量的不断增加,由气泡上升所产生的搅拌作用(微小的沼气气泡在上升过程中相互结合而逐渐形成较大的气泡,将污泥颗粒向反应器的上部携带。最后由于气泡的破裂,绝大部分污泥颗粒又将返回到污泥区)变得日趋剧烈,从而降低了污泥中夹带气泡的阻力,气体便从污泥床内突发性地逸出,引起污泥床表面呈沸腾和流化状态。反应器中沉淀性能较差的絮状污泥则在气体的搅拌下,在反应器上部形成污泥悬浮层。沉淀良好的颗粒污泥则在反应器的下部形成高浓度的污泥床。伴随着水流的流动,气、水、泥三相混合液上升至三相分离器中,气体遇到反射板或挡板后折向集气室而被有效地分离排出;污泥和水进入上部的静止沉淀区,并在重力作用下泥水发生分离。

2. 实验装置

实验所用装置如图 40.1 所示。

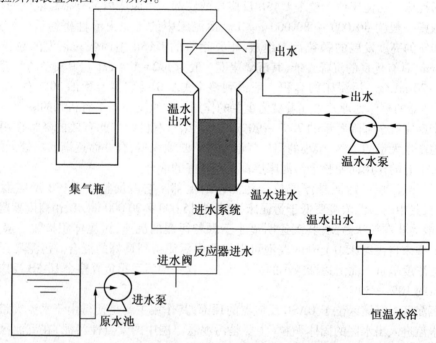

图 40.1　厌氧 UASB 反应器工艺流程

3. 实验步骤

（1）启动。

当接种好颗粒污泥、连接好三相分离器、生物气测量装置和恒温水浴装置后，实验即可开始。厌氧生物处理对环境条件的变化非常敏感，因此在采用本系统处理污水之前，需充分了解污水的物理、化学性质。对于成分较为复杂的污水，须经过污水厌氧可生物降解性测试来确定其是否适宜采用厌氧处理方法。

（2）污泥活化。

厌氧装置启动以后，首先用易于生物降解的合成水样来活化污泥。合成水样的配制有很多种方法，见表 40.1。

除此之外，还需投加微量和痕量营养元素。其方法是从花园中取 100 g 泥土，加 1 L 自来水混合，摇匀，用滤纸过滤后，即得痕量营养元素储备液。1 L 合成水样中加 5 mL 上述滤液。

表 40.1　合成水样配制

化合物名称	浓度/$(g \cdot L^{-1})$
乙酸	0.25
丙酸	0.25
丁酸	0.25
葡萄糖	0.25
尿素（N 源）	0.5
Na_2HPO_4 或 NaH_2PO_4（P 源）	0.1

为防止产酸过程酸过度积累，引起系统 pH 值的下降，合成水样中还需加入一定量的缓冲物质，可以在 1 L 合成水样中加入 1 g $NaHCO_3$。

水样 pH 值用 1 mol/L $NaHCO_3$ 或 1 mol/L HCl 调整到 6.5～7.5。

（3）试运行。

污泥活化后，可逐步引入预处理的废水，使污泥逐渐适应废水理化性质。本实验采用中温（37 ℃）消化，加热方式为水浴加热。生物气的计量采用排水法，即在集气瓶中装入 NaOH 溶液，通过用量筒测定每日所排出的 NaOH 溶液体积来计量每日的产气量。

（4）正式运行。

当系统稳定后，即可正式运行。系统进行运行后，需要经常测定以下参数，以监控系统运行：

①反应器内污泥床层高度，H/m。

②进水流量，Q_{inf}/（L/h）。

③总产气量，Q_{gas}/（L/d）。

④甲烷总产量，Q_{CH_4}/（L/d）。

⑤进、出水 pH 值。

⑥反应器内温度，T（℃）。

⑦进、出水 COD 浓度，COD_{tot}（mg/L）。

⑧纸滤后进、出水 COD 浓度,COD_{pf}(mg/L)。

⑨膜滤后进、出水 COD 浓度,COD_{mf}(mg/L)。

⑩进、出水总氮浓度,N_{total}(mg/L)。

4.实验结果

①将监测数据填入表 40.2 中。

②计算以下参数:

a. 容积负荷率[$kgBOD_{inf}$/(L·d)]。

b. COD 去除率,%。

A. COD_{tot} B. COD_{pf} C. COD_{mf}

c. 水力停留时间,HRT,h。

表 40.2 UASB 系统运行记录表

项目	进水流量 Q_{inf}/(L·h^{-1})	总产气量 Q_{gas}/(L·d^{-1})	甲烷总产量 Q_{CH_4}/(L·d^{-1})	污泥床层高度 H/m	反应器内温度 T/℃	pH 值	
						进水	出水

项目	COD_{tot}/(mg·L^{-1})		COD_{pf}/(mg·L^{-1})		COD_{mf}/(mg·L^{-1})		N_{total}/(mg·L^{-1})	
	进水	出水	进水	出水	进水	出水	进水	出水

5.思考题

①试说明三相分离器的作用。

②颗粒污泥与絮状污泥相比有何优点?

实验 40　利用 Biolog 自动分析系统分离鉴定微生物菌群

环境微生物是由多个种群组成的微生物群落,不同种群之间存在着共生、互利、共存、竞争等各种复杂的关系,在物质循环和能量转化过程中发挥着重要作用。对环境微生物群落的研究可以从微生物的量、代谢活性、群落结构及代谢功能等几个不同层面上进行。其中,微生物群落结构、代谢功能以及两者的关系是环境微生物群落研究的核心内容。

传统的微生物菌群的研究方法主要是通过分离纯培养的微生物菌种,对分离出来的纯菌种分别研究。这种研究方法分离出来的微生物种类有限,分离培养后微生物的生理特性容易发生变异。近年来,各种基于生物标志物的测定方法(微生物醌法、脂肪酸法等)和分子生物学方法(FISH、TGGE、DGGE 等)相继得到了广泛应用。这些方法无需分离培养就可反映微生物的菌落结构信息,但却无法获得有关微生物菌落总体活性与代谢功能的信息,Biolog 法则弥补了这一不足。

Biolog 方法由美国的 Biolog 公司于 1989 年开发成功,最初应用于纯种微生物鉴定,至今已经能够鉴定包括细菌、酵母菌和霉菌在内的 2 000 多种病原微生物和环境微生物。1991 年,Garland 和 Mill 开始将这种方法应用于土壤微生物菌落的研究。Biolog 方法用于环境微生物菌落研究具有以下特点:

①灵敏度高、分辨力强。通过对多种碳源利用能力的测定可以得到微生物菌落的代谢特征指纹,分辨微生物菌落的微小变化。

②无需分离培养纯种微生物,可最大限度地保留微生物菌落原有的代谢特征。

③测定简便,数据的读取与记录可以由计算机辅助完成。微生物对不同碳源代谢能力的测定在一块微平板上一次完成,效率大大提高。

Biolog 方法用于研究土壤微生物群落功能多样性的原理与其鉴定单一物种的反应原理相似,不同的是:前者利用以群落水平(而不是单一物种)碳源利用类型为基础的 Biolog 氧化还原技术来表达土壤样品微生物群落特征,运用主成分分析(PCA)或相似类型的多变量统计分析方法展示不同微生物群落产生的不同代谢多样性类型。其理论依据是:Biolog 代谢多样性类型的变化与群落组成的变化相关。根据测定对象的不同,还研制出了除革兰阴性板之外的不同类型的 Biolog 板,用于研究土壤微生物群落的功能多样性,如生态板(eco-plates)、MT 板(MT plates)、真菌板、SFM 和 SFI 板等。

1. 实验目的

①了解 Biolog 分析方法。

②学习使用 Biolog MicroLog 软件,掌握数据库使用方法。

2. 实验基本原理

Biolog 分类鉴定系统的微孔板有 96 个孔,横排为 1,2,3,4,5,6,7,8,9,10,11,12,纵排为 A,B,C,D,E,F,G,H。96 个孔中都含有四唑类氧化还原染色剂,其中 Al 孔内为水,作为对照,其他 95 个孔是 95 种不同的碳源物质。

待测细菌在利用碳源的过程中产生的自由电子,与四唑盐染料发生还原显色反应,使染色剂从无色还原成紫色,从而在微生物鉴定板上形成该微生物特性性的反应模式或"指纹",通过人工读取或者纤维光学读取设备——读数仪来读取颜色变化,并将该反应模式或

"指纹"与数据库进行比对,就可以在瞬间得到鉴定结果。对于真核微生物——酵母菌和霉菌,还需要通过读数仪读取碳源物质被同化后的变化(即浊度的变化),以进行最终的分类鉴定。Biolog 系统主要由 Biolog 微平板、微平板读数器和一套微机系统组成,见表 41.1。

表 41.1　Biolog 系统组成与说明

系统组成	说明
Biolo 平板	共 96 个孔,孔中含有营养盐和四唑盐染料 TTC;其中一孔不含碳源为对照孔,其中 95 个孔含有不同单碳源
读数器	测定一定波长下每个小孔内的吸光度及变化
微机系统	与读数器相连,自动完成数据采集、传输、存储与分析

Biolog 方法的主要流程与操作步骤:Biolog 方法的一般流程包括平板的选择、样品的制备、加样、温育与读数等几个过程。平板可根据研究目的进行选择,不同的 Biolog 平板具有不同的碳源组成特点及其应用范围(见表 41.2)。

表 41.2　Biolog 板的特点及其应用范围

微孔板种类	用途	微孔板种类	用途
GN2	用于革兰氏阴性好氧菌的鉴定	ECO	用于微生物特性和群落分析研究(31 种碳源)
GP2	用于革兰氏阳性好氧菌的鉴定	MT2	用于微生物代谢研究(不含碳源)
AN	用于厌氧菌的鉴定	SF – N2	用于革兰氏阴性放线菌和真菌代谢研究
YT	用于酵母菌的鉴定	SF – P2	用于革兰氏阳性放线菌和真菌代谢研究
FF	用于丝状真菌的鉴定		

3. 实验材料

(1)菌种。

恶臭假单胞菌斜面、枯草芽孢杆菌斜面,啤酒酵母斜面和霉菌斜面。

(2)培养基和试剂。

Biolog 专用培养基:BUG 琼脂培养基,BUG + B 培养基,BUG + M 培养基,BUY 培养基,质量分数为 2% 的麦芽汁琼脂培养基;Biolog 专用菌悬液稀释液,脱血纤维羊血,麦芽汁提取物,蒸馏水等。

(3)仪器及用具。

Biolog 微生物分类鉴定系统及数据库、浊度仪(Biolog 公司)、读数仪、恒温培养箱、光学显微镜、pH 计、8 孔移液器、试管等。

4. 操作步骤

(1)待测微生物的纯培养。

使用 Biolog 推荐的培养基和培养条件,对待测微生物进行纯化培养。其中好氧细菌使用 BUG + B 培养基,厌氧细菌使用 BUA + B 培养基,酵母菌使用 BUY 培养基,丝状真菌使用质量分数为 2% 的麦芽汁琼脂培养基。

（2）选择合适的微孔板。

对培养好的微生物进行革兰染色，选择合适的微孔板进行实验。

（3）制备特定浓度的菌悬液。

氧浓度决定待测微生物培养后的细胞浓度，在 Biolog 系统中，氧浓度是必须加以控制的关键参数。因此，接种物的准备必须严格按照 Biolog 系统的要求进行。如果是 GP 球菌和杆菌，则在菌悬液中加入 3 滴巯基乙酸钠和 1 mL 100 mmol/L 的水杨酸钠，使菌悬液浓度与标准悬液浓度具有同样的浊度。

（4）接种并对点样后的微孔板进行培养。

使用 8 孔移液器，将菌悬液接种于微孔板的 96 个孔中：一般细菌 150 μL，芽孢菌 150 μL，酵母菌 100 μL，霉菌 100 μL，接种过程不能超过 20 min。

（5）读取结果。

读取结果之前要对读数仪进行初始化。可事先输入微孔板的信息，以缩短读取结果时间，这对人工和读数仪读取结果都适用。由于工作表中无培养时间，所以人工和读数仪读取结果时首先要选择培养时间，然后选择 Select Read，从已打开的工作表读取结果，之后可以 Read Next 按次序读取结果。

如果认为自动读取的结果与实际不符，可以人工调整域值以得到认为是正确的结果。对霉菌域值的调整，会导致颜色和浊度的阴阳性都发生变化，实验时应加以注意。

GN，GP 数据库是动态数据库：微生物总是最先利用最适碳源并最先产生颜色变化，颜色变化也最明显；对次最适的碳源菌体利用较慢，相应产生的颜色变化也较慢，颜色变化也没有最适碳源明显。动态数据库则充分考虑了微生物的这种特性，使结果更准确和一致。

酵母菌和霉菌是终点数据库：软件同时检测颜色和浊度的变化。

（6）结果解释

软件将对 96 孔板显示出的实验结果按照与数据库的匹配程度列出 10 个鉴定结果，并在 ID 框中进行显示，如果第 1 个结果都不能很好匹配，则在 ID 框中就会显示"No ID"。

评估鉴定结果的准确性：探针提供使用者可以与其他鉴定系统比较的参数；SIM 显示 ID 与数据库中的种之间的匹配程度；DIST 显示 ID 与数据库中的种间的不匹配程度。

种的比较："＋"表示样品和数据库的匹配程度≥80%；"－"表示样品和数据库的匹配程度≤20%。

欲查 10 个结果之外的结果，按"Other"显示框。双击"Other"显示数据库，在数据库中选中欲比较的种，就可以显示出各种指标，用右键点击显示动态数据库和终点数据库。

5. 实验结果分析

①对于纯菌种鉴定，将 95 种基质的测定结果与菌种库中的数据进行对比，可判断菌种的归属。

②对于微生物群落分析，一般要记录每孔的吸光度及其时间变化。95 个孔吸光度的平均值（Average Well Color Development，AWCD）的计算公式如下：

$$AWCD = \sum (C_i - R)/95$$

式中　C_i——除对照孔外各孔吸光度值；

R——对照孔吸光度值。

AWCD 及其时间变化可以用来表示微生物的平均活性。

95 种碳源的测定结果形成了描述微生物群落代谢特征的多元向量,不易直观比较。通过主成分分析(Principal Component Analysis,PCA)可以将不同样本的多元向量变换为互不相关的主元向量,在降维后的主元向量空间中可以用点的位置直观地反映出不同微生物群落的代谢特征。另外,各种多样性指数还可以反映微生物群落代谢功能的多样性。

6. 思考题

①如何选择微平板?

②影响平板微孔显色的因素有哪些?

③试比较各种群落结构分析方法的优缺点。Biolog 方法主要用于哪些方面?

第3篇　环境工程厌氧微生物实验

实验41　温度、pH值和有机物对厌氧氨氧化污泥活性的影响

1. 实验目的

①为优化氨氧化反应条件,研究温度、pH值和有机物对厌氧氨氧化污泥活性的影响。

②确定最佳的厌氧氨氧化反应参数。

2. 实验原理

厌氧氨氧化是指在厌氧或缺氧条件下,厌氧氨氧化细菌以 NO_2^- 为电子受体,将 NH_4^+ 直接氧化为 N_2 的过程,产物 N_2 中的氮原子一个来自 NO_2^-,而另一个则来自 NH_4^+。厌氧氨氧化工艺具有较强的适应性:温度为 6~43 ℃,pH值为 6.7~8.3,厌氧氨氧化污泥均表现出一定活性。温度是影响细菌活性的重要环境条件之一,只有在最适温度附近,细菌才会表现出良好的反应活性,从而增进反应器的运行效果。对于废水生物处理过程,pH值是另外一个非常重要的环境条件,其对废水生物处理过程的影响主要表现在两个方面:一是 pH 值会影响细胞内的电解质平衡,直接影响微生物的活性甚至其能否存活;二是 pH 值还会影响溶液中基质或抑制物的浓度,从而间接影响微生物的活性。为了优化反应条件,通过自行设计的厌氧氨氧化速率测试系统,研究温度、pH值和有机物对厌氧氨氧化污泥活性的影响。

3. 实验材料

(1)实验装置。

厌氧氨氧化速率测试系统装置如图41.1所示。实验过程中利用高纯氮对反应瓶吹脱,以消除溶解氧的影响。

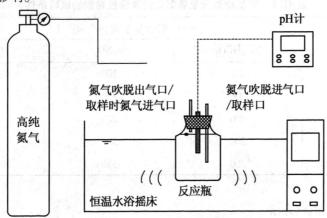

图41.1　厌氧氨氧化速率测试系统装置

(2)厌氧氨氧化污泥。

测试污泥取自实验室的厌氧氨氧化反应器,该反应器采用无机化合物配水,在30 ℃左右已连续运行360 d,总氮容积负荷为1 172 kg/(m³·d),总氮去除率约为86%。厌氧氨氧化污泥呈棕黄色,以絮状污泥为主,有部分颗粒污泥存在,污泥的VSS/SS约为60%。

4. 实验步骤

①从厌氧氨氧化反应器中取出待测污泥,置于500 mL带塞广口瓶中,并在其中加入一定浓度的NH_4HCO_3,$NaNO_2$和微量元素,将广口瓶置于已达试验温度的恒温水浴摇床中,然后从进气口通入氮气,气体从出气口排出,出气口与大气相通。氮气吹脱30 min后启动摇床,开始试验。试验过程中通过pH计观察反应体系的pH值变化,并从出气口加入适量的NaOH或HCl溶液以控制反应体系的pH值。

②试验过程中每小时从广口瓶中取样进行测试。取样时,先关闭氮气瓶阀门,并停止摇床摇动5 min,使广口瓶中的污泥沉降。然后从出气口通入氮气,使广口瓶中的上清液从进气口中排出,取样完毕后从进气口通入氮气,气体从出气口排出,5 min后再启动摇床继续试验。

③数据处理。测定n个时刻体系上清液中的基质浓度:c_1,c_2,……,c_n,绘制基质浓度变化曲线。根据基质浓度变化曲线求出最大斜率,即基质的最大去除速率V_{max},V_{max}除以反应瓶中的污泥浓度X即得基质的最大比反应速率v_{max}。

④按上述方法,测定厌氧氨氧化污泥在5个不同温度(20 ℃,25 ℃,30 ℃,35 ℃和40 ℃)下的反应速率。实验中除温度外的其他主要试验条件为:污泥浓度约为1.6 g/L,pH值为8.2,起始NH_4^+-N和NO^{2-}-N浓度均为200 mg/L。

⑤测试厌氧氨氧化污泥在7个不同pH值(7.0,7.5,7.8,8.0,8.3,8.5和9.0)下的氨氧化速率。测试过程中其他主要条件为:污泥浓度约为1.6 g/L,温度30 ℃,起始NH_4^+-N和NO_2^--N浓度均为200 mg/L。

⑥测定有机物(以葡萄糖为代表)是否影响厌氧氨氧化污泥活性。试验条件:温度为30 ℃,pH值为8.3,污泥浓度约为1.6 g/L,起始基质(NH_4^+,NO_2^-和葡萄糖)浓度见表41.1。

表41.1   有机物对厌氧氨氧化污泥活性影响的试验条件

试验序号	起始基质成分/(mg·L⁻¹)		
	NH_4HCO_3	$NaNO_2$	葡萄糖(COD)
a	20	200	0
b	200	200	20
c	200	200	200
d	200	300	200
e	200	350	200

⑦分析项目及测试方法。

氨氮:纳氏试剂比色法。

亚硝酸盐:N-(1-萘基)-乙二胺光度法。

硝酸盐:DX – 100 型离子色谱(DX – 100,Dionex)。

溶解氧:溶解氧仪(Orion 810A + ,Thermo)。

悬浮固体(SS)和挥发性悬浮固体(VSS):标准重量法。

pH 值:Thermo Orion 828 型 pH 计。

温度:水银温度计。

COD:TL – 1A 型污水 COD 速测仪。

5. 实验结果

(1)温度对厌氧氨氧化污泥活性的影响。

温度对厌氧氨氧化过程有明显影响,最适温度为 30 ~ 35 ℃,在 20 ~ 30 ℃,厌氧氨氧化速率与温度之间的关系可以用修正的 Arrhenius 方程式描述。

(2)pH 值对厌氧氨氧化污泥活性的影响。

pH 值对厌氧氨氧化过程有明显影响,最适 pH 值为 7.5 ~ 8.3,在 pH 值为 7.0 ~ 9.0,厌氧氨氧化速率与 pH 值之间的关系可以用双底物双抑制剂模型描述。

(3)有机物对厌氧氨氧化污泥活性的影响。

厌氧氨氧化污泥中存在异养反硝化菌,有机物的存在会导致其与厌氧氨氧化菌之间的基质竞争。

实验 42　　五氯酚污染土壤的厌氧生物修复

1. 实验目的和意义

五氯酚(PCP)常作为除草剂、木材防腐剂而被广泛应用,许多国家发现土壤、沉积物受到 PCP 的污染。国外为修复受氯酚类污染土壤与沉积物,研究开发了生物堆层、堆肥及土壤泥浆反应器等好氧修复工艺,并分离获得具有矿化 PCP 能力的 PCP 降解菌。许多研究者认为以厌氧还原脱氯为特征的厌氧微生物降解作用,在氯代芳烃污染环境的厌氧生物修复中具有很大的应用潜力。

通过本实验达到以下目的:

①学习厌氧生物技术在污染土壤修复中的有效性和可行性。

②了解降解 PCP 的厌氧颗粒污泥作为生物强化剂修复受 PCP 污染土壤的性能。

2. 实验原理

厌氧生物修复可将多氯代化合物脱氯形成低氯代、低生物积累及易好氧生物降解的产物,甚至矿化形成 CH_4/CO_2。与脱氯细菌纯培养物相比,厌氧颗粒污泥这种特殊的结构化微生物群体,在降解活性及生态竞争性上更适宜于作为污染环境生物修复的接种物或生物强化剂。本实验根据氯代芳香族化合物厌氧还原脱氯作用依赖于电子供体这一特性,以工业有机废水作为共基质,培养获得可降解 PCP 的厌氧产甲烷颗粒污泥,在泥浆反应器中外源投加降解 PCP 厌氧颗粒污泥,考察其作为生物强化剂修复受 PCP 污染土壤的性能,以及厌氧生物技术在污染土壤修复中的有效性和可行性。

3. 实验材料

①土壤、水及降解 PCP 厌氧颗粒污泥。

②泥浆反应器、过滤筛、振荡器、500 mL 三角瓶及灭菌装置。

③HPLC(Chemstation Analysis 软件包)、四元泵及二极管矩阵紫外检测器。

4. 实验方法与步骤

(1)土壤样品的采集。

从未污染农田采集土壤样品,该土壤应未检出氯酚类污染,将其风干过筛(≤2 mm)后备用。

(2)降解五氯酚颗粒污泥的获得。

供试厌氧颗粒污泥可取自实际工厂废水处理 UASB 反应器,以葡萄糖为共代谢底物配制五氯酚模拟废水,在厌氧生物反应器中培养颗粒污泥 3~4 个月。

(3)模拟生物修复实验。

为改善土壤固相的均一性,污染土壤的生物修复采用泥浆反应器工艺。以 500 mL 三角瓶作为模拟泥浆反应器,以土壤:水 = 1:2 的比例,加入 100 g 土壤、200 mL 水、终浓度(mg/kg 干重)一定的五氯酚母液,以 150 r/min 振荡 30 min 以使五氯酚分布均匀,并制成泥浆。根据实验需要投加颗粒污泥。实验设计模拟污染土壤的 PCP 浓度为 30 mg/kg 和 60 mg/kg,厌氧颗粒污泥投加量 5 g/kg,10 g/kg 和 25 g/kg,并设有污泥、土壤灭菌处理作为对照;泥浆反应器的培养条件设置为好氧、好氧 – 厌氧和厌氧,好氧培养采用定时振荡,厌氧培养采用泥浆淹水密封(经预备实验 1~2 周后可释放微量 CH_4)。每一实验设有 2 个平行样,定期取泥浆样经蒸馏预处理后分析测定 PCP,同时测定泥浆样中土壤干重,计算土壤中 PCP 浓度(mg/g 干重)。

(4)五氯酚(PCP)分析方法。

泥浆样中 PCP 分析,先进行蒸馏预处理,蒸馏液经乙腈处理后,在 HPIJC(带 Chemstation Analysis 软件包),色谱仪设置为:四元泵,二极管矩阵紫外检测器,CDS C18 反相柱;PCP 流动相为 2% Hac/CH_3OH(15/85),波长 300nm;2,4,6 – TCP 流动相为 2% Hac/CH_3OH(50/50),波长 280nm;2,4 – DCP 流动相为 Hac/H_2O/ CH_3OH (38/2/60),波长 285 nm;2 – CP,4 – CP,3 – CP 流动相为 2% Hac/CH_2OH(64/36),波长 280 nm 条件下,采用 HPLC 分析。在该条件下 PCP 最低检出浓度为 0.002 mg/L。

5. 实验结果分析

①根据测定结果绘制五氯酚在不同条件下的降解曲线和中间产物变化曲线。

②分析不同条件对厌氧颗粒污泥降解 PCP 的影响。

实验 43　废弃物类生物质的厌氧生物处理实验

1. 实验目的

①学习连续流新型厌氧反应器的功能与使用。

②考察各因素对反应器运行的影响。

2. 实验原理

固体有机废物的厌氧消化反应器种类并不多,真正能用于固体有机废物厌氧处理的只有传统厌氧消化器和农村小型沼气池两种,其余的都只能用于废水的厌氧消化。传统厌氧消化器存在发酵期间易出现分层、微生物与基质不能均匀接触、原料转化率低、滞留时间长(一般要 15~20 d)等缺陷。在实际应用中,以这样的降解速率处理有机垃圾意义不大,除非是为了生产农业用有机肥,而且有大量的场地可以利用。本实验采用的连续流新型厌氧反应器处理固体有机废物,相对于分批反应而言,该方法可以进行连续进样和出样,可以通过连续流将抑制性产物排出,因此也不会产生酸化现象而影响反应的彻底性。

3. 实验仪器与试剂

(1)连续流新型厌氧反应器(图 43.1)。

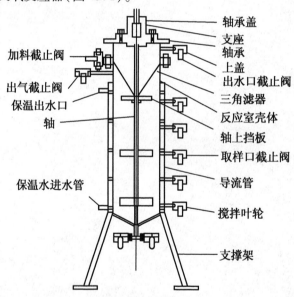

图 43.1　连续流新型厌氧反应器结构图

该反应器具有厌氧反应器的功能:①能够保证高度厌氧状态;②能够方便地进料和出料,在进出料过程中应能够保持其厌氧状态;③能够保温;④能够使反应器内料液保持均一状态;⑤能够进行有效的固、液、气三相分离,以保证反应连续进行。

该反应器除了能满足以上要求外,还具有几个特点:①较大的高径比,高径比为3:1,有利于固体物料在反应器下部的沉积,不会堵塞起隔离作用的筛网;②冲击式破浮渣分层设计,既可以通过冲击将附着在固体物料上的气泡脱离固体物料,有助于三相分离,又可以冲洗筛网,防止堵塞;③采用 UASB 类似的三相分离器,可以将反应器内固液气三相进行有效分离,从而保证连续流反应的顺利进行;④循环热水保温套可以保证反应器内物料温度的稳定。

反应器总体积为 18 L,实际运行中保持的液料体积在 15 L 左右。

(2)纤维素、营养液和瘤胃菌液。

4. 实验步骤

①反应器运行参数调节:反应器夹套水温为 40 ℃;搅拌器转动速率为 60 r/min 左右,营养液水力停留时间在启动时为 60 h;最佳运行期为 22.5 h。

②反应启动:加入营养液 15 L,纤维素 309,按种瘤胃菌液约 0.5 L。

③反应运行:连续进营养液,每天批量加入纤维素一次,也即是批量进料连续流反应。

④指标监测:每天取样测定反应器中纤维素的残留量、挥发酸产量、pH 及产气量。

⑤数据记录:反应运行过程中,记录每天加入的纤维素的量及各监测指标。

5. 实验结果分析

实验数据记录填入表 43.1 中。

表 43.1　实验数据记录表

| 日期 | 纤维素投加量/g | 营养液投加量/(L·d⁻¹) | pH | 纤维素残留量 | VFA | | | 产气量/(mL·g⁻¹) |
					乙酸/%	丙酸/%	丁酸/%	

(1)纤维素降解率。

从表 43.1 中数据,分析在反应器运行的一段时间内(如两周),反应器对纤维素消化能力的提高程度,计算纤维素的降解速率。观察当进料量增加时,反应器内物料是否出现大量积累,结合其他指标分析加入的物料量与反应器的降解能力的关系。

(2)水力停留时间。

在废水的处理中,如果废水的处理效果一样,那么水力停留时间越短,反应器的性能越好。但是,在固体废弃物的厌氧消化中,水力停留时间则不一定越短越好,如果连续流输入的为营养液时,在相同的降解效率下,水力停留时间越长,则营养液的消耗越少,运行成本就越低。从表 43.1 中数据,考察营养液的消耗与水力停留时间变化的关系。此外,结合 pH

及降解速率的变化情况,讨论水力停留时间对微生物营养供应及对酸化缓冲作用的影响。

（3）pH 变化。

为了反应顺利进行,运行中必须要保证料液的 pH 在瘤胃微生物适合的活性范围内,在营养液中加入 $NaHCO_3$ 作为缓冲剂。从表43.1 中数据,分析在加入了适量的缓冲溶剂的情况下,反应器内的 pH 变化与加入的物料量的关系。

（4）VFA 的生成情况。

从表43.1 中数据,考察在纤维素的适宜投加量范围内,挥发酸中乙酸、丙酸、丁酸的含量是否产生产物抑制作用。分析连续流反应是否可以将产生的挥发酸转移出反应器,同时连续的产气消耗掉部分挥发酸是否具有有利影响。

必须结合产气情况解释,在连续流反应中,由于产甲烷菌一直利用酸化产物产生甲烷气体而对乙酸、丙酸和丁酸之间比例造成的影响。

（5）产气情况。

相对于单相反应产气量非常少的情况,连续流新型厌氧反应器的产气能力强得多。从表43.1中数据,考察反应运行过程中的产气情况,结合挥发性有机酸的变化情况加以讨论。

实验 44　废气的生物滴滤塔处理实验

1. 实验目的
①了解生物滴滤塔的工艺流程。
②学习双膜理论及滴滤塔填料的选择。
③学习生物滴滤塔处理废气的动力学模型。

2. 实验原理

生物滴滤塔(Biotrickling Filter)处理有机废气的原理如图 44.1 所示。生物滴滤塔主体为一填充容器,内有一层或多层填料,填料表面是由微生物区系形成的几毫米厚的生物膜。含可溶性无机营养液的液体从塔上方均匀地喷洒在填料上,液体自上向下流动,然后由塔底排出并循环利用。有机废气由塔底进入生物滴滤塔,在上升的过程中与润湿的生物膜接触而被净化,净化后的气体由塔顶排出。

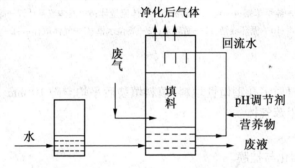

图 44.1　生物滴滤塔处理有机废气的原理

另外,针对低浓度有机废气,经过一系列的假设,也推导出生物滴滤塔中挥发性有机物降解的近似模型为

$$C_{g0} = C_{gi} e^{-fLK_0K_hWZ/(Q + JK_h)}$$

式中　C_{g0},C_{gi}——出口、入口气相有机废气浓度;
　　　f——比例常数;
　　　L——生物膜厚度;
　　　K_0——微生物总表面积与米氏常数的乘积;
　　　K_h——液/固相和气相有机质浓度分配系数;
　　　W——滤塔润周长度;
　　　J,Q——液体、气体流量;
　　　Z——有机废气贯穿的填料高度。

3. 实验装置与材料

(1)实验装置。

实验装置如图 44.2 所示,实验主体采用易于观察的有机玻璃管制成的生物滴滤塔,塔内径 90 mm,有效容积 7.6 L,填料分两层,每层高 600 mm,中间间隔 100 mm,每个填料层均设有观察孔,便于观察和进行生物相分析。

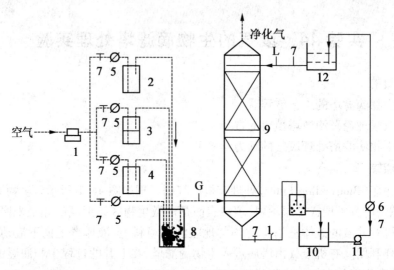

图 44.2　实验装置流程

1—气泵;2—纯苯瓶;3—纯甲苯瓶;4—纯二甲苯瓶;5—气体流量计;6—液体流量计;7—阀门;8—气体混合瓶;
9—生物滴滤塔;10—循环液槽;11—循环泵;12—高位水槽;G—气体取样口;L—液体取样口

(2)实验材料。

①填料:玻璃钢材质多孔型惰性填料,填料填装后平均空隙 10 mm。

②苯、甲苯和二甲苯气体。

4.实验步骤

(1)菌种培养、驯化与挂膜。

菌种取自石化污水处理厂曝气池,菌种的驯化培养按常规污水生化降解实验方法进行。为加快进度、节省时间,培养、驯化和挂膜直接在滴滤塔内采用淹没式方法同时进行。随着进水 COD 和"三苯"所占比例的加大,驯化进行到第 6 d,底物全部为"三苯",当出水 COD 降为 50 mg/L 以下,MLVSS 达到 2 500 mg/L,说明微生物已成熟、驯化完成。第 9 d 后将反应器中混合液排出,此时填料上已挂膜,28d 以后,生物膜厚度达到 1~2 mm,挂膜完成,开始正式运行。

(2)生物滴滤塔的运行。

实验在常温常压下进行,pH = 6~7。实验采用逆流操作,添加少量无机盐类的循环液自上向下滴流,而含有苯、甲苯、二甲苯的"三苯"气体由下向上流动。液体由高位水槽进入塔内并从塔顶向下喷淋到填料上,以保证填料湿润,最后由塔底排出进入循环水槽,再由循环水泵打回到高位水槽。"三苯"气体采用动态法配制,即由一小气泵向纯"三苯"瓶 2,3,4 中充入少量空气,然后这部分带有"三苯"的气体进入主气道,并在气体混合瓶中与空气均匀混合,混合均匀的"三苯"气体由塔底进入生物滴滤塔,在上升的过程中与润湿的生物膜接触而被净化,净化后的气体从塔顶排出。

(3)控制反应参数。

控制气体浓度、气体流量和液体流量 3 个主要运行参数,以考察实验装置的不同状态与处理效率之间的关系,并确定最大负荷。入口气体质量浓度为:苯 0.456~3.189 mg/L、甲苯 0.519~3.074 mg/L、二甲苯 0.427~3.163 mg/L;气体流量 100~700 L/h;液体流量 10~

60 L/h；pH 6.3 ~ 6.9；温度 12 ~ 25 ℃。

5. 实验结果分析

（1）入口气体质量浓度对净化效果的影响。

保持"三苯"气体流量为 400 L/h（上升流速 62.9 m/h），向下流的液体流量为 10 L/h，改变气体质量浓度，考察入口气体质量浓度变化对净化效果的影响。这一阶段气体质量浓度为：苯 0.88 ~ 3.0 mg/L、甲苯 0.6 ~ 3.0 mg/L、二甲苯 0.5 ~ 3.0 mg/L。做入口气体质量浓度对净化效果的关系曲线。

（2）气体上升流速对净化效果的影响。

保持液体流量为 10 L/h，理论 BOD 负荷为 5.8 ~ 6.8 kg/（m³·d），改变气体流量，考察气体流量对净化效果的影响。这一阶段气体流量为 100 ~ 700 L/h（上升流速为 15.7 ~ 110.1 m/h），做上升流速对净化效果的关系曲线。

（3）液体喷淋量和液体流速对净化效果的影响。

保持气体流量为 500 L/h（流速为 78.6 m/h），理论 BOD 负荷为 8.0 ~ 8.4 kg/（m³·d），改变液体流量，考察液体流量对净化效果的影响。这一阶段液体流量为 10 ~ 60 L/h，做液体流量对净化效果的关系曲线。

实验 45　废气的生物洗涤器处理实验

1. 实验目的

①了解生物洗涤器处理废气的特点和优缺点。

②了解主要因素对生物洗涤器的影响。

2. 实验原理

生物洗涤法本质上是一个悬浮活性污泥处理系统,由一个吸收室和一个再生池构成,其工艺流程如图 45.1 所示。

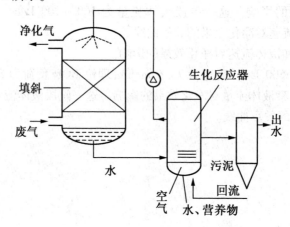

图 45.1　生物洗涤法处理的工艺流程

在生物洗涤器中,生物悬浮液(循环液)自吸收室顶部喷淋而下,废气从吸收器底部进入,与生物悬浮液接触后溶于液相中,使废气中的污染物转移至液相,实现传质过程。吸收了废气中的有机物的生物悬浮液流入再生反应器中,通入空气充氧再生。被吸收的有机物通过微生物氧化作用,最终被再生池中的微生物降解而去除,再生池出水进入二沉池进行泥水分离,上清液排出,污泥回流。再生池的部分流出液再次循环流入吸收器中,以提高污染物的去除率。

3. 实验装置

实验装置系统如图 45.2 所示,主要由气体发生系统、填料吸收塔和循环液槽组成。填料塔由内径为 100 mm、向度为 300 mm 的 4 个工作段加上塔顶和塔底组成。每一工作段均设有采样口和检查口。填料采用多面小球,每段填料高 250 mm。

4. 实验步骤

(1)污泥的驯化。

实验所用污泥取自某污水厂污泥。先将污泥以苯酚为唯一碳源进行接种驯化,约一个月后污泥对苯酚的降解能力达到 800 mg/(L·d)左右,表明驯化完成。

(2)营养盐的配制。

循环液槽所加营养盐主要含氮、磷元素。实验中所用含氮、磷元素的试剂为氯化铵和磷酸二氢铵,按 N:P = 5:1(体积比)配制溶液。

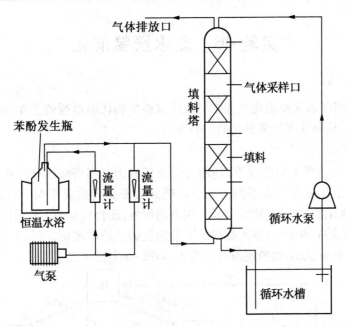

图 45.2　实验装置系统

（3）微量元素混合液的配制。

微生物生长所需微量元素 Mg,Na,K,Fe 等也配制成各元素质量分数为 0.001% 的混合溶液,15~20 d 后加 30 mL。

（4）生物洗涤器的运行。

控制循环液槽中的污泥质量浓度约为 5 g/L,其中设有曝气装置,定期加入营养盐。一路气体进入发生瓶吹脱产生含有苯酚气体,再和另一路气体混合从塔的底部进入塔中,在通过塔内填料过程中苯酚被塔内微生物吸收降解去除,净化后气体从塔顶排出。含有营养盐的循环液由泵打至塔顶,经喷头喷洒到填料表面,然后沿填料汇集到塔底回流到循环水槽。

（5）指标的测定。

控制洗涤塔的进口质量浓度为 50~150 mg/m³。进气的气体流量保持 2.4 m³/h,每 5 d 左右改变循环液流量以变换气液比,依次为 0.3 L/m³,2.2 L/m³,1.1 L/m³,1.5 L/m³。取液相苯酚、含酚废气样,分别以 4 - 氨基安替比林法和气相色谱法配 FID 检测器(柱温 120 ℃,气化室温 180 ℃)测定,检测器温 180 ℃。采集污泥,采用重量法测定。

5. 实验结果分析

（1）清水吸收与生物吸收效果的比较。

设定气体进口质量浓度为 300 mg/m³,气体流量稳定在 3 m³/h,调节液流量以改变液气比。分别考察直接排放的清水吸收和循环使用的清水吸收时,液相质量浓度和去除率随时间的变化。

（2）生物洗涤处理系统长期运行状况考察。

做气体进口质量浓度、液相质量浓度和去除率对时间的关系曲线。

（3）生物洗涤系统运行中进口气体质量浓度的影响。

测定进、出口质量浓度和液相苯酚质量浓度,讨论在一定质量浓度范围内,进气苯酚质量浓度升高后,对循环液中苯酚质量浓度变化及苯酚去除的影响。

实验 46　废水厌氧消化

1. 实验目的

通过本实验可了解厌氧消化过程中影响厌氧微生物代谢过程的主要环境影响因素、主要工艺控制参数,从而掌握厌氧消化的实验方法。

2. 实验原理

厌氧消化过程是在无氧条件下,利用兼性细菌和厌氧细菌降解有机物的处理过程,其终点产物和好氧消化过程明显不同。其中的碳素大部分转化成甲烷,氮素转化成氨和氮气,硫素转化成硫化氢,中间产物除合成为细菌物质外,还合成复杂而稳定的腐殖质等。

1979 年布利安特(Bryant)等人提出了厌氧消化的三阶段理论,是目前被公认为对厌氧生物处理过程较全面、较准确描述的理论模式,如图 46.1 所示。

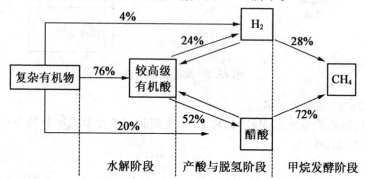

图 46.1　厌氧消化过程的三阶段理论

厌氧消化的三阶段理论认为,厌氧消化过程是按以下步骤进行的:

第一阶段,可称为水解、发酵阶段,复杂有机物在微生物作用下进行水解和发酵。例如,多糖先水解为单糖,再通过糖酵解途径进一步发酵成乙醇和脂肪酸,如丙酸、丁酸、乳酸等;蛋白质则先水解为氨基酸,再经脱氨基作用产生脂肪酸和氨。

第二阶段,称为产氢、产乙酸阶段,是由一类专门的细菌(称为产氢产乙酸菌)将丙酸、丁酸等脂肪酸和乙醇等转化为乙酸、H_2 和 CO_2。

第三阶段,称为产甲烷阶段,由产甲烷细菌利用乙酸、H_2 和 CO_2,产生 CH_4。研究表明,厌氧生物处理过程中约有 72% CH_4 产自乙酸的分解,其余则由 H_2 和 CO_2 合成。

3. 实验材料与器材

(1)厌氧(颗粒)污泥。

实验利用厌氧的颗粒污泥。

(2)模拟工业废水。

本实验采用人工合成甲醇废水,其基本组成见表 46.1。

表46.1　人工合成甲醇废水组成

化合物	甲醇	乙醇	氯化铵	甲酸钠	磷酸二氢钾	pH
比例/%	2.0	0.20	0.05	0.50	0.025	7.0~7.5

（3）仪器及其他用具

厌氧消化装置（图46.2）主要由消化瓶（2 500 mL）、恒温水浴（0~100 ℃）、集气瓶（1 000 mL）和计量量筒（500 mL）4部分组成。

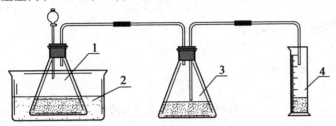

图46.2　厌氧消化装置

1—消化瓶；2—恒温水浴；3—集气瓶；4—计量量筒

其他用具有电控恒温水浴锅、化学耗氧量（COD）测定装置和pH酸度计。

4.实验步骤

（1）实验准备。

①测定仪器及试剂。调整并校验COD_{Cr}，pH值测定仪器，配制测定过程所需化学标准试剂。

②人工合成甲醇废水的配制。根据上述人工合成甲醇工业废水的组成成分进行定量混合，混合均匀后，测定其COD_{Cr}浓度后备用。

③污泥接种及驯化过程。将取自工业厌氧反应器的颗粒污泥或城市生活污水处理厂的消化污泥，作为本实验厌氧消化的接种污泥。污泥接种前应对接种污泥进行淘洗、活化处理，然后接入消化瓶中，调整温度至恒定后，根据实验要求定期、定量加入人工模拟工业废水，以维持厌氧微生物生长所需的基质。

④对整套实验装置进行检漏，确保消化瓶的瓶塞、出气管及连接处密闭，不出现漏气，否则会影响微生物的生长和所产沼气的收集。

（2）实验过程及步骤。

①温度对厌氧消化过程的影响。本实验重点考察不同温度（常温、中温、高温）条件下厌氧消化过程的反应特征。首先分别调整恒温水浴的温度[（25±2）℃，（35±2）℃，（55±2）℃]，待恒定后，开始进行实验，并测定其pH，COD_{Cr}及沼气产量，记入相应的实验记录表中。

②pH对厌氧消化过程的影响。厌氧消化的最佳pH范围为6.8~7.2。本实验重点考察pH为5.0,6.0,7.0,8.0,9.0条件下，厌氧消化过程的COD_{Cr}及沼气产量的特征。首先加入模拟工业废水，然后调整消化瓶中的pH，测定其pH，COD_{Cr}及沼气产量，记入相应的实验记录表中。

③具体操作方法如下：

a.测定消化瓶中的COD_{Cr}，pH起始值，调整消化瓶中已驯化好的消化污泥混合液体积至 1 000 ~ 1 400 mL,稀释人工合成甲醇废水至 COD_{Cr} 为 3 500 ~ 5 000 mg/L,确认温度控制范围。

b. 从消化瓶中倒出 50 mL 消化液,同时加入 50 mL 的人工配制的合成甲醇废水,摇匀后盖紧瓶塞,将消化瓶放入相应的恒温水浴中,调整集气瓶中的水位。

c. 每隔 2 h 摇动一次,注意观察其产气规律,并记录产生的沼气量,填入沼气产量记录表中。

d. 24 h 后取样分析出水 pH 和 COD_{Cr},同时测定分析进水的 pH 和 COD_{Cr} 值,填入厌氧消化实验记录表中。

5. 实验结果处理

(1)实验结果。

①沼气产量记录见表 46.2。

表 46.2　沼气产生量记录表

时间/h		pH	沼气产生量/mL					
			(25±2)℃		(35±2)℃		(55±2)℃	
			产气总量	累计气量	产气总量	累计气量	产气总量	累计气量
A	0							
	2							
	4							
	6							
	8							
	10							
	12							
	24							
备注:								
B	0							
	2							
	4							
	6							
	8							
	10							
	12							
	24							
备注:								

②厌氧消化过程实验记录见表 46.3。

表 46.3　厌氧消化过程实验记录表

日期	投配率	温度/℃	进水		出水		COD$_{Cr}$去除率 /%	沼气产量 /mL
			pH	COD$_{Cr}$/(mg·L^{-1})	pH	COD$_{Cr}$/(mg·L^{-1})		

③绘制不同消化温度条件下,厌氧消化产沼气随时间变化曲线,描述其特点和规律,根据所学知识分析产生这些差异的原因。

④绘制厌氧消化稳定运行后沼气产率和 COD$_{Cr}$去除率的关系曲线,确定其相关系数。

(2)讨论。

分析实验过程中对厌氧消化过程产生影响的各种相关因素,如何确保厌氧消化顺利进行。

6. 实验注意事项

①厌氧消化实验应提前进行污泥的培养和驯化工作,并确保人工合成甲醇废水 COD 值在合理的控制范围内。

②实验过程中要密切注意消化装置的密封性能,读数要准确。操作过程中要认真细致,一旦发现异常现象要及时排除。

实验 47　　高盐度工业废水处理优势菌种的筛选分离实验

1. 实验目的

通过本实验学习高盐度工业废水处理优势菌种的筛选分离。本实验的主要目的是培养、筛选、分离出降解高盐度工业废水的优势菌株。

2. 实验原理

自然环境中存在各种各样的微生物及其基因资源。在特殊环境下的微生物如嗜冷微生物、嗜热微生物、嗜压微生物、嗜盐微生物、嗜酸微生物、嗜碱微生物以及抗高辐射、抗干燥、抗低营养物浓度和抗高浓度金属离子的微生物等,它们能生活在其他生物无法生存的环境中,它们的化学组成和生理功能也明显不同于一般的细菌和真核微生物。由于嗜盐微生物长期生长在特殊环境下,具有特殊的细胞结构、生理机能和遗传基因,其生物活性物质也具有独特的性质,是一类重要的极端微生物资源,同时也是研究生物进化和生物多样性的重要材料。但是,并非所有的耐盐微生物都可以应用于含高盐度的废水处理中,必须经过严格的筛选和驯化才能得到既可耐受高盐度,又可降解废水中高浓度有机物的特种耐盐微生物。利用人工筛选的方法可以从污染环境样品中得到耐盐的优势菌,由于这些微生物源于自然,因此不会对环境造成风险。这种方法对于高盐废水生物处理而言,是有效、可行的方法。

3. 实验仪器与试剂

①恒温培养箱、洁净工作台、恒温摇床、高压蒸汽灭菌锅、紫外可见分光光度计、pH 计、电子天平、离心机及生物数码显微镜。

②离心管、移液管、容量瓶、锥形瓶、试管、培养皿等。

③牛肉膏、蛋白胨、NaCl、琼脂、K_2HPO_4、KH_2PO_4、$MgSO_4 \cdot 7H_2O$、NH_4NO_3、NaOH、HCl、$AgSO_4$、硫酸亚铁铵、重铬酸钾、硫酸、$CaCl_2$ 及硝酸银。

④基础培养基配方:蛋白胨 10 g/L,牛肉膏 3g/L,用高盐度水定容至 1 000 mL。

⑤选择性培养基配方:琼脂 20 g/L,用高盐度采油废水定容至 1 000 mL。

⑥斜面培养基配方:琼脂 20 g/L,蛋白胨 10 g/L,牛肉膏 3 g/L,用高盐度水定容至 1 000 mL。

4. 实验方法与步骤

(1)实验方法。

①菌种筛选方法。

本实验采用平板稀释分离法和平板划线法筛选出能适应高盐度环境的菌株。

首先,在无菌操作条件下,从某油田的钻井污泥及处理高盐度石油废水反应装置器的污泥中称取 1 g 采集的土样(或吸取泥样混合液 1 mL),倒入盛有 90 mL 无菌水的 250 mL 锥形瓶中(内含玻璃珠),用手振摇 20 min,将土壤中的大块颗粒打碎,使土壤中的细菌释放出来,均匀地分散于泥水混合液中,此时所得即为将原样品稀释 10 倍的混合液,静置使之分层。将 7 支装有 9 mL 无菌水的试管排列好,按稀释倍数为 10^{-1},10^{-2},10^{-3},10^{-4},10^{-5},10^{-6} 及 10^{-7} 依次编号,用 1 mL 经过干式灭菌的刻度吸管吸取 1 mL 稀释 10 倍的上清液于第 1 管 9 mL 无菌水中,将移液管吹洗 3 次,摇匀试管获得稀释 10 倍的上清液。以同样的方法,依次稀释到 10^{-7} 倍。在无菌操作条件下,取 14 套经过干式灭菌处理的培养皿,编号分别为 10^{-1},10^{-2},10^{-3},10^{-4},10^{-5},10^{-6},10^{-7},每个稀释倍数下同时做 2 个平行样。向每个培养皿中倒入已配置好的、经过湿式灭菌处理的高盐度筛选培养基,冷却成平板备用。取一支经过干式灭菌处理的 1 mL 移液管从稀释倍数最大的含菌稀释液开始分别吸取 1 mL 稀释液于相应编号的培养皿内,然后用经过干式灭菌处理的玻璃刮刀在平板表面均匀涂布,待表层液体被培养基吸收后倒置,置于 35 ℃恒温培养箱中培养。从培养 36 h 的培养基中挑出典型菌落,标记并转接到准备好的试管斜面培养基中备用。

将稀释分离后的菌种再用平板划线法进一步纯化,将从 24 h 的斜面培养基上挑取的少量菌苔,在固体基础培养基上划线后置于 35 ℃恒温培养箱中培养 24 h,直到得到菌落特征一致的单菌落,转接于试管斜面基础培养基中保存备用。

然后从分离纯化的斜面基础培养基中挑取少量菌苔接种于含有高盐度选择性筛选培养基的培养皿中,再置于 35 ℃恒温培养箱中培养 48 h,筛选出以高盐度工业废水为碳源的目标菌株。

②菌株的复筛方法。

将粗筛后得到的优势菌株接种到基础培养基中,在温度为 35 ℃、转速为 110 r/min 的摇床中进行富集培养 24 h。取 1 mL 富集培养菌液接入到高盐度石油开采废水中,降解 24 h,考察废水中投菌前后 COD 的变化。筛选去除 COD 效果较好的菌株。

③菌体生物量测定。

a. 浊度法:用可见分光光度计,于 620 nm 波长用比色皿测定浑浊度,其吸光度及 OD 值代表菌体生物量。

b. 稀释法:取 1 mL 菌液,依次稀释倍数为 10^{-1},10^{-2},10^{-3},10^{-4},10^{-5},10^{-6} 和 10^{-7},分别取 1 mL 稀释液接种到基础固体培养基中,计数基础培养基的菌落个数。

④菌种的保存。

将筛选分离好的纯种优势菌接种于斜面保存培养基中,在 35 ℃恒温培养箱中培养 5 d,用报纸包好置于 4 ℃冰箱中保存。由于微生物多具有易突变的特点,因此要对冰箱中保存的菌种进行定期转接,以减少细菌的突变性,一般转接的周期不少于 2 个月。

(2)实验步骤。

①高盐度工业废水优势菌种初筛、分离。

在无菌操作条件下,称取 1 g 驯化好的污泥、新疆塔里木油田钻井污泥、西北油田钻井污泥和河南油田钻井污泥,倒入盛有 90 mL 无菌水的 250 mL 锥形瓶中(内含玻璃珠)用手振摇 20 min,将土壤中的大块颗粒打碎,使土壤中的细菌释放出来,均匀地分散于泥水混合液中,按照图 47.1 所示的程序进行稀释。在无菌操作条件下,从每管中取 1 mL 菌液接种到高盐度基础培养基上,放入 35 ℃恒温培养箱中培养。2 d 后,在菌落生长明显为平板上挑取长势良好的菌落接种于含有高盐度选择性筛选培养基的培养皿中,再置于恒温培养箱中培养。其后再反复进行平板划线分离,直至得到高盐度目标降解菌。

②高盐度工业废水优势菌种复筛。

将粗筛后得到的优势菌株接种到基础培养基中,在温度为 35 ℃、转速为 110 r/min 的摇床中进行富集培养 24 h,取 1mL 富集培养菌液接入到高盐度石油开采废水中,降解 24 h,

考察废水中投菌前后 COD 的变化。

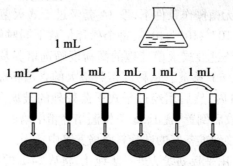

图 47.1　样品稀释过程

将第一次复筛得到的 10 株菌株以高盐度基础培养基中富集后取 10 mL 接种于 1:3 的废水中进行第一阶段驯化,随即放至转速为 120 r/min、温度为 30 ℃ 的摇床中培养 48 h,取 10 mL 接种到 2:3 的废水中进行第二阶段的驯化,条件同第一阶段。48 h 后取 10 mL 接种到全部的废水中驯化 2 d,条件同第一阶段,分离出驯化后的菌株,再次进行以 COD 降解为指标的复筛。

将驯化后的 10 株菌株接种到高盐度基础培养基中,在温度为 35 ℃、转速为 110 r/min 的摇床中进行富集培养 24 h,取 10 mL 富集培养菌液在转速为 4 000 r/min 的离心机中离心 10 min 后,用高盐度无菌水洗涤 3 次并离心后,加高盐度无菌水将菌体摇匀,取 1 mL 接到高盐度石油开采废水中,降解 24 h,考察废水中 COD 的变化。

本实验流程如图 47.2 所示。

图 47.2　实验流程

5. 实验结果记录

初筛实验结果记录见表 47.1。每筛实验结果记录见表 47.2。

表 47.1　初筛实验结果记录表

菌株编号	菌体生物量/OD	COD 去除率/%	是否进行复筛

表 47.2　复筛实验结果记录表

菌株编号	菌体生物量/OD	COD 去除率/%	是否进行复筛

6. 实验讨论

①请结合实际情况,简述优势菌种来源的选择原则。

②简述基础培养基和选择性培养基的异同。

实验 48　高盐度工业废水处理优势菌种的包埋固定实验

1. 实验目的

①通过本实验学习 PVA – 海藻酸钠固定化颗粒的制作,并对固定化颗粒制作过程中的各种影响因素进行实验。

②通过本实验学习用 PVA – 海藻酸钠固定化颗粒对菌种进行包埋固定。

③用固定好的菌种进行实际废水的处理。

2. 实验原理

包埋法是将微生物细胞包埋在半透性多聚物膜或凝胶小格中,具有操作简单、能保持微生物细胞的多酶体系、对微生物活性影响较小的特点,在废水处理中得到广泛应用,是固定化微生物最常用的方法。

从本质上说,微生物是一种含有多种官能团的蛋白质结构,固定化后的微生物,通过其多种官能团与载体发生多种形式的力,如共价键或范德华力等。通过这些力的作用,使主键结构得以巩固,微生物不易流失,在流态化反应器中易于实现流态化。加固后的微生物可在一定程度上提高其对 pH、有机物浓度和生物毒性等环境因素变化的适应性,但微生物的生物活性有所降低。原则上讲,任何一种限制微生物自由流动的技术,只要满足微生物或其他反应物的可透过性,提供反应的空间,即可作为微生物的固定方法。目前,固定化微生物的方法多种多样,国内外没有统一的分类标准,根据对各种方法的分析,可将其分为物理固定法和化学固定法两大类。其中,物理固定法主要有吸附法和包埋法。

固定化载体通常包括无机载体和有机载体两大类。无机载体有多孔玻璃、硅藻土、活性炭、石英沙等;有机载体有琼脂、聚乙烯醇凝胶(PVA)、角叉菜胶、海藻酸钠、聚丙烯酰胺(ACAM)凝胶等。不同的固定化方法对固定化载体有不同的要求,理想的固定化载体应具备以下条件:对细胞无毒、传质性能好、性质稳定、不易被生物降解、机械强度高、使用寿命长、价格低廉。

海藻酸钙包埋法是一种使用最广、研究最多的包埋固定化方法,具有固化、成型方便,对微生物毒性小,固定化细胞密度高等优点。利用海藻酸钠凝胶固定化微生物安全、快速、制备简单、反应条件温和、成本低廉,且适用于大多数微生物的固定化。

PVA – H_3BO_3 包埋法是一种制备容易且价格低廉的固定化方法,聚乙烯醇在加热后溶于水,在其水溶液中加入添加剂后发生凝胶化,或在低温下(– 10 ℃)冷冻形成凝胶,从而将微生物包埋固定在凝胶网格中。常用的添加剂有硼酸和硼砂,由于化学反应形成凝胶。聚乙烯醇(PVA)与硼酸反应形成的凝胶为单二醇型。此法制得的凝胶颗粒机械强度高,使用寿命长且弹性好。PVA 是一种新型的微生物包埋固定化载体,具有强度高、化学稳定性好、抗微生物分解性能强、对微生物无毒、价格低廉等一系列优点。此法应用于微生物固定化需要考虑两个方面的问题:一是用于交联 PVA 的饱和硼酸溶液酸性较强(pH 约为 4),会使固定化细胞活性降低;二是 PVA 是一种高黏性物质,并且 PVA 与硼酸反应较慢,滴下时间相差不大的两液滴相碰时会黏连在一起,逐步附聚成团,使 PVA 凝胶成球较难。经过研究发现,在固定化过程中引入少量的多糖类物质,则能很好地解决这一问题。

　　根据前人的研究资料,在 PVA – H₃BO₃ 法中引入少量的海藻酸钠固定化细胞的活性有明显的提高,海藻酸钠作为一种多糖类天然高分子化合物,对微生物细胞有一定的保护作用,减轻了硼酸对微生物细胞的毒性作用,因此提高了细胞的相对活性。本实验选取 PVA 和海藻酸钠为载体材料,进行包埋微生物处理本高盐度工业废水的研究。

3. 实验仪器与试剂

　　①恒温培养箱、洁净工作台、恒温摇床、高压蒸汽灭菌锅、紫外可见分光光度计、pH 计、电子天平及离心机。

　　②离心管、移液管、容量瓶、锥形瓶、试管、培养皿、注射器等。

　　③PVA、海藻酸钠、牛肉膏、蛋白胨、NaCl、琼脂、无水氯化钙、碳酸钠、$MgSO_4 \cdot 7H_2O$、硼酸、$AgSO_4$、硫酸亚铁铵、重铬酸钾、硫酸、$CaCl_2$ 及硝酸银。

　　④基础培养基配方:蛋白胨 10 g/L,牛肉膏 3 g/L,用高盐度水定容至 1 000 mL。

4. 实验方法和实验内容步骤

　　(1)实验方法

　　①固定化颗粒制备步骤。

　　a. 配置凝胶剂:称取一定量的 PVA、海藻酸钠于蒸馏水中,在 121 ℃ 下湿热灭菌 30 min。

　　b. 制备菌液:分别接一环菌体于基础培养基中,在 35 ℃,110 r/min 的条件下,振荡培养 24 h。取富集菌液于 4 000 r/min 下离心 10 min,倒出上清液,用高盐度无菌水洗涤菌体后摇匀,于 4 000 r/min 下离心 10 min,倒出上清液,取一定量高盐度无菌水摇匀菌体制成单一菌液。

　　c. 制备混合菌液:根据实际情况取单一菌液于无菌容器中,摇匀制成混合菌液。

　　d. 配置交联剂:在饱和硼酸中加入一定量的无水氯化钙,用碳酸钠调 pH,在 121 ℃ 下湿热灭菌 30 min。

　　e. 将凝胶剂冷却到 45 ℃ 左右,取一定量的菌液混合均匀。通过直径为 2 mm 的无菌注射器,以一定速度滴加到对应的交联剂中,形成小球,在室温下静置一定时间。

　　f. 室温下静置一定时间后,将小球用无菌生理盐水浸泡一段时间,冲洗残留药液后,在 4 ℃ 条件下保存备用。

　　②固定化颗粒弹性测定。

　　在水平光滑的硬化平面上置一标尺,使颗粒从 1 m 高处自由下落,记录反弹的高度表征其弹性大小,每组数据为 10 颗固定化颗粒的测试平均值。

　　③颗粒渗透性测定。

　　采用简单的颜色浸润法测试颗粒渗透性。将颗粒浸没在红墨水中,5 min 后取出,分别在颗粒中心 0,1/2,1/4 断面处切片观察浸润的程度。墨水达到的位置越靠近中心,说明颗粒的渗透性越好。每组数据为 10 颗固定化颗粒的测试平均值。

　　④颗粒黏连性、硬度、水溶膨胀性测定。

　　肉眼观察和触摸感觉判断。

　　⑤颗粒密度测定。

　　称取 20 颗粒,记录质量 M,置于装有一定体积蒸馏水(V_1)的精确量筒中,记录体积(V_2),按照密度公式计算为

$$颗粒密度 = M/(V_2 - V_1)$$

⑥颗粒微生物个数测定。

取固定化颗粒 3 颗,在无菌条件下将 3 颗颗粒磨碎,置于 9 mL 无菌水中,摇匀后,制成菌悬液,再采用平板计数法测定细菌数量。活细菌数量为

$$每毫升菌悬液中活菌数 = 同一稀释度菌落数 × 稀释倍数$$

(2)实验内容。

①PVA – 海藻酸钠浓度的确定。

兼顾考虑传质和强度因素及前人的研究成果,本实验选取 PVA 实验质量分数为 10%,12%,海藻酸钠质量分数为 0.5%,1%,2.5%,进行空白颗粒包埋研究,即不包埋微生物,制成空白颗粒检验硬度、弹性、黏连情况、渗透性、水容膨胀性、密度等理化性质,确定优化配方。

②$CaCl_2$ 浓度对混合菌体包埋细胞活性的影响实验。

将 3 株优势菌,即菌株 A41,TA2,XA3,制成单株菌液,取相同的单株菌液放置于毛菌容器中,混合均匀,制成混合菌液,选取不同氯化钙质量分数即 1%,2%,3%,进行混合菌体包埋时细胞活性的影响研究。

③pH 对固定化混合菌体颗粒的影响实验。

选取 pH 分别为 4.0,5.0,6.0,6.5,7.5,8.0,做包埋菌体的影响研究,编号为 1 ~ 5 号,凝胶剂 pH 分别为 4.0,5.0,6.0,6.5,7.5,8.0,交联剂 pH 为原液值 4.0,编号为 6 ~ 10 号,凝胶剂 pH 分别为 4.0,5.0,6.0,6.5,7.5,8.0,交联剂 pH 相对应为 4.0,5.0,6.0,6.5,7.5,8.0。

④pH 对固定化混合菌体颗粒处理实际废水的影响研究。

实验选取凝胶剂的 pH 为 6.7,将交联剂的 pH 调为 4.0,5.0,6.0,6.5,6.9,7.5,包埋混合菌液,制备相同的固定化颗粒,处理实际废水。将相同的固定化颗粒接种到相同体积高盐度工业废水中,在 35 ℃,110 r/min 下振荡培养 24 h,以不包埋菌体的空白颗粒作为空白值,考察包埋时交联剂的 pH 对废水处理效果的影响研究。

⑤交联时间对固定化混合菌体颗粒的影响实验。

本实验在凝胶剂为自然 pH,交联剂 pH 为 6.5 ~ 7.2 条件下进行包埋时,交联时间对固定化颗粒的影响研究,选取交联反应时间分别为 20 h,22 h,24 h,26 h,36h。

⑥混合菌体接种量对固定化颗粒处理废水的影响实验。

将混合菌液分别以 10%,15%,20%,25% 的接种量与凝胶剂混合均匀后,在交联剂 pH 为 6.7,交联时间为 22 h,无菌高盐度水浸泡 24 h 下进行固定化颗粒制作。将相同的固定化颗粒接种到相同体积高盐度工业废水中,在 35 ℃,110 r/min 下振荡培养 48 h,以不包埋菌体的空白颗粒作为空白值。

⑦固定化颗粒数与废水比例关系研究。

在交联剂 pH 为 6.7,交联时间为 22 h,无菌高盐度水浸泡 24 h,混合菌液接种量为 10% 条件下,进行固定化颗粒制作。将不同的固定化颗粒接种到相同体积高盐度工业废水中,在 35 ℃,110 r/min 下振荡培养 48 h。

⑧最佳条件下包埋混合菌颗粒与混合菌液 COD 去除效果的比较实验。

利用最佳组合的 3 株菌株进行包埋固定制成的颗粒,在最佳条件下处理高盐度采油废水,进行其去除废水中 COD 的效果与最佳组合的混合菌液处理效果的比较。

5. 实验结果记录

实验结果记录见表 48.1~48.5。

表 48.1　固定化空白颗粒理化性质实验结果

包埋剂－交联剂	硬度	弹性	黏连性	渗透性	水溶膨胀性	密度/(g·L^{-1})
PVA 10%:Na·Al 1%:CaCl$_2$ 2%						
PVA 10%:Na·Al 2.5%:CaCl$_2$ 2%						
PVA 10%:Na·Al 0.5%:CaCl$_2$ 2%						
PVA 12%:Na·Al 1%:CaCl$_2$ 2%						
PVA 12%:Na·Al 2.5%:CaCl$_2$ 2%						
PVA 12%:Na·Al 0.5%:CaCl$_2$ 2%						
PVA 10%:Na·Al 1%:CaCl$_2$ 3%						
PVA 10%:Na·Al 2.5%:CaCl$_2$ 3%						
PVA 10%:Na·Al 0.5%:CaCl$_2$ 3%						
PVA 12%:Na·Al 1%:CaCl$_2$ 3%						
PVA 12%:Na·Al 2.5%:CaCl$_2$ 3%						
PVA 12%:Na·Al 0.5%:CaCl$_2$ 3%						
PVA 10%:Na·Al 1%:CaCl$_2$ 1%						
PVA 10%:Na·Al 2.5%:CaCl$_2$ 1%						
PVA 10%:Na·Al 0.5%:CaCl$_2$ 1%						
PVA 12%:Na·Al 1%:CaCl$_2$ 1%						
PVA 12%:Na·Al 2.5%:CaCl$_2$ 1%						
PVA 12%:Na·Al 0.5%:CaCl$_2$ 1%						

表 48.2　不同氯化钙质量分数下的微生物浓度

包埋剂－交联剂	细菌数/(个·mL^{-1})
PVA 10%:Na·Al 2.5%:CaCl$_2$ 1%	
PVA 10%:Na·Al 2.5%:CaCl$_2$ 2%	
PVA 10%:Na·Al 2.5%:CaCl$_2$ 3%	

表 48.3　pH 对固定化颗粒理化性质的影响

编号	硬度	弹性	黏连性	渗透性	水溶膨胀性	细菌计数	备注
1							
2							
3							

续表48.3

编号	硬度	弹性	黏连性	渗透性	水溶膨胀性	细菌计数	备注
4							
5							
6							
7							
8							
9							
10							

表48.4　交联时间对固定化颗粒理化性质的影响

时间/h	硬度	弹性	黏连性	渗透性	水溶膨胀性	细菌计数	备注
20							
22							
24							
26							
36							

表48.5　固液比对处理废水的影响

固液比	COD/(mg·L^{-1})	COD 去除率/%
40 颗粒:100 mL 废水		
80 颗粒:100 mL 废水		
120 颗粒:100 mL 废水		
160 颗粒:100 mL 废水		
160 空白颗粒:100 mL 废水		
原水		

6. 实验讨论

①请结合实际情况,简述各种固定方法的优缺点。

②请简述固定化过程的主要影响因素。

实验 49　废水硝化 – 反硝化生物脱氮

1. 实验目的

本实验采用废水硝化 – 反硝生物脱氮工艺，重点考察混合液的污泥浓度、温度、溶解氧对硝化与反硝化效果的影响，从而对该工艺有比较深入的了解。

2. 实验原理

(1) 生物硝化过程。

生物硝化过程是由一群自养型好氧微生物完成的，它包括两个步骤：第一步是由亚硝酸菌将氨、氮元素转化为亚硝酸盐（NO_2^-），亚硝酸菌中有亚硝酸单胞菌属、亚硝酸螺杆菌属和亚硝化球菌属；第二步则由硝酸菌（包括硝酸杆菌属、螺菌属和球菌属）将亚硝酸盐进一步氧化为硝酸盐（NO_3^-）。亚硝酸菌和硝酸菌统称为硝化菌。硝化菌属专性好氧菌。这类菌利用无机碳化合物如 CO_3^-，HCO_3^- 和 CO_2 做碳源，从 NH_3，NH_4^+ 或 NO_2^- 的氧化反应中获取能量，两项反应均需在有氧的条件下进行。

(2) 生物反硝化过程。

反硝化反应是由一群异养型微生物完成的，它的主要作用是将硝酸盐或亚硝酸盐还原成气态氮或 N_2O，反应在无分子态氧的条件下进行。

反硝化细菌在自然界很普遍，包括假单胞菌属、反硝化杆菌属、螺旋菌属和无色杆菌属等。它们多数是兼性的，在溶解氧浓度极低的环境中可利用硝酸盐中的氧作电子受体，有机物则作为碳源及电子供体提供能量并得到氧化稳定。大多数反硝化细菌都能在进行反硝化的同时将 NO_3^- 同化为 NH_4^+ 供细胞合成之用，此过程可称为同化反硝化。

当环境中缺乏有机物时，无机物如氢气、Na_2S 等也可作为反硝化反应的电子供体，微生物还可通过消耗自身的原生质进行所谓的内源反硝化。内源反硝化的结果是细胞物质的减少，并会有 NH_3 生成，因此，废水处理中均不希望此种反应占主导地位，而应提供必要的碳源。

3. 实验材料与器材

(1) 活性（颗粒）污泥。

实际采用活性的颗粒污泥。

(2) 模拟生活污水。

模拟生活污水的配制见表 49.1。

表 49.1　模拟生活污水的配制

材料名称	数量
淀粉，工业用	0.067g
葡萄糖，工业用	0.05 g
蛋白胨，实验用	0.033 g
牛肉膏，实验用	0.017 g
$Na_2CO_3 \cdot 10H_2O$，工业用	0.067 g

续表 49.1

材料名称	数量
NaHCO₃,工业用	0.02 g
Na₃PO₄,工业用	0.017 g
尿素,工业用	0.022 g
(NH₄)₂SO₄,工业用	0.028 g
水	1 000 mL

(3)仪器及其他用具。

生物脱氮实验装置如图 49.1。其中 SBR 反应器直径为 150 mm,高为 500 mm,总有效容积为 7.5 L。实验时采用鼓风曝气(用转子流量计调节曝气量)。

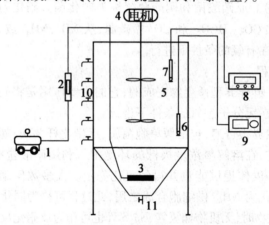

图 49.1 生物脱氮实验装置

1—空压机;2—流量计;3—微孔曝气器;4—搅拌机;5—SBR 反应器;6—pH 传感器;
7—温度传感器;8—温度控制仪;9—pH 检测仪;10—取样口;11—排泥口

其他用具包括恒温器控制水温、电控恒温水浴锅、化学耗氧量(COD$_{Cr}$)测定装置及 pH 酸度计。

4. 实验步骤

(1)实验准备。

①测定仪器及试剂。准备化学耗氧量(COD$_{Cr}$)、pH 测定仪器,配制测定过程所需化学标准试剂。

②人工合成生活污水的配制。根据模拟生活污水的组成成分进行定量混合,混合均匀后,测定其 COD$_{Cr}$浓度后备用。

③实验操作模式。进水→溶解氧控制仪控制曝气(10 h)→沉降(1 h)→排水。为了保证硝化反应所需的酸度,在曝气 3 h 后向反应器投加 1 g 左右的碳酸氢钠。反应器每周期处理水量 3 L,为反应器有效容积的 60%。在实际操作过程中,溶解氧控制仪控制充氧仪间歇曝气,以使溶解氧控制在恒定的水平。除沉降期间外,整个过程中辅以电动搅拌器低转速搅拌。

④污泥接种及驯化过程。将取自城市生活污水处理厂的曝气池污泥作为本实验的接种污泥,污泥接种后要进行培养驯化,驯化期间采用进水→曝气(7 h)→沉降(1 h)→排水的操作模式,逐渐增加进水的 COD_{Cr} 负荷及氨氮负荷。

(2)实验过程及步骤。

①活性污泥浓度对硝化反－硝化的影响。本实验通过溶解氧控制仪将曝气期间 DO 浓度控制在 2.0 mg/L,考察 4 种混合液污泥浓度(1 500 mg/L,2 500 mg/L,3 500 mg/L,5 000 mg/L)对硝化－反硝化的影响,同时采取跟踪监测采样分析,间隔 2 h,检测其 COD_{Cr},氨氮和硝态氮浓度。

②考察溶解氧浓度对硝化－反硝化的影响。实验反应器内污泥浓度控制在 3 500 ~ 4 500 mg/L。通过溶解氧控制仪使整个曝气过程中混合液溶解氧浓度分别控制在 3.8 ~ 4.2 m/L,1.8 ~2.2 mg/L 和 0.3 ~0.7 mg/L,并考查不同溶解氧浓度对硝化反硝化的影响。对在 3 种溶解氧浓度条件下进行每隔 2 h 取样监测,检测其 COD_{Cr}、氨氮和硝态氮含量。

③温度对同步硝化－反硝化的影响。本实验控制的基本条件为 pH = 8.5,DO 为 2 ~ 3 mg/L,污泥浓度为 3 500 ~4 500 mg/L,重点考察不同温度[(15 ±2)℃,(20 ±2)℃,(25 ± 2)℃]对硝化与反硝化的影响,采取跟踪监测采样分析,间隔 2 h,检测其 COD_{Cr}、氨氮和硝态氮浓度,填入实验过程记录表中。

5. 实验结果处理

(1)实验结果。

①生物脱氮效果实验记录见表 49.2。

表 49.2　生物脱氮效果实验记录

时间/h			0	2	4	6	8
温度/℃	(15 ±2)℃	氨氮					
		硝态氮					
		COD_{Cr}					
	(20 ±2)℃	氨氮					
		硝态氮					
		COD_{Cr}					
	(25 ±2)℃	氨氮					
		硝态氮					
		COD_{Cr}					
污泥浓度 /(mg · L^{-1})	1 500	氨氮					
		硝态氮					
		COD_{Cr}					
	2 500	氨氮					
		硝态氮					
		COD_{Cr}					

续表49.2

时间/h			0	2	4	6	8
污泥浓度 /(mg·L⁻¹)	3 500	氨氮					
		硝态氮					
		COD$_{Cr}$					
	5 000	氨氮					
		硝态氮					
		COD$_{Cr}$					
溶解氧 /(mg·L⁻¹)	0.3~0.7	氨氮					
		硝态氮					
		COD$_{Cr}$					
	1.8~2.2	氨氮					
		硝态氮					
		COD$_{Cr}$					
	3.8~4.2	氨氮					
		硝态氮					
		COD$_{Cr}$					

②生物脱氮过程实验数据记录汇总见表49.3。

表49.3　生物脱氮过程实验数据记录汇总表

日期	进水量 /(L·h⁻¹)	进水/(mg·L⁻¹)		出水/(mg·L⁻¹)		去除率/%	
		NH$_3$-N	COD$_{Cr}$	NH$_3$-N	COD$_{Cr}$	NH$_3$-N	COD$_{Cr}$

（2）实验结果及讨论。

①绘制不同控制参数条件下,生物脱氮过程其主要污染物（COD$_{Cr}$,TN）随时间变化曲线。总结其硝化与反硝化脱氮过程的 TN 和 NO$_x$ 变化趋势和规律,并分析产生这些差异的原因。

②绘制整个系统稳定运行后氨氮去除及 COD$_{Cr}$ 去除的变化曲线,分析对硝化与反硝化生物脱氮过程产生影响的各种相关因素,并阐明如何确保硝化与反硝化反应的顺利进行。

6. 实验注意事项

①整体装置应提前 1~2 周时间进行污泥的培养和驯化工作,并采用人工模拟污水进行正常启动,确保开展实验时系统的稳定性。

②实验过程中要密切注意硝化装置的传感器的灵敏性,并对其进行校核,读数要准确,操作过程中要认真细致,一旦发现异常现象要及时排除。

实验 50　SBR 活性污泥法处理啤酒废水

1. 实验目的

①掌握活性污泥法处理啤酒废水的基本方法。

②掌握 SBR 反应器操作方法,COD 测定,显微镜观察活性污泥中微生物等各种综合微生物技能的运用。

2. 实验原理

序批间歇式(Sequencing Batch Reactor,SBR)活性污泥法是指在单一的反应器内,在不同时间进行各种目的的不同操作,故称为时间序列上的废水处理工艺。它集调节池、曝气池、沉淀池为一体,不需设污泥回流系统。

活性污泥是在污水中形成的多种微生物的混合群体,能吸附并利用污水中的有机物,获得能量从而不断生长繁殖,使污水得以净化。在啤酒废水处理过程中,通常是向序批式间歇反应器中投加活性污泥。

化学需氧量(COD_{Cr})是指在一定条件下,用强氧化剂处理水样时所消耗的氧化剂的量。通常以化学需氧量(COD_{Cr})作为衡量水体中有机物污染的综合指标,同时也是环境监测中的重要必测项目,其测定方法通常用重铬酸钾法。即在强酸性介质中,复合催化剂存在下,于 165 ℃恒温消解水样 10 min。水体中还原性物质被重铬酸钾氧化,Cr^{6+} 被还原成 Cr^{3+},水体中化学需氧量与还原生成的 Cr^{3+} 浓度成正比。在波长 610 nm 处测定 Cr^{3+} 的吸光度。根据比尔定律,在一定浓度范围,溶液吸光度与水样的 COD 值成线性关系。根据吸光度,按标准曲线换算成被测水样的化学需氧量。

TL – 1A 型污水 COD 速测仪是测定废水中化学需氧量的专用仪器,适用于环境监测、化工造纸、纺织、印染、制药、酿造、冶金及城市生活等行业废水的化学需氧量的测定。

3. 实验器材

(1)实验仪器。

①实验用序批间歇式(SBR)反应器(图 50.1)为一圆柱形有机玻璃容器,有效容积为 4 L,反应器底部设一排泥口,距底部 1.5 L 和 2.0 L 处各设一个排水口。在距底 2 cm 处另开一进气孔,内部采用烧结砂芯作曝气头,外部连接空气压缩机。

②722 光栅分光光度计,TL – 1A 污水 COD 速测仪,1 mL 移液管,5 mL 移液管及吸耳球。

(2)试剂。

①浓硫酸:相对密度 1.84;分析纯。

②催化剂使用液:取 25 mL 的专用催化剂,移入 250 mL 容量瓶中,用浓硫酸定容至标线。

③专用氧化剂。

④氯掩蔽剂。

⑤邻苯二甲酸氢钾标准溶液:称取邻苯二甲酸氢钾[(105 ~ 110)℃下干燥 2 h] 0.425 1 g溶于水,并稀释至 500 mL,摇匀备用。该标准溶液的理论 COD 值为 1 000 mg/L,

摇匀并使之充分溶解(如果难溶,可在电炉上稍微加热使其溶解)备用。

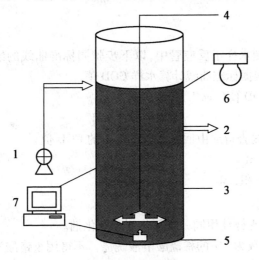

图 50.1　SBR 反应器
1—蠕动泵;2—出水口;3—反应器;4—搅拌装置;5—爆气头;6—加热单元;7—搅拌及通气控制单元

4. 实验步骤

(1)SBR 反应器处理啤酒废水。

①取 2.5 L 啤酒废水和活性污泥,加入到反应器中。

②启动反应器:反应器在 33 ℃恒温下进行,运行周期为 6 h。

③工艺参数为:进水 10 min,曝气 4.5 h,沉降 30 min,放水和闲置 50 min。定时测量反应器进出水 COD 值。

(2)标准曲线的绘制。

①向一系列干燥洁净的反应管中分别加入邻苯二甲酸氢钾标准溶液:0 mL,0.2 mL,0.5 mL,1 mL,2 mL,3 mL,其相应的理论 COD 值为 0 mg/L,66.7 mg/L,166.7 mg/L,333.3 mg/L,666.7 mg/L,1 000 mg/L。本方法规定每份体积为 3 mL,不足者用蒸馏水补至 3 mL。

②每支反应管加入 1 滴氯掩蔽剂。

③加入 1 mL 专用氧化剂摇匀。

④垂直快速加入 5 mL 催化剂使用液。如果发现溶液上、下颜色不均,说明加入方法不当,可带塞摇匀,否则,将引起加热过程液体飞溅。

⑤将反应管依次置入仪器上部加热孔内(严禁反应管盖塞加热)。待温度指示回升到(165±0.5)℃时,按"回零"键,此时,仪器显示由标准时间变为计时状态,对恒温消解反应进行计时。

⑥经 10 min 消解后,仪器自动发出呼叫,此时请将反应管依次取出,置于试管架上,进行空气冷却,然后水冷至室温。

⑦向各反应管内加入蒸馏水 3 mL,盖塞摇匀。操作完成后,将反应管连同试管架一并放入水槽内冷却至室温,准备比色。

⑧于波长 610 nm 处用 30 mm 光程的比色皿,以水为参比,测定各溶液的吸光度。

⑨从测得的吸光度减去试剂空白的吸光度后,以吸光度对溶液的理论 COD 值(mg/L)绘制标准曲线。

(3)实际水样测定。

取 3 mL 摇匀的待测水样于反应管中,以下步骤同标准曲线的绘制。将测得的吸光度减去试剂空白吸光度,根据标准曲线计算水样 COD 值。

被测实际样品的 COD 值(mg/L)计算公式为

$$COD_{Cr} = 3\ m/V$$

式中　 m ——由标准曲线查得或由回归方程计算出的 COD 值。

　　　V ——试样体积,mL。

　　　3 ——试样最大体积,mL。

5. 注意事项

①空白实验必须与水样使用同一批氧化剂和催化剂。

②反应管用质量分数为 1% 的稀硫酸溶液洗涤。不得用重铬酸洗液及其他合成洗涤剂洗刷。以防铬化合物或洗涤剂黏附在管壁内影响测定结果。

③操作时,应十分小心。试剂为强酸,切勿直接接触,防止意外烧伤。操作时,严防试剂溅出,造成对仪器的腐蚀。

④冷却时,仔细操作,防止冷却水进入反应管或打湿管口及管塞,影响测定结果。

6. 实验结果

计算处理前后啤酒废水的 COD 值,并计算去除率。

7. 思考题

①活性污泥中有哪些微生物参与有机物降解过程?

②COD 测定过程中应注意哪些事项?

实验51 城市污水处理厂活性污泥反硝化聚磷特性检测实验

1.实验目的

反硝化聚磷菌能够利用同一碳源完成反硝化聚磷和脱氮,不仅可以节省脱氮对碳源的需求,而且摄磷在缺氧环境中完成还可省去曝气,节省运行费用,同时产生的剩余污泥量也相对较少,这对于提高污水处理厂的脱氮除磷效率,降低能耗具有重要意义。但目前,对于现有城市污水处理厂活性污泥中是否存在反硝化聚磷菌及其占总聚磷菌的比例尚缺少操作简单、成本较低的监测方法,因此无法根据活性污泥的反硝化聚磷性能调控污水处理厂运行条件,以实现氮磷去除效率的提高和同步节能降耗的目的。

通过本实验希望达到以下目的:

①确定反硝化聚磷菌是否在城市污水处理厂污泥中存在。

②评估城市污水处理厂活性污泥中反硝化聚磷菌占总聚磷菌的比例。

2.实验原理

聚磷菌在反硝化除磷过程中厌氧释磷和缺氧吸磷两个过程的代谢模式如图51.1所示。

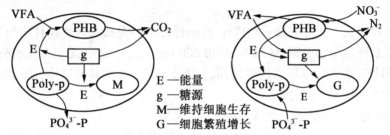

E—能量
g—糖源
M—维持细胞生存
G—细胞繁殖增长

厌氧环境:放磷、储碳　　　　缺氧环境:耗碳、摄磷

图51.1 聚磷微生物放磷、聚磷机理图

厌氧释磷:在厌氧过程中,聚磷菌水解体内的ATP,形成ADP和能量,同时将胞内的多聚磷酸盐(Poly-p)分解,以无机磷酸盐(PO_4^{3-})形式释放出去。另外,聚磷菌利用原酵产物($NADH_2$)和能量摄取废水中的有机物来合成大量的有机颗粒PHB,储存在细胞体内。此时表现的是磷的释放,其反应方程式基本关系为

$$ATP + H_2O \longrightarrow ADP + H_3PO_4 + 能量$$

缺氧吸磷:在缺氧过程中,聚磷菌利用氧化分解硝酸根离子分解体内储存的PHB而产生的能量完成繁殖代谢作用,而ADP获得这个能量可以用来合成ATP;同时聚磷菌超量吸收溶液中的磷酸盐来合成Poly-p及糖源等有机颗粒,储存在细胞体内。此时表现的是磷的吸收,其反应方程式基本关系为

$$ADP + H_3PO_4 + 能量 \longrightarrow ATP + H_2O$$

利用好氧聚磷菌和反硝化聚磷菌聚磷条件的不同,根据缺氧条件下聚磷率与好氧条件下聚磷率的比值可以简单推算出污泥中反硝化聚磷菌与总聚磷菌的比例。

3.实验仪器与试剂

①WFZ UV-2100 紫外分光光度仪。

②WMX 微波密封消解 COD 速测仪及配套消解罐。

③TDL - 40B 型低速台式离心机。

④Q/CYAB10 - 2001 手提式压力蒸汽灭菌锅。

⑤4 L 塑料桶 6 个。

⑥200 mL 烧杯 6 个。

⑦100 mL 注射器若干,移取沉淀后上清液用。

⑧1 mL、5 mL、10 mL 移液管各一支,吸耳球若干,移取上清液用。

⑨温度计 1 支,测水温用。

⑩1 000 mL 量筒 1 个,量水体积用。

⑪保鲜膜 1 卷,厌氧过程密封用。

⑫50 mL 离心管若干。

⑬曝气机 1 台。

⑭取样器、绳子、漏斗等。

4. 实验步骤及记录

①准备实验器皿、药品、取样工具(桶、漏斗和绳子)、储备器皿(50 mL 离心管),将实验玻璃器皿清洗干净。

②到达取样地点。在好氧段末端取样,将取样桶中的泥水混合物搅拌均匀后倒入准备好的容器中。在样品中加入碳源(NaAc,COD 200 mg/L)、脱氧剂(无水亚硫酸钠)和催化剂(氯化钴)。将桶中剩余泥水混合物静沉,取上清液分别置于储备器皿中,进行编号,即为初始浓度。此时开始计时,并返回实验室。

a. 脱氧剂(无水亚硫酸钠)用量:

$$g = (1.1 \sim 1.5) \times 8G$$

式中,G 为溶解氧的体积数。

b. 催化剂(氯化钴)用量:投加浓度为 0.1 mg/L。

③由计时开始每隔一段时间取一次样(取样体积为 30 mL),置于准备好的 50 mL 离心管中,立即测量。取样时间由计时起分别为 1 h,2 h,3 h。

④将磷释放完全的泥水混合物混合均匀后平均分为两份,一组进行曝气,另一组加入配置好的硝酸钾溶液(质量浓度为 40 mg/L)。取样时间延续缺氧段时间,分别为 4 h,5 h,6 h。

⑤取样过程中活性污泥性状变化记录在表 51.1 中。

表 51.1　实验过程记录表

反应阶段	取样时间/h	活性污泥性状变化描述	小结
取样初始	0		
厌氧实验过程	1		
	2		
	3		

续表 51.1

反应阶段	取样时间/h	活性污泥性状变化描述	小结
好氧实验过程	4		
	5		
	6		
缺氧实验过程	7		·
	8		
	9	·	

⑥采用重量法测定活性污泥 MLVSS 质量浓度,各段实验所取水样经离心后(3 000 r/min,5 min)采用国家规定标准方法测定 COD、TP、硝酸盐氮质量浓度。其中 COD 采用微波消解法,硝酸盐氮采用酚二磺酸光度法,总磷采用钼锑抗光度法。

⑦测定结果记录见表51.2。

表 51.2　测定结果记录表

	取样时间/h	水样编号	COD/$(mg \cdot L^{-1})$	TP	$NO_3^- - N/(mg \cdot L^{-1})$
厌氧段	0				
	1				
	2				
	3				
好氧段	4				
	5				
	6				
缺氧段	4				
	5				
	6				
MLVSS/$(g \cdot L^{-1})$					

5. 数据处理

(1)厌氧段释磷量及释放率。

厌氧段释磷量按计算公式为

$$P_r = \frac{C_1 - C_0}{MLVSS} \tag{35.1}$$

式中　P_r——总磷释放量,mgP/gVSS;

　　　C_1——厌氧段上清液中磷质量浓度最大值,mg/L;

　　　C_0——厌氧段初始时上清液磷质量浓度值,mg/L;

　　　$MLVSS$——活性污泥混合液的挥发性悬浮固体质量浓度,g/L。

$$V_{Pr} = \frac{P_r}{t} \qquad\qquad (35.2)$$

式中　V_{Pr}——总磷释放率,mgP/(gVSS·h);

　　　t——总磷释放量达最大值所经历时间,h。

（2）总聚磷量及总聚磷率。

总聚磷量计算公式为

$$P_a = \frac{C_1 - C_2}{MLVSS} \qquad\qquad (35.3)$$

式中　P_a——总聚磷量,mgP/gVSS;

　　　C_1——厌氧段上清液中磷质量浓度最大值,mg/L;

　　　C_2——好氧段（缺氧段）上清液磷质量浓度最小值,mg/L;

　　　$MLVSS$——活性污泥混合液的挥发性悬浮固体质量浓度,g/L。

总聚磷率计算公式为

$$V_{Pa} = \frac{P_a}{t}$$

式中　V_{Pa}——总聚磷率,mgP/(gVSS·h);

　　　t——好氧段（缺氧段）上清液磷质量浓度最小值所经历时间,h。

（3）反硝化聚磷菌存在比例。

反硝化聚磷菌存在比例为缺氧段总聚磷量与好氧段总聚磷率的比值。

将计算结果填入表51.3及表51.4中。

表51.3　厌氧段数据整理记录表

指标	数据
MLVSS/(g·L^{-1})	
COD/VSS/(mg·g^{-1})	
总释放磷量/(mgP/gVSS)	
磷释放率/[mgP/(gVSS·h)]	

表51.4　好氧段及缺氧段数据整理记录表

指标	反硝化聚磷	好氧聚磷
COD/VSS/(mg·g^{-1})		
NO$_3^-$-N/VSS/(mg·g^{-1})		
总摄取磷量/(mgP/gVSS)		
聚磷率/[mgP/(gVSS·h)]		
DPB/PAO/%		

6. 注意事项

①取水样时,所取水样要搅拌均匀,要一次量取以尽量减少所取水样浓度上的差别。

②移取上清液时,要在相同条件下取上清液,并注意不要把沉下去的活性污泥搅起来。

7. 实验讨论

①厌氧释磷、好氧聚磷及缺氧聚磷过程中 COD 的变化规律及其与上清液中磷质量浓度变化规律之间的关系。

②缺氧聚磷过程 $NO_3^- - N$ 变化规律。

实验 52　废水厌氧可生物降解性实验

1. 实验目的

①了解和掌握废水厌氧可生物降解性实验方法。

②分析葡萄糖和苯酚的厌氧可生物降解性及生物抑制性。

2. 实验原理

废水厌氧生物处理的原理是利用厌氧微生物在厌氧条件下(没有分子氧、硝酸盐和硫酸盐)将废水中的有机污染物(底物或基质)转化为甲烷和二氧化碳。表征废水厌氧生物处理程度的指标之一就是废水的厌氧生物降解性,通过累积产气量大小的测定可直接进行判断(图 52.1)。

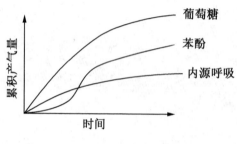

图 52.1　累积产气量

由图 52.1 可以看出,葡萄糖由于能被厌氧微生物利用,因此,产气量大于对照组(内源呼吸),且葡萄糖质量浓度越高,累积产气量越大。而对于苯酚,微生物在起始阶段存在适应和驯化,累积产气量较小,当微生物适应后,产气量逐渐加大,直至完全降解。苯酚质量浓度越高,适应时间越长,且最终累积产气量越大,当苯酚质量浓度太大时,则微生物被完全抑制,累积产气量将小于内源呼吸,甚至不产气。因此,根据累积产气量曲线的形状也可判断微生物对基质的适应时间及快慢。

3. 实验装置与材料

①废水发酵实验装置如图 52.2 所示。

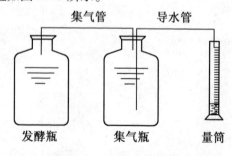

图 52.2　废水发酵实验装置

②血清瓶(可用盐水瓶代替)。

③COD 和苯酚测定装置。

④葡萄糖、苯酚、碳酸氢钠、磷酸氢二钾等。

⑤厌氧污泥。

4.实验步骤

①含酚废水的配制:用脱 O_2 蒸馏水配制 5 种不同质量浓度的含酚废水,见表 52.1。

表 52.1　不同质量浓度的含酚废水配制表

苯酚/$(mg \cdot L^{-1})$	75	150	450	750	1 500
COD/$(mg \cdot L^{-1})$	157.5	315	945	1 575	3 150
硫酸铵/$(mg \cdot L^{-1})$	22	44	130	217	435
K_2HPO_4/$(mg \cdot L^{-1})$	5	10	30	51	102
$NaHCO_3$/$(mg \cdot L^{-1})$	75	150	450	750	1 500
$FeCl_3$/$(mg \cdot L^{-1})$	10	10	10	10	10

②含葡萄糖废水的配制:用脱 O_2 蒸馏水配制 5 种不同质量浓度的含葡萄糖废水,见表 52.2。

表 52.2　不同质量浓度的含葡萄糖废水配制表

葡萄糖/$(mg \cdot L^{-1})$	75	150	450	750	1 500
COD/$(mg \cdot L^{-1})$	80	160	480	800	1 600
硫酸铵/$(mg \cdot L^{-1})$	22	44	130	217	435
K_2HPO_4/$(mg \cdot L^{-1})$	5	10	30	51	102
$NaHCO_3$/$(mg \cdot L^{-1})$	75	150	450	750	1 500
$FeCl_3$/$(mg \cdot L^{-1})$	10	10	10	10	10

③接种污泥:取城市污水处理厂消化污泥或其他工业废水厌氧处理系统的污泥,经筛选(<20 目)后测定 VSS 含量,作为接种污泥。

④在恒温室,安装如图 52.2 所示装置 11 套,检查管路是否密封,并编号待用。

⑤在各发酵瓶中分别加入 250 mL 接种污泥,然后,在 1~5 号发酵瓶中分别加入 5 种葡萄糖废水各 250 mL;在 6~10 号发酵瓶中加入 5 种含酚废水各 250 mL;在 11 号发酵瓶中加入脱 O_2 蒸馏水,密封放入恒温室。

⑥每日计量各发酵系统的排水量(即产气量)。集气瓶中的水随着氧气量的增加将逐渐减少,应定期补加。有条件时,应将发酵瓶置于振荡器上,使基质与污泥充分混合;无条件时,应每天定时人工摇动发酵瓶 2~4 次。

⑦待产气停止时,终止实验,同时测定发酵瓶中的 COD 或酚的质量浓度。通常约 30 d。

5.实验结果处理

①将每天的产气量记入表 52.3 中。

表 52.3　实验结果记录表

项目	葡萄糖							苯酚				
投加质量浓度 /(mg · L^{-1})	0		150		300		…	150		300		…
时间/d	日产气量	累积产气量	日产气量	累积产气量	日产气量	累积产气量	…	日产气量	累积产气量	日产气量	累积产气量	…
1												
2												
3												
…												

注:产气量单位为 L

②以时间为横坐标,累积产气量为纵坐标,绘出内源呼吸及各种不同投加质量浓度下的葡萄糖和苯酚的累积产气量曲线。

③依据产气量曲线分析,判断苯酚的可降解特性。

6. 注意事项

①实验在恒温室中(或恒温水浴中)进行,注意维持反应温度在 33 ~ 35 ℃。

②注意实验装置,尤其是发酵瓶的密封,否则数据将产生很大误差。

实验 53　废水厌氧处理颗粒污泥的培养

1. 实验目的

①学习厌氧颗粒污泥的培养方法。

②了解厌氧污泥颗粒化的形成机理。

③了解环境因素、废水特征及操作因素对厌氧污泥颗粒化的影响。

2. 实验原理

厌氧颗粒污泥的成因主要有三种：一是胶体稳定性的物理化学途径；二是胞外多聚物黏附的物理途径；三是微生物共生竞争的生态途径。实际上，厌氧消化过程和形成颗粒污泥的进程中有物理的、化学的、生物的复杂变化，有机物被厌氧降解和颗粒污泥的形成是许多变化的综合体现，在不同的环境条件下变化的方式会产生改变。

颗粒污泥主要由微生物、无机矿物以及有机的胞外多聚物组成，其主体是各类微生物，包括水解发酵菌、产氢产乙酸菌和产甲烷菌，有时还有硫酸盐还原菌。在颗粒污泥中，它们首先各自以菌落的形式生长繁殖，之后逐渐相互交融，形成了混栖菌群。在混栖菌群中，菌与菌之间的相互接触十分紧密而且排列有序，这种结构十分有利于菌体间氢的转移和营养物质的传递、吸收及代谢，从而形成了一个互惠互利、互营共生的微生态系统。

3. 实验仪器与设备

UASB 反应器实验装置（图 53.1）、pH 计、粒度分布仪及蠕动泵。

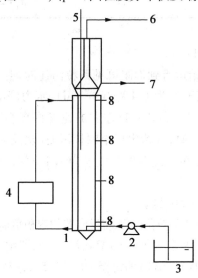

图 53.1　UASB 反应器实验装置

1—UASB 反应器；2—进水隔膜泵；3—配水桶；4—循环水浴；5—温度计；6—排气；7—出水；8—取样口

4. 实验方法与步骤

（1）接种污泥。

接种污泥为厌氧活性污泥，pH 为 7.20，产甲烷活性（Specific Methanogenic Activity,

SMA)为 145 mL CH_4/(gVSS·d),VSS 为 27 g/L,VSS/TSS 为 0.45。

(2)模拟废水的配制。

①母液:葡萄糖 95 g/L,牛肉浸膏 2 g/L,NH_4Cl_2 25 g/L,KH_2PO_4 1.2 g/L,K_2HPO_4 0.5 g/L,$MgSO_4·7H_2O$ 4 g/L,$FeSO_4·7H_2O$ 1 g/L,无水 $CaCl_2$ 1.5 g/L。

②微量元素营养液:$ZnCl_2$ 500 mg/L,H_3BO_3 500 mg/L,$(NH_4)_6Mo_7O_{24}·4H_2O$ 500 mg/L,$CoCl_2·6H_2O$ 500 mg/L,$AlCl_3$ 500 mg/L,$NiCl_2$ 500 mg/L,$CuCl_2$ 300 mg/L,$MnSO_4·H_2O$ 5 000 mg/L。

③模拟废水:根据进水 COD 浓度取一定量的母液进行稀释,同时加入微量元素营养液 (1 mL/g COD),用 $NaHCO_3$ 调节碱度。

(3)厌氧污泥颗粒化培养过程中的运行参数和指标(表 53.1)。

表 53.1 运行参数和指标

试验阶段	启动运行期	颗粒污泥出现期	颗粒污泥成熟期
运行时间/d	1~30	31~50	51~75
水力停留时间/h	25~13.4	11.5~10.0	9.5~5.4
进水 COD/(mg·L^{-1})	1 450~2 540	1 350~2 100	1 550~2 350
COD 去除率/%	85.1~92.7	84.2~91.3	85.5~94.1
容积负荷/[kg·(m^3·d)]	1.4~3.7	3.7~4.5	4.6~9.2
污泥负荷(VSS)/[kg·(kg·d)$^{-1}$]	0.17~0.42	0.47~0.52	0.57~0.62
产气量/[m^3·(m^3·d)$^{-1}$]	0.5~1.1	1.1~1.2	1.5~3.6

(4)启动运行期(1~30 d)。

启动运行期指反应器开始运行到肉眼可见颗粒污泥时期。实验开始后,将反应器控制在低负荷状态进行,容积负荷开始为 1.4 kg/(m^3·d),水力停留时间较长,为 25 h。当 COD 去除率达85%以上时,以 0.1 kg/(m^3·d)左右的速度提高容积负荷,缩短水力停留时间。当负荷达到 3.7 kg/(m^3·d)时,开始出现小颗粒污泥(从反应器底部取样),直径为 0.1~0.2 mm,标志启动运行期的结束。此时的产气量为 1.1 m^3/(m^3·d),污泥负荷(VSS)达到 0.42 kg/(kg·d)。

(5)颗粒污泥出现期(31~50 d)。

肉眼见小颗粒污泥后,为加快颗粒化进程,将反应器的容积负荷逐渐提高至 4.5 kg/(m^3·d),此阶段污泥洗出量增大,其中大多为细小的絮状污泥,末期留下的污泥中开始产生颗粒状和沉淀性能良好的污泥。此时 t(HRT)缩短至 10~11.5 h,产气量达 1.2 m^3/(m^3·d)。

(6)颗粒污泥成熟期(51~75 d)。

当反应器的负荷超过 4.5 kg/(m^3·d)时,絮状污泥迅速减少,而颗粒污泥加速形成,直到反应器内不再有絮状污泥存在。最终负荷达到 9.2 kg/(m^3·d),产气量达到 3.6 m^3/(m^3·d),出水水质较好。

5.实验结果分析

①通过调节和控制厌氧反应器的运行条件,如污泥负荷率、水力负荷率、产气负荷率、

碱度、温度和 pH,考察对厌氧颗粒污泥形成速度的影响,不同的废水水质、接种污泥与污泥颗粒化条件和进程的关系。

②向厌氧反应器中投加絮凝剂、细微颗粒物和金属离子,对厌氧颗粒污泥的形成速度有何影响?

③厌氧反应器处理生物难降解有机物废水时,通过投加经过驯化、筛选的优势菌,对于厌氧颗粒污泥降解废水中的生物难降解有机物是否有利?

实验 54　UASB 反应器的启动实验

1. 实验目的
①学习 UASB 反应器的启动方法。
②了解 UASB 废水厌氧处理反应器启动的操作要点。

2. 实验原理

升流式厌氧污泥床(Upflow Anaerobic Sludge Blanket, UASB)反应器的工作原理如图54.1 所示。

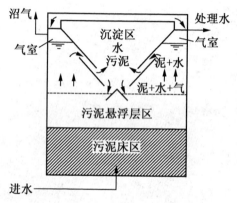

图 54.1　UASB 反应器的工作原理

UASB 反应器由反应区和沉淀区两部分组成。反应区又可根据污泥的情况分为污泥悬浮层区和污泥床区。污泥床主要由沉降性能良好的厌氧污泥组成,浓度可达 50～100 gSS/L 或更高。污泥悬浮层主要靠反应过程中产生的气体的上升搅拌作用形成,污泥浓度较低,一般为5～40 gSS/L。在反应器上部设有气(沼气)、固(污泥)、液(废水)三相分离器,分离器首先使生成的沼气气泡在上升过程受偏析,然后穿过水层进入气室,由导管排出反应器。脱气后的混合液在沉降区进一步进行固、液分离,沉降下的污泥返回反应区,使反应区内积累大量的微生物。待处理的废水由底部布水系统进入,澄清后的处理水从沉淀区溢流排出。

3. 实验装置

UASB 反应器如图 54.2 所示。

图 54.2　UASB 反应器

4. 实验步骤

（1）UASB 反应器的初次启动。

初次启动通常指对一个新建的 UASB 系统以未经驯化的非颗粒污泥（如污水处理厂消化池的消化污泥）接种，使反应器达到设计负荷和有机物去除效率的过程。有时候这一过程伴随着颗粒化的完成，因此也称为污泥的颗粒化。

由于厌氧微生物，特别是甲烷菌增殖很慢，厌氧反应器的启动需要较长的时间。但是，一旦启动完成，停止运行后的再次启动可以迅速完成。

①接种。

取污水处理厂的消化污泥作为接种污泥，投加 $12 \sim 15 \ kgVSS/m^3$ 污泥于反应器内。

②反应器的启动。

反应器 COD 负荷低于 $2 \ kg/(m^3 \cdot d)$，作为启动的初始阶段，洗出的污泥为接种污泥中非常细小的分散污泥。提高反应器的 COD 负荷，上升至 $2 \sim 5 \ kg/(m^3 \cdot d)$，洗出的多为絮状污泥。第三阶段是指反应器 COD 超过 $5 \ kg/(m^3 \cdot d)$ 以后的阶段，此阶段内絮状污泥迅速减少，颗粒污泥加速形成。

③初次启动过程的若干要点。

UASB 反应器启动过程的实质是对微生物的驯化、选择和增殖。因此，在启动过程应有一定的目标并遵循某些基本原则。UASB 反应器初次启动要素如下。

a. 接种污泥。

（a）泥中存在的一些可供细菌附着的载体物质微粒，对刺激和启动细胞聚集是有益的。

（b）污泥的比产甲烷活性对启动影响不大。尽管质量浓度大于 $60 \ gTSS/L$ 的黏稠消化污泥的产甲烷活性小于较稀的消化污泥，前者却更有利于 UASB 的初次启动。

（c）部分颗粒污泥或破碎的颗粒污泥也可加快颗粒化进程。

b. 启动过程的操作模式。

启动中必须相当充分地洗出接种污泥中较轻的污泥，保留较重的污泥，以推动颗粒污泥在其中形成，要点包括：

（a）洗出的污泥不再返回反应器。

（b）当进水 COD 的质量浓度大于 $5\ 000 \ mg/L$ 时，采用出水循环或稀释进水

（c）逐步增加有机负荷。有机负荷的增加应当在可降解 COD 能被去除 80% 后再进行。

（d）保持乙酸浓度约为 $800 \sim 1\ 000 \ mg/L$。

（e）启动时稠密型污泥的接种量为 $10 \sim 15 \ kgVSS/m^3$；浓度小于 $40 \ kgTSS/m^3$ 的稀消化污泥接种量可以略小一些

c. 废水特征。

（a）废水质量浓度：低质量浓度废水有利于污泥快速颗粒化，但浓度也应当足够维持良好的细菌生长条件，最小的 COD 质量浓度为 $100 \ mg/L$。

（b）污染物性质：过量的悬浮物阻碍污泥的颗粒化。

（c）废水成分：以可溶性碳水化合物为主要基质的废水比以 VFA 为主要基质的废水颗粒化过程快。当废水中含有蛋白质时，应使其尽可能降解。

（d）高的离子质量浓度：Ca^{2+}，Mg^{2+} 等能引起化学沉淀，从而形成灰分含量高的颗粒污泥。

d. 环境因素。

（a）中温范围最佳温度为 38～40 ℃，高温范围最佳温度为 50～60 ℃。

（b）反应器内的 pH 应始终保持在 6.2 以上。

（c）N,P,S 等营养物质和微量元素（如 Fe,Ni,Co）应当满足微生物生长的需要。

④毒性化合物应低于抑制浓度或应给予污泥足够的驯化时间。

（2）UASB 反应器的二次启动。

以颗粒污泥作为接种污泥来启动 UASB 称为二次启动，启动时间要求短。二次启动的初始反应器负荷可以较高，进液浓度在开始时一般可与初次启动相当，但可以相对迅速地增大进液浓度，负荷与浓度增加的模式与初次启动类似，但相对容易。产气、出水 VFA 等仍是重要的控制参数，COD 去除率、pH 等也是重要的监测指标。

5. 实验结果分析

①对于初次启动和二次启动，进水的适宜浓度分别为多大？

②废水的特征对反应器的启动有何影响？

③有机负荷应以怎样的操作方法才能使反应器较快地启动？

实验 55　UASB 反应器处理废水实验

1. 实验目的

①通过对实验室规模的 UASB 反应器的操作,初步确定废水厌氧处理过程中的一些重要工程参数。

②学习判断污泥稳定的方法。

③利用半连续式或连续式实验室规模的 UASB 反应器进行实验,以测定各种参数。

2. 实验原理

厌氧絮状(未形成颗粒状)污泥或者厌氧颗粒状污泥的甲烷活性,是厌氧废水处理中最重要的工艺参数。通过采用典型废水(标准废水)进行污泥的活性实验,可以从数种厌氧污泥中选出可利用的作为接种污泥。

为确定废水处理的效率,必须解决废水中的有机化合物的综合性生物降解。利用圆筒容器和间歇反应器与 Mariotto 烧杯(通称)组合起来的间歇装置,不仅不会搅乱间歇反应器的上部空间,还可以取出反应器内部的物质,或者添加药品。使用这种装置,还可以在完成了生物降解实验后,进行简单的毒性或有害性实验。

3. 实验装置及材料

(1)实验装置。

污泥的活性实验和生物降解或者毒性实验所采用的间歇装置如图 55.1 所示。

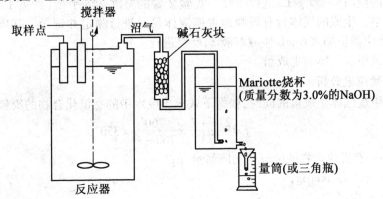

图 55.1　间歇装置

间歇装置包括:1~5 L 密闭式反应器容器,反应器中有一个搅拌桨(叶片),取样口在反应器水面的下面,并且带有气体的出口;吸附 CO_2 用的装有碳酸钠石灰颗粒的短管;1~5 L 容量的 Mariotto 烧杯,其中装满了质量分数为 3.0% 的 NaOH,再次吸收剩余 CO_2 的同时,利用液体置换法测定甲烷气体的生成量;根据流入 Mariotto 烧杯中的沼气测定置换液体量的装置(天平/带刻度的量筒)。

反应器内的物质要有规则地进行搅拌(每 3 min 搅拌 6 s,转速为 100~200 r/min),否则会影响基质的扩散(特别是污泥浓度较低时)。反应器容器和气体测定装置最好设置在能进行温度控制的地方(例如控制在 30 ℃)。

(2)材料。

使用试验装置前,首先必须调制 4 种储藏溶液。

储藏溶液 1(营养液):NH_4Cl 170 g/L,KH_2PO_4 37 g/L,$CaCl_2 \cdot 2H_2O$ 8 g/L,$MgSO_4 \cdot 4H_2O$ 9 g/L。

储藏溶液 2(微量元素):$FeCl_3 \cdot 4H_2O$ 2 000 mg/L;$CoCl_2 \cdot 6H_2O$ 2 000 mg/L;$MnCl_2 \cdot 4H_2O$ 500 mg/L;$CuCl_2 \cdot 2H_2O$ 30 mg/L,$ZnCl_2$ 50 mg/L;H_3BO_3 50 mg/L,$(NH_4)_6Mo_7O_2 \cdot 4H_2O$ 90 mg/L;$Na_2SeO_3 \cdot 5H_2O$ 100 mg/L;$NiCl_2 \cdot 6H_2O$ 50 mg/L,EDTA 1 000 mg/L;HCl(36%) 1 mg/L,刃天青 500 mg/L。

储藏溶液 3(标准废水):醋酸溶液(pH = 7)100 g COD/L(1 g 醋酸 = 1.07 gCOD)。

储藏溶液 4(硫化物):$Na_2S \cdot 9H_2O$ 100 g/L(此溶液需保持新鲜度,一天调制一次)。

备品:振动恒温器,台座,500 mL 容积的带硅栓的试剂瓶,250 mL 容积的带硅栓的试剂瓶,250 mL 容积的带刻度的量筒(或 300 mL 容量的三角烧瓶),1 mL 注射器。

4. 实验步骤

①向反应器(容积 250 mL)里注入 0.5 g 悬浊保存厌氧污泥,该污泥的 VSS 质量浓度为 5 000 ~ 10 000 mg/L。

②加入 2.5 mL 的储藏溶液 1,加入 0.33 mL 的储藏溶液 2;加入 10 mL 的储藏溶液 3;加入 3 滴储藏溶液 4。

③向反应器中注入事先用氮气进行了 15 min 以上脱气的自来水,全部容量为 250 mL。然后,将反应器用氮气冲洗后进行密封,将其放在带有温度控制的室内或者搅拌器的上部设置的恒温槽(35 ℃)内。

④为了尽快将生成的二氧化碳气体(25 ~ 75 L)转变为碳酸盐,利用氢氧化钠或者氢氧化钾的浓溶液(15 ~ 50 g/L)进行吸收。实验装置的温度达到平衡(约需 1 h)后,将带刻度的量筒清空。生成的气体量有规则地置换液体量时进行测定并记录。基质(醋酸盐)消耗掉后,向反应器里加入 6 mL 储藏溶液 3,反复进行实验。

⑤记录甲烷气体的生成量。

5. 实验结果分析

记录甲烷气体生成量的同时,根据下式求出废水中的有机化合物的厌氧生物降解量:

$$f = \frac{273 + T}{273} \times \frac{760}{760 - P} \times 350$$

式中　f——有机化合物的厌氧生物降解量,g;

　　　p——压力,mmHg;

　　　T——温度,℃。

表 55.1 是当大气压为 760 mmHg 时按上述公式计算出的甲烷气体的生成量。

表 55.1　标准大气压下计算的甲烷气体生成量

温度/℃	甲烷体积/mL	温度/℃	甲烷体积/mL
10	367	30	405
15	376	32.5	412
20	385	35	418
22.5	289	40	433
25	394	45	450
27.5	400	50	471

实验56　UASB反应器处理废水的评价实验

1. 实验目的

①掌握厌氧处理废水中进出水各种指标(参数)的测定方法。

②了解各种因素对一些主要参数的影响。

2. 实验原理

由于反应器负荷取决于反应器内污泥的量、污泥的比产甲烷活性和污泥与废水混合的情况,因此无论对于何种厌氧反应器,比产甲烷活性都是反应器负荷与效率的重要参数。污泥比甲烷活性可以通过甲烷产生速率计算,以及由此推算可得的最大COD去除速率。在厌氧消化的微生物学基础上,通过测定厌氧微生物所特有的酶、辅酶等,间接地用来表示厌氧污泥的产甲烷活性的大小,主要包括辅酶F_{420}、氢化酶、磷酸酯酶、ATP含量等的测定。厌氧消化器中微生物的活性通常由检测挥发性脂肪酸(VFA)或甲烷来测定。脂类分析已用于检测试验消化器中的生物量、群落结构及代谢状况。微生物生物量、群落结构及代谢状况分别由测定总的类脂磷酸盐、磷脂、脂肪酸及聚β-羟基丁酸来检测。厌氧污泥的微生物活性也可通过检测ATP和对碘硝基四唑紫脱氢酶的活性来测定。这些参数与其他常规参数如产气速率等具有良好的相关性。

3. 实验装置及材料

①测定产甲烷速率的装置如图56.1所示,由25 mL的史氏发酵管和100 mL三角瓶组成。史氏发酵管内盛有NaOH溶液做水封和CO_2吸收剂。集气的乳胶管末端接上一小段内径约为1 mm的塑料管,以减少进入碱液的气泡尺寸,使吸收完全。

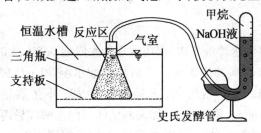

恒温水槽　反应区　气室　甲烷　NaOH液

三角瓶

支持板

史氏发酵管

图56.1　间歇装置

②辅酶F_{420}的测定装置包括高速离心机、恒温水浴锅、紫外可见分光光度计或荧光分光光度计。

③厌氧污泥生物相的分析装置包括显微镜、载玻片、盖玻片、微型动物计数板、目镜测微尺、台镜测微尺,厌氧污泥样品。

④沼气量、沼气成分、生物化学甲烷势(BMP)及厌氧毒性(ATA)的测定装置是血清瓶液体置换系统,如图56.2所示。

⑤挥发性脂肪酸(VFA)的测定:精确配制的含乙酸、丙酸、丁酸、戊酸、己酸的标准混合液,3%甲酸溶液,高速微量台式离心机(转速10 000 r/min以上),带有火焰离子化检测器和自动积分仪的气相色谱仪,如HP5890或岛津-9A气相色谱仪。

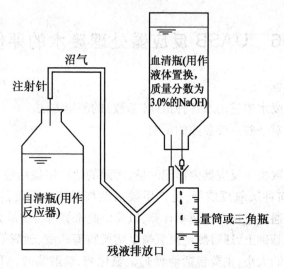

图 56.2　血清瓶液体置换系统

4. 实验方法及步骤

（1）最大比产 CH₄ 速率和最大比 COD 去除速率的测定。

取一定数量的待测厌氧污泥离心分离（3 000 r/min），弃去上清液。量取 COD 约 5 000 mg/L 的基质培养液 100 mL，洗下离心后的厌氧污泥并装入三角瓶，然后放入预先调好的 35 ℃ 恒温水浴。再将乳胶管、史氏发酵管按装置图接好，注意保证管路的畅通和密封。随后开始计时，每隔 1 h 读一次数，读数后轻轻摇动培养瓶，使基质和污泥充分接触以利于反应。连续读数 10～12 h 后，将三角瓶的混合液离心分离，测定 VSS 值和上清液 COD 值，最后计算结果。

（2）辅酶 F₄₂₀ 的测定。

取湿污泥 10 g，用蒸馏水冲洗 3 次，再用生理盐水浸泡 0.5 h，4 000 r/min 离心 10 min，去除上清液，泥样再用蒸馏水冲洗 3 次。然后加蒸馏水至 30 mL，95～100 ℃ 水浴中保温 0～5 h，经常搅拌污泥以使受热均匀；之后取出冷却，补充蒸馏水至 30 mL，搅拌后 4 000 r/min 速度离心 10 min。取上清液，加入两倍体积的乙醇或异丙醇，搅匀后沉淀 2 h，然后再以 10 000 r/min 速度离心 15 min，弃去沉淀，上清液即可用于进一步提纯或紫外可见分光光度计比色测定。测定试样取两份，一份以 4 mol/L NaOH 调节 pH 至 13.5 作为待测样；另一份以 6 mol/L HCl 调节 pH 至 1.0 作为参比样，在 420 nm 处读取消光度值，计算结果。

（3）厌氧污泥生物相的分析。

压片标本的制备：取厌氧污泥混合液一小滴，放在洁净的载玻片中央（如果混合液中污泥较少，可待其沉淀后，取沉淀的厌氧污泥一小滴加到载玻片上；如果混合液中污泥较多，则应稀释后进行观察），盖上盖玻片，即制成活性污泥压片标本。在加盖玻片时，要先使盖玻片的一边接触水滴，然后轻轻压下，否则易形成气泡，影响观察。

①低倍显微镜观察。

观察生物相的全貌，要注意污泥絮粒的大小、污泥结构的松紧程度、菌胶团和丝状菌的比例及其生长状况，并加以记录和做出必要的描述。观察微型动物的种类、活动状况，对主要种类进行计数。

②高倍镜观察。

用高倍镜观察,可进一步看清微型动物的结构特征,观察时注意微型动物的外形和内部结构,例如钟虫体内是否存在食物胞、纤毛环的摆动情况等。观察菌胶团时,应注意胶质的厚薄和色泽、新生菌胶团出现的比例。观察丝状菌时,注意菌体内是否有粪脂物质和硫粒积累,以及丝状菌生长,丝体内细胞的排列、形态和运动特征,以便判断丝状菌的种类,并进行记录。

③油镜观察。

鉴别丝状菌的种类时,需使用油镜。这时可将活性污泥样品先制成涂片后再染色,应注意观察丝状菌是否存在假分支和衣鞘,菌体在衣鞘内的空缺情况,菌体内有无储藏物质的积累以及储藏物质的种类,还可借助鉴别染色观察其对染色的反应。

④微型动物的计数。

取活性污泥曝气池混合液盛于烧杯内,用玻棒轻轻搅匀,如果混合液较浓,可稀释 1 倍后观察。取洁净滴管(滴管每滴水的体积应预先测定,一般可选用 1 滴水的体积为 1/20 mL 的滴管),吸取搅匀的混合液,加 1 滴(1/20 mL)在计数板中央的方格内,然后加上一块洁净的大号盖玻片,使其四周正好置于计数板四周凸起的边框上(图 56.3)。

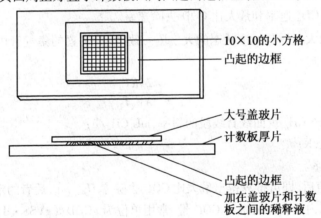

图 56.3　微型动物计数板

用低倍镜进行计数。注意所滴加的液体不一定要求布满 100 个小方格。计数时只要把充有污泥混合液的小方格按次序依次计数即可。观察时同时注意各种微型动物的活动能力、状态等。若是群体,则需将群体上的个体分别逐个计数。

假定在被稀释 1 倍的 1 滴水样中测得钟虫 50 只,则每毫升活性污泥混合液中含钟虫数应为:50 只 ×20 ×2 = 2 000 只。

(4)生物化学甲烷势(BMP)的测定。

将出水水样(一般水样体积为 50 mL)放在容积为 125 mL 装有厌氧接种物的血清瓶中。在很多情况下,反应器出水中已有足够的接种物,而在另外一些情况下可以从厌氧器中直接取得驯化过的接种物。用 N_2 或 CH_4 与含体积分数为 30% ~50% CO_2 的混合气体吹扫血清瓶中的空气以控制 pH。然后,将血清瓶置于 35 ℃进行培养,在预先规定的时间(通常为

5 d)内记录 CH_4 产气量。将注射器针头插入血清瓶的瓶盖,针头的另一端与标定的液体容器相连,用排开液体的体积测定 CH_4 产气量。在 35 ℃ 每产生 395 mL CH_4,相当于减少了 1 g COD。用化学计量关系总是可以计量液相中 COD 的减少量。必须注意不应该把产生的 CO_2 气体计算在内,因为 CO_2 不能代表厌氧条件下 COD 的减少量。例如,出水中剩余的可以生物降解的有机污染物用 COD 表示为 200 mg/L,那么 BMP 测定时,50 mL 水样经过一段时间后 CH_4 的净产量为 39.5 mL。

（5）挥发性脂肪酸（VFA）的测定。

①样品预处理:取样品水样若干毫升,加入等量的 3% 甲酸溶液稀释,保证其 pH 在 3 以下,如果 pH 过高则可加入硫酸调节。稀释后的水样 COD 浓度应小于 1 000 mg/L,否则增加 3% 甲酸溶液,记下水样的稀释倍数。

②将上述水样置于离心管,在高速微量离心机中以 1 000 r/min 速度离心 5 min 后,即可取上清液进样。

③气相色谱工作条件:色谱柱:43 mm×2m,不锈钢柱,内填国产 CJDX－401 载体,60 ~ 80 目;柱温:210℃;载气:氮气,流速为 90 mL/min;空气流速:500 mL/min;氢气流速:50 mL/min;气化室温度:210 ℃。

5. 实验结果分析

（1）最大比产 CH_4 速率和最大比 COD 去除速率。

设实验环境的大气压与标准状态的大气压一致,实验装置的集气管内气压与外界大气压近似一致,则

$$U_{max,CH_4} = \frac{24KT_0}{XV_R T_1}$$

式中　K——累积产 CH_4 量曲线直线段的斜率,mL CH_4/h;

　　　　T_0——室温,K;

　　　　T_1——273,K。

测得 U_{max,CH_4} 值后,即可推算得出最大比 COD 去除率 $U_{max,COD}$,后者的定义是单位质量的厌氧污泥单位时间内能去除的最大 COD 量,常用单位为 gCOD/（gVSS·d）。其推算方法有以下两种。

第一种,先求出标准状态下 COD 对 CH_4 的转化系数 Y_g。则

$$Y_g = \frac{V_{CH_4}}{(S_0 - S_1)V_R}$$

式中　S_0——基质培养液的起始 COD 质量浓度,mg/L;

　　　　S_1——基质培养液的最终 COD 质量浓度,mg/L。

注意此时不考虑基质 COD 转化为细菌细胞。

$$U_{max,COD} = \frac{U_{max,CH_4}}{Y_g}$$

第二种,根据理论计算,完全降解 1 g 最终生化需氧量可生成 350 mL CH_4。处理易降解的废水,如制糖、啤酒和发酵等废水时,可用 COD 近似代替 BOD_5。设用于细菌细胞合成的 COD 为总 COD 的 10% ~ 15%,则

$$U_{\max,COD} = \frac{1.17 U_{\max,CH_4}}{350}$$

上述两种方法中,第二种更加简便易行。

(2)辅酶 F_{420}。

利用污泥中的辅酶 F_{420} 含量作为厌氧反应器的运行参数,常用的指标有每克挥发性固体的辅酶 F_{420}($Q_{F_{420}}$,$\mu mol/gVSS$),其计算公式为

$$c = \frac{Af}{\varepsilon L}$$

式中　c——试样(即上清液)辅酶 F_{420} 浓度,$mmol/L$;

　　　A——试样消光度值;

　　　ε——辅酶 F_{420} 在 $pH = 13.5$ 的毫摩尔消光系数,$\varepsilon = 54.3$,$L/(mmol \cdot cm)$;

　　　f——试样稀释倍数;

　　　L——比色皿厚度,cm。

$$Q_{F_{420}} = \frac{cV}{\omega\eta}$$

式中　$Q_{F_{420}}$——污泥的辅酶 F_{420} 含量,$mol/gVSS$;

　　　V——试样(即上清液)的最终提取体积,L;

　　　ω——提取耗用的污泥量(湿重),g;

　　　η——湿污泥变为 VSS 的转化系数。

(3)厌氧污泥生物相。

将微量动物的计量结果填入表 56.1 中,选择与结果相符者打"√"表示。

表 56.1　微型动物的计量结果

絮体大小		大,中,小
絮体形态		圆形,不规则形
絮体结构		开放,封闭
絮体紧密度		紧密,疏松
丝状菌数量		0;+;±;++;+++
游离细菌		几乎不见,少,多
微型动物	优势种(数量及形态)	
	其他种(种类、数量及状态)	

(4)生物化学甲烷势(BMP)。

①废水中的有机污染物可以转化为 CH_4 的浓度。

②厌氧工艺可能达到的处理效率。

③测定可以被进一步厌氧处理。

④测定处理之后残存的不可生物降解的有机污染物的量。

（5）挥发性脂肪酸（VFA）。

以气相色谱分析 VFA 质量浓度的原理是根据比较标准溶液中各组分和样品水样中相应组分的峰高和峰面积计算而来。现代气相色谱仪带有微机,可对各组分的峰面积进行自动积分,并与标准溶液中相应组分的峰面积进行比较,同时根据水样的稀释倍数计算出各组分的浓度并自动打印出结果。如果所用气相色谱不带自动积分仪,则被测样器中某组分的浓度可按下式计算:

$$\rho_i = \frac{\rho_s}{H_s} \times H_i \times D$$

式中　ρ_i——被测样品中组分 i 的质量浓度,mg/L;

　　　　ρ_s——标准溶液中组分 i 的质量浓度,mg/L;

　　　　H_s——标准样品中组分 i 的峰高(或峰面积);

　　　　H_i——被测样品中组分 i 的峰高(或峰面积);

　　　　D——被测样品的稀释倍数。

实验 57　生物降解度的测定实验

1. 实验目的和意义

垃圾中含有大量天然的和人工合成的有机物质,有的容易生物降解,有的难以生物降解,了解其生物降解性能,有利于选择适当的处理工艺。

2. 实验原理

生物降解度是评估固体废物中可生物降解性能的重要指标,要通过测定 COD 对其做出适当估计。计算公式为

$$BDM = 1.28(V_2 - V_1)VC/V_2$$

式中　BDM——生物降解度;

$\quad\quad V_1$——试样滴定体积,mL;

$\quad\quad V_2$——空白实验滴定体积,mL;

$\quad\quad V$——重铬酸钾的体积,mL;

$\quad\quad C$——重铬酸钾的浓度;

$\quad\quad 1.28$——折合系数。

3. 实验试剂

①硫酸亚铁铵溶液浓度为 0.5 mol/L。

②指示剂为二苯胺指示剂。配制方法:小心地将 100 mL 浓硫酸加到 20 mL 蒸馏水中,然后加入 0.5 g 二苯胺。

4. 实验步骤

①称取 0.5 g 已烘干磨碎试样于 500 mL 锥形瓶中。

②准确量取 20 mL 浓度为 2 mol/L 重铬酸钾溶液加入试样瓶中并充分混合。

③用另一支量筒量取 20 mL 硫酸加到试样瓶中。

④在室温下将这一混合物放置 12 h 且不断摇动。

⑤加入大约 15 mL 蒸馏水。

⑥再依次加入 10 mL 磷酸、0.2 g 氟化钠 30 滴指示剂,每加入一种试剂后必须混合。

⑦用标准硫酸亚铁铵溶液滴定,在滴定过程中颜色的变化是从棕绿→绿蓝→蓝→绿,在等当点时出现的是纯绿色。

⑧用同样的方法在不放试样的情况下做空白实验。

如果加入指示剂时即出现绿色,则实验必须重做,必须再加 30 mL 重铬酸钾溶液。生物降解度测定记录见表 57.1。

表 57.1　生物降解度测定记录

序号	试样测定体积/mL	空白实验测定体积/mL	重铬酸钾的体积/mL	重铬酸钾的浓度/(mol·L⁻¹)
1				
2				
3				

5. 讨论

①生物降解度如何获得？

②简述生物降解度对生活垃圾堆肥的影响。

实验 58　污泥中挥发性脂肪酸(VFA)的测定

1. 实验目的和意义

学习掌握污泥中挥发性脂肪酸(VFA)的测定方法。

2. 实验原理

污泥中挥发性脂肪酸(VFA)的含量也是污染性质的一项重要指标,如新鲜污泥中的脂肪酸含量为 10 ~ 30 mg/L。消化正常的污泥,其中脂肪酸含量为 1 ~ 5 mg/L。VFA 在酸性条件下,经加热蒸馏随水蒸气逸出,用水蒸气吸收并用 NaOH 溶液滴定。

3. 实验仪器及试剂

(1)实验仪器。

①圆底烧瓶。

②玻璃导管。

③锥形瓶。

④电炉。

(2)实验试剂。

①磷酸或硫酸。

②酚酞指示剂。

③蒸馏水。

④0.1 mol/L 的 NaOH。

4. 实验步骤

(1)样品的制备。

移取 50 mL 污泥离心上清液于 500 mL 圆底烧瓶中,加 50 mL 蒸馏水,再加 2 mL 磷酸或 2 mL 硫酸。接好玻璃导管,将橡胶塞塞严。导管一头接烧瓶口,另一头接冷凝管。冷凝管下面导管插入盛有 25 mL 蒸馏水作为吸收液的 250 mL 锥形瓶中。

(2)样品的标定。

加热蒸馏至烧瓶刻度的 20 mL 左右,停止加热使其冷却。再加入 50 mL 蒸馏水继续蒸馏至烧瓶刻度的 25 mL 左右。取下锥形瓶,在电炉上加热至沸,趁热加 10 滴酚酞指示剂,用 0.1 mol/L 的 NaOH 溶液滴定,记录用量。

挥发性脂肪酸测定记录见表 58.1。

表 58.1　挥发性脂肪酸测定记录表

序号	氢氧化钠溶液浓度 /(mol · L^{-1})	测定消耗氢氧化钠体积/mL	水样体积/mL	挥发性脂肪酸含量 /(mg · L^{-1})
1				
2				
3				

（3）数据处理。

$$挥发性脂肪酸含量（mg/L） = \frac{cV_1}{V_2} \times 1\,000$$

式中　c——氢氧化钠溶液浓度，mol/L；

　　　V_1——滴定消耗氢氧化钠体积，mL；

　　　V_2——水样体积，mL。

5. 讨论

①挥发性脂肪酸的定义。

②在污泥的两相厌氧消化中，如何有效控制挥发性脂肪酸？

实验 59　渗滤液中碱度的测定

1. 实验目的和意义

一般来说,处理系统中保持一定的碱度有利于提高系统的缓冲能力,从而保证工艺的正常运行。本实验采用酸碱指示剂滴定法测定垃圾渗滤液中的碱度。通过本实验达到以下目的:

①了解碱度的测定原理,掌握碱度的测定方法。

②学习几种标准溶液的配制方法。

2. 实验原理

用标准浓度的酸溶液滴定水样,用酚酞和甲基橙作为指示剂,根据指示剂颜色的变化判断终点。根据滴定水样所消耗的标准浓度的酸的用量,即可计算出水样的碱度。

测定碱度也可用电位滴定法。用酸标准溶液滴定水样至 pH = 8.3 时,可得酚酞碱度;滴定至 pH = 4.4 ~ 4.5 时,可得甲基橙碱度。对于工业废水或含有复杂成分的水样,可根据具体情况确定滴定终点时的 pH 值。

3. 实验仪器与试剂

(1)实验仪器。

25 mL 酸式滴定管及 250 mL 锥形瓶。

(2)实验试剂。

①无二氧化碳水:配制试剂所用的蒸馏水或去离子水在使用前煮沸 15 min,冷却至室温。pH 值大于 6.0,电导率小于 2 μS/ cm。

②酚酞指示剂:称取 1 g 酚酞溶于 100 mL 质量分数为 95% 的乙醇中,用 0.1 mol/L NaOH 溶液滴至出现淡红色为止。

③甲基橙指示剂:称取 0.1 g 甲基橙溶于 100 mL 蒸馏水中。

④碳酸钠标准溶液:称取 2.648 g(于 250 ℃烘干 4 h 无水碳酸钠(Na_2CO_3),溶于无 CO_2 的去离子水中,转移至 1 000 mL 容量瓶中,用水稀释至标线,摇匀。储于聚乙烯瓶中,保存时间不要超过一周。

⑤盐酸标准溶液(0.050 0 mol/L):用刻度吸管吸取 4.2 mL 浓 HCl(ρ = 1.19 g/mL),并用蒸馏水稀释至 1 000 mL,此溶液浓度为 0.050 mol/L。其准确浓度标定如下:

用 25.00 mL 移液管吸取 Na_2CO_3 标准溶液于 250 mL 锥形瓶中,加无 CO_2 去离子水稀释至 100 mL,加入 3 滴甲基橙指示剂,用 HCl 标准溶液滴定至由橘黄色刚变为橘红色,记录HCl 标准溶液的用量(平行滴定 3 次)。按下式计算其准确浓度:

$$c = 25.00 \times \frac{0.05}{V}$$

式中　c——盐酸溶液的浓度,mol/L;

　　　V——消耗的盐酸标准溶液体积,mL。

4. 实验步骤

①用 100 mL 移液管吸取水样于 250 mL 锥形瓶中,加入 4 滴酚酞指示剂,摇匀。若溶液

无色,不需用 HCl 标准溶液滴定,按下列步骤②进行。若加酚酞指示剂后溶液变为红色,用 HCl 标准溶液滴定至红色刚刚褪为无色,记录 HCl 标准溶液的用量。

②在上述锥形瓶中,滴入 1~2 滴甲基橙指示剂,摇匀。用 HCl 标准溶液滴定至溶液由橘黄色刚刚变为橘红色为止,记录 HCl 标准溶液用量(平行滴定 3 次)。

碱度测定记录见表 59.1。

表 59.1　碱度测定记录表

参数	序号		
盐酸溶液的浓度/(mol·L^{-1})	1	2	3
消耗盐酸标准溶液的体积/mL			
盐酸标准溶液的浓度/(mol·L^{-1})			
水样中加酚酞指示剂滴定到红色褪去时,盐酸标准溶液用量/mL			
水样中加酚酞指示剂滴定到红色褪去后, 接着加甲基橙滴定到变色时,盐酸标准溶液用量/mL			
水样体积/mL			
总碱度(以 CaO 计)/(mg·L^{-1})			
总碱度(以 CaCO$_3$ 计)/(mg·L^{-1})			

③计算。

a. 总碱度的计算公式为

$$总碱度(以\ CaO\ 计,mg/L)) = \frac{28.04c(P+M)}{V} \times 1\,000$$

$$总碱度(以\ CaCO_3\ 计,mg/L) = \frac{50.05c(P+M)}{V} \times 1\,000$$

式中　c——盐酸标准溶液的浓度,mol/L;

P——水样加酚酞指示剂滴定到红色褪去时,盐酸标准溶液用量,mL;

M——水样加酚酞指示剂滴定到红色褪去后,接着加甲基橙滴定到变色时,盐酸标准溶液用量,mL;

V——水样体积,mL。

b. 根据 T,P 之间的关系计算氢氧化物、碳酸盐和重碳酸盐碱度。

5. 讨论

①为什么甲基橙碱度就是总碱度,而酚酞碱度却不能作为总碱度?

②同一水样中酸度与碱度能否同时存在,为什么?

③根据测定的结果,计算水样的各种碱度。

实验 60　　固体废弃物的固体发酵

1. 实验目的

学习固体发酵处理固体废弃物的原理方法。

2. 实验原理

固体发酵(Solid State Fermentation)指利用自然底物作为碳源及能源,或利用惰性底物作为固体支持物,其体系无水或接近于无水的任何发酵过程。它是解决能源危机、治理环境污染的重要手段之一,是绿色生产的主要工具。农业、林业和食品等工业部门的许多废弃物,常对环境造成巨大的污染,但工农业残渣常含有丰富的有机质,可以作为微生物生长的理想基质。所以人们倾向于筛选工农业残渣作为底物,对其加以综合利用,不但可以使废弃物变为有经济价值的资源,而且可以减轻环境污染,化害为利。

固体发酵的一个重要应用领域就是利用微生物转化农作物及其废渣,以提高它们的利用价值,减小对环境的污染。全世界每年由光合作用产生的纤维物质极为丰富,我国纤维素物质亦相当丰富,仅农业生产中形成的农作物废弃物(如稻草、玉米秸、麦秸等)每年约 4亿 t,其中水稻秸秆占很大一部分,因此合理开发和科学利用这一丰厚的天然资源是各国政府及科学家一直致力于研究和开发的重点领域。对秸秆通过固体发酵进行处理,可以避免简单秸秆还田在腐解过程中可能对土壤造成的破坏,此外,还可以促进秸秆的快速腐解、降低 C:N。

3. 实验材料与器材

(1)菌种。

纤维分解菌及自生固氮菌。

(2)培养基及试剂。

纤维分解菌采用 CMC 培养基,自生固氮菌采用无氮培养基。试剂包括 0.1 mol/L 盐酸、氨氮测定试剂及秸秆粉。

(3)仪器及其他用具。

天平、广口瓶、灭菌锅、三角瓶及恒温摇床。

4. 实验步骤

①将纤维分解菌和自生固氮菌分别在相应活化培养基上活化。

②将活化后的纤维分解菌和自生固氮菌接入液体培养基中,振荡培养,所得菌液用于固体发酵的接种液。

③秸秆加盐酸水解。将秸秆用 0.1 mol/L 的盐酸在常压下 25 ℃水解 3 d,以去除表面蜡质,利于纤维分解菌和固氮菌的利用。

④取出秸秆,水洗后,用 CaO 调节 pH 值至 6.0 左右。

⑤调水分至 50% ~60% ,此时手抓湿润,但水不流出。

⑥调 C:N,加质量分数为 2% 的尿素、质量分数为 1% 的淀粉,装入广口瓶中,灭菌 30 min。

⑦接入纤维分解菌,培养 7 d 后再接入固氮细菌培养 7 d。每 2 d 取样测定,并补充适量

水分。

⑧分析方法：

a. 菌落总数按稀释平板菌落计数法测定。

b. 真菌蛋白样品经三氯乙酸与水洗涤后，取滤渣，按凯氏定氮法测定蛋白含量。

c. 可溶性有机碳和可溶性氮的测定：采样后用蒸馏水浸提振荡 8 h 后过滤，一部分滤液用 TOC 自动分析仪测定其 TOC 含量；另一部分滤液先采用 $H_2SO_4 - H_2O_2$ 消化，然后来用靛酚蓝比色法测定，其中 $NH_4^+ - N$ 含量即可溶性氮含量。

5. 实验结果处理

计算不同处理菌落总数、蛋白含量及可溶性有机碳和可溶性氮含量，比较其变化。

6. 实验注意事项

①在发酵前要调节培养基中的 C:N，因为秸秆中的 C:N 为 20:1 ~ 25:1，所以应调节培养基的 C:N，以利于微生物的生长。

②发酵过程中的温度、通风量要进行控制，每天应搅拌以利于通风。

③发酵过程应每天补水，以保证含水量。

实验 61　活性污泥菌胶团及生物相观察

1. 实验目的

学习观察活性污泥中的絮绒体及生物相,初步掌握分析生物处理池内运转状况的方法。

2. 实验原理

活性污泥生物相较为复杂,以细菌和原生动物为主,也有真菌和后生动物等。其中细菌能分泌胶黏物质而形成菌胶团,成为活性污泥的主体。在发育良好的成熟污泥中,污泥絮绒体(菌胶团组成)具有形状固定、结构稠密、折光率强、沉降性能好等特点。但当水质条件或曝气池环境条件发生变化时,生物相也会随之发生变化,以原生动物最为敏感。当固着型纤毛虫占优势时,一般认为污水处理系统运转正常,而后生动物轮虫等大量出现时,则意味着污泥极度老化;当缓慢游动或匍匐前进的生物出现时,说明污泥正在恢复正常状态,而丝状微生物优势生长,甚至伸出絮绒体外,则是污泥膨胀的象征。因此观察活性污泥絮绒体及其生物相,可初步判断生物处理系统运转是否正常。

3. 实验材料

(1)检样。

活性污泥取自污水处理厂曝气池。

(2)器材。

量筒、测微尺、显微镜、滴管、镊子等。

4. 实验步骤

(1)肉眼观察。

取曝气池混合液置于 100 mL 量筒内,直接观察污泥絮绒体的外观,记录 30 min 沉降体积。

(2)制片镜检。

取干净载玻片一张,在中央滴混合液 1 ~ 2 滴,加盖玻片制盐水浸片,在低倍镜或高倍镜下观察菌胶团及其生物相。

①活性污泥菌胶团:观察其形状、大小、稠密度、折光性、游离细菌多少等。

②原生动物:根据其形态和运动器官的不同,观察其外形,并鉴定所属类别。

③后生动物:观察其形态特征,初步鉴定所属类别。

④丝状微生物:观察其数量多少,有无伸出絮绒体外,优势种是哪一类等。

5. 实验结果

①记录和绘出你所观察的活性污泥中的絮绒体和生物相。

②分析生物处理池的运转情况。

6. 实验讨论

活性污泥中各种生物相对污泥处理的主要作用机理是什么?

实验 62　微生物对石油污染土壤的生物修复

1. 实验目的

了解并掌握生物修复技术的基本原理。

2. 实验原理

在石油的开采、炼制、储运和使用过程中,不可避免地会造成石油落地污染土壤。石油主要是由烷烃、环烷烃、芳香烃、烯烃等组成的复杂混合物。其中多环芳香烃类物质被认为是一种严重的致癌、致诱变物质。石油通过土壤植物系统或地下饮用水,经由食物链进入人体,直接危及人类健康。因此,近年来世界各国对土壤石油污染的治理问题极为重视,目前的处理方法主要有 3 种:物理处理、化学处理和生物修复,其中生物修复技术被认为最具生命力。

利用微生物及其他生物,将土壤、地下水或海洋中的危险性污染物原位降解为二氧化碳和水或转化成为无害物质的工程技术系统称为生物修复。大多数环境中都进行着天然的微生物降解净化有毒、有害有机污染物的过程。研究表明,大多数下层土含有能生物降解低浓度芳香化合物(如苯、甲苯、乙基苯和二甲苯)的微生物,只要水中含有足够的溶解氧,污染物的生物降解就可以进行。但自然条件下由于溶解氧不足,营养盐缺乏和高效降解微生物生长缓慢等限制性因素,微生物自然净化速度很慢,需要采用各种方法来强化这一过程。例如提供氧气成其他电子受体,添加氮、磷营养盐,接种经驯化培养的高效微生物等,以便能够迅速去除污染物,这就是生物修复的基本思想。

石油污染土壤的生物修复技术主要有两类:一类是原位生物修复,一般适用于污染现场;另一类是异位生物修复,主要包括预制床法、堆式堆制法、生物反应器法和厌氧处理法。异位生物修复是将污染土壤集中起来进行生物降解,可保证生物降解的较理想条件,因而对污染土壤处理效果好,又可防止污染物转移,被视为一项具有广阔应用前景的处理技术。本实验采用异位生物修复技术中堆式堆制处理方法,对石油污染土壤进行生物处理研究,通过监测土壤含油量、降解石油烃微生物数量、污染土壤含水量的变化等指标,反映该技术处理石油污染土壤的效果。

3. 实验材料与器材

(1)石油污染土样。

石油污染土样采集自石油污染严重地区,如钻井台、加油站、汽修厂等。

(2)测定石油烃总量(TPH)的器材和试剂和从土壤中分离筛选高效降解菌的器材和试剂。

(3)仪器及其他用具。

有机玻璃堆制池(长 100 cm、宽 60 cm、高 12.5 cm,下铺设长方形的 PVC 管,相隔 10 cm 打一直径 1 cm 的孔,上覆尼龙网,防止土壤颗粒把孔堵塞,PVC 管接于池外,供通气用,池旁设有渗漏液出口管),50 W 空压泵、电烘箱及 pH 计。

4. 实验步骤

(1)高效石油烃降解菌的筛选。

参照实验 21 从石油污染土壤中分离筛选出高效石油烃降解菌,将该菌种接种于牛肉汤液体培养基中,在 30 ℃下培养至对数期。离心后收集菌体,用生理盐水反复洗涤,最后菌体悬浮在生理盐水中,调节吸光度(OD_{660})为 1.5。

（2）土壤堆制池的运转和管理。

①运转期间的管理。在待处理的石油污染土壤中,按比例加入肥料、水、菌液,充分搅拌后堆放在池中,具体为 100 kg 石油污染土壤 +1.36 kg 尿素 +0.5 kg 过磷酸钙 +1 L 菌悬液,另设一组不如菌悬液的对照组。在堆料 5 cm 深处进行多点采样,混合均匀后在 105 ℃烘至恒重,由烘干前后的质量求得含水率。根据测定结果,补加适量的水分,将两组土壤的含水率调节为 30%。空压泵通气 20 min/d,实验共进行 40 d。为避免挥发等因素的影响,实验应在 25 ℃以下进行。

②运转期间的观察和测定。

a. 石油烃总量的测定:每天监测一次,并计算去除率(%)。

b. 微生物数量的测定:每天监测一次,采用平板计数法。

c. pH 值的测定:每天监测一次。

d. 含水量的测定:每天监测一次,根据测定结果,补加适当水分,使两组土壤的含水率保持在 30%。

5. 实验结果

将运转实验数据记录填入表 62.1 中。

表 62.1　运转实验数据记录

	石油烃总量	石油烃去除率	微生物数量	pH	含水量
1					
2					
3					
...					
40					

实验 63　餐厨垃圾厌氧制氢实验

1. 实验目的和意义

近年来随着城市生活设施和居住条件的改善,城市垃圾中餐厨垃圾的产生量越来越大。餐厨垃圾具有含水率高、易腐烂、营养丰富的特点,一方面具有较高的利用价值;另一方面必须对其进行适当的处理,才能具有有效的社会效益、经济效益和环境效益。与垃圾问题相似,传统能源储量日益减少以及能源需求的不断增长也是人类面临的巨大挑战,人们越来越认识到可再生能源的巨大潜力和发展前景。氢是一种十分理想的载能体,它具有能量密度高,热转化效率高,清洁无污染等优点,因此,作为一种理想的"绿色能源",其发展前景十分光明。

从现有制氢工艺来看,厌氧发酵制氢有诸多优势和巨大发展潜力。目前主要是研究利用有机废水为碳源,并取得了很大进展。而利用纤维素、淀粉和糖类等自然界储量很大且可再生的生物质资源,这样可以使生物制氢有更广泛的研究前景,而不是局限于废水处理方面。而从成分上来说,餐厨垃圾非常适合作为厌氧发酵制氢的原料,这样既能处理固体废弃物,又能产生清洁能源,是比较合理的处理方案。

通过本实验主要达到以下目的:

①了解利用餐厨垃圾厌氧发酵制氢的原理和方法。

②了解主要控制条件对发酵制氢的影响。

2. 实验原理

一般认为有机质的厌氧降解分为 4 个阶段,即水解、酸化、产乙酸和产甲烷阶段。其中,产乙酸和产甲烷阶段为限速步骤。自然环境中,这些过程是在许多有着共生和互生关系的微生物作用下完成的,各种微生物适宜的生长环境可能不同。颗粒污泥中参与分解复杂有机物的整个过程的厌氧细菌可分为三类:第一类水解发酵菌,对有机物进行最初的分解,生成有机酸和乙醇;第二类产乙酸菌,对有机酸和乙醇进一步分解利用;第三类产甲烷菌,将氢气、二氧化碳、乙酸以及其他一些简单化合物转化成为甲烷。有机物的厌氧降解生化过程如图 63.1 所示。

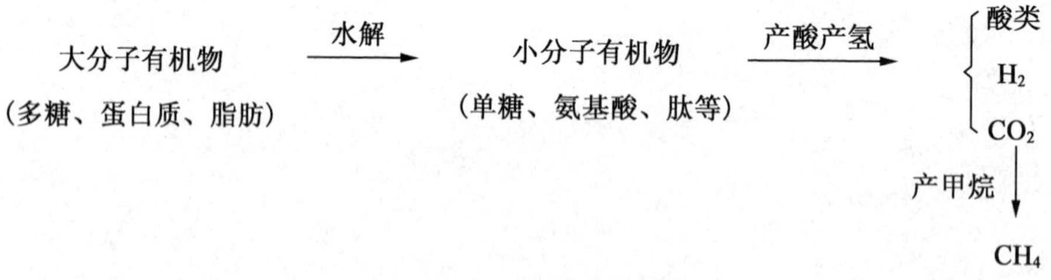

图 63.1　有机物的厌氧降解生化过程

可以通过适当的方法,阻断产甲烷菌的生长,使反应停留在产酸产氢阶段,从而实现制氢。

3. 实验材料与仪器

(1)实验材料。

①餐厨垃圾可取自所在校区周围餐馆和食堂,固体总重 40% 左右为宜,需分离出其中

的骨类和贝类等不易降解的物质。

②厌氧发酵所用活性污泥可选择当地污水处理厂的剩余脱水污泥。

③氢气标准气体。

④高纯氮气瓶。

⑤分析纯 $NaHCO_3$ 固体。

（2）实验仪器。

①气相色谱仪：装配 TCD 检测器，$2\ m \times 3\ mm$ 不锈钢填充柱，装填 $60 \sim 80$ 目 TDS − 01 担体，载气为氮气。

②电子秤或其他质量测量装置，测量范围大于 $200\ g$。

③pH 计。

④电磁炉及蒸煮用锅具。

⑤湿式气体流量计（需另备匹配橡胶管若干），或者可以自制简易式排水法气体体积测量装置。在反应容器和流量计间需连接一个水封瓶。

⑥温度控制装置：由数据控制仪、pt100 型温度探头、一定数量的电阻丝和电线组成，具体连接方法可参考数据控制仪的说明书。

⑦自制反应容器：由有机玻璃做成圆柱状主体，容积 $500\ mL$，外壁用连接了温度控制装置的电阻丝缠绕以保持所需温度，顶部设气体出口，可与气体流量计通过橡胶管连接，另设温度探头入口。也可用合适容积锥形瓶等容器以水浴方式加热。

4. 实验步骤

①活性污泥高温预处理：取污泥适量放在烧杯中，塑料薄膜封口，在 $100\ ℃$ 下高温蒸煮 $15\ min$，将厌氧活性污泥内菌群灭活，保留具有芽孢的厌氧微生物。

②将 $200\ g$ 餐厨垃圾（经预处理后）与高温处理后的活性污泥以体积比 9:1 混合均匀，置入反应容器。将反应容器灌满水以驱除空气，然后加入 $NaHCO_3$ 使容器中 pH 值达到 6 左右。将温控探头和气体导管接好，密封容器（确保各接口密封良好）。将反应容器气体导管与气体流量计接好（中间连接一个水封瓶）。

③用温度控制装置将温度设置为在 $(37 \pm 1)℃$，进行厌氧制氢过程。每 $8\ h$ 记录一次产生气体的体积，并在橡胶管上对气体取样。用气相色谱检测，使用外标法得出其中的氢气含量。反应大概要进行 $3\ d$ 左右，直到气体流量计读数不再改变为止。

④数据处理：将得到的生物气体累计体积（mL）、氢气体积分数（%）、氢气产量（mol）的数据进行整理并分别做出其随时间（h）的变化曲线图。氢气产量的数据需要根据氢气体积通过标准气体状态方程得出，温度和压强数据可以从流量计上的温度计和气压计读出。

⑤条件和时间允许的情况下，建议分组同时进行以下实验：步骤②中 pH 可以分别改变为 5 或 7，步骤③的温度控制仪可将温度设置分别改变为 $(20 \pm 1)℃$ 或 $(50 \pm 1)℃$，注意每次只改变其中一个步骤。将各组得到的数据汇总，可得到相同 pH 条件在不同温度设置下的各数据比较图表，或者同温度条件在不同 pH 情况下的各数据比较表。

5. 讨论

①若不对污泥进行高温处理，对实验结果会有怎样的影响？

②总结对于餐厨垃圾厌氧发酵产氢最适宜的 pH 值和温度条件。

实验 64　有机垃圾厌氧发酵产甲烷

1. 实验目的和意义

有机垃圾的厌氧消化是指在厌氧条件下,利用微生物的分解作用将有机物转化为二氧化碳和甲烷的过程。按照两阶段理论,该过程可分为产酸和产甲烷两个阶段。产酸阶段主要是水解和发酵菌群将复杂的有机物分解为简单的有机物,进而降解为各种有机酸;产甲烷阶段则利用前一阶段产生的有机酸为养分,将其进一步转化为甲烷和二氧化碳的过程。

通过本实验主要达到以下目的:

①掌握有机垃圾厌氧消化产甲烷的过程和机理。

②了解厌氧消化的操作特点以及主要控制条件。

2. 实验原理

有机垃圾厌氧消化产甲烷的三阶段过程如图 64.1 所示。

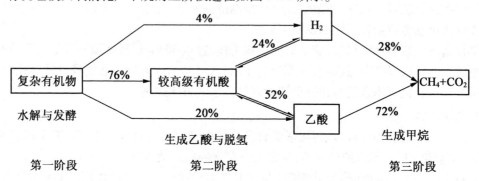

图 64.1　有机垃圾厌氧消化产甲烷的三阶段过程示意图

(1)水解和酸化阶段。

兼性和部分专性厌氧细菌发挥作用,复杂的大分子有机物被胞外酶水解成小分子的溶解性有机物。溶解性有机物由兼性或专性厌氧细菌经发酵作用转化为有机酸、醇、醛、CO_2 和 H_2。

(2)产乙酸阶段。

专性厌氧的产氢产乙酸细菌将上阶段的产物进一步利用,生成乙酸和 H_2,CO_2;同时,同型乙酸细菌将 H_2 和 CO_2 合成乙酸,有时也将乙酸分成 H_2 和 CO_2。

(3)甲烷化阶段。

产甲烷菌(最严格的专性厌氧菌)利用乙酸,H_2,CO_2 和一碳化合物产生 CH_4,转化的途径为

$$CH_3COOH \longrightarrow CH_4 + CO_2$$
$$CO_2 + 4H_2 \longrightarrow CH_4 + 2H_2O$$

上述阶段不再像以前认为的那样是简单的连续关系,而是一个复杂平衡的生态系统,存在着互生、共生关系。例如产乙酸阶段产生的 H_2 是有抑制作用的,如果不去除,则会使发酵途径变化,产生丙酸(称为丙酸型发酵),丙酸积累会导致反应器中的酸性末端增加,pH

降低,厌氧消化停止。

厌氧过程没有氧分子参加,酸化过程中产生的能量较少,许多能量保留在有机酸分子中,在甲烷菌作用下以甲烷气体的形式释放出来。

3. 实验装置、原料与方法

(1)实验装置。

实验所用的厌氧消化反应器为圆柱形,如图 64.2 所示,反应器总容积为 7 L,有效容积为 5 L,机械搅拌,转速为 80 r/min,放在水浴中,用温度仪控制温度为 (35 ± 1) ℃,采用蠕动泵每日进出料一次。

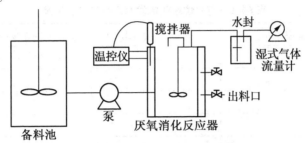

图 64.2　有机垃圾厌氧发酵实验装置

(2)发酵原料。

实验中采用的有机垃圾可取自校区学生食堂,测定其固体含量和挥发性固体含量,剔除其中的骨头等硬物后用食物粉碎机将其粉碎到 2 mm 左右,通过添加自来水调节固体含量为 10%。

(3)接种。

可采用活性污泥接种,取就近的污水处理厂污泥间的脱水剩余活性污泥,在培养过程中可以不添加其他培养物。

(4)分析方法。

①固体含量和挥发性固体含量的检测采用重量法。

②TCOD 和 SCOD 的检测采用 $K_2Cr_2O_7$ 氧化法。

③pH 使用精密 pH 计测定。

④CH_4 和 CO_2 体积分数可采用 9000D 型便携式红外线分析系统测定。

⑤TN 采用日本 SHIMADZU 公司 TOC/TN 分析仪。

⑥挥发性脂肪酸(VFA),以乙酸计,滴定法。

4. 实验步骤

(1)实验操作步骤。

①污泥驯化:将脱水污泥加水过筛以去除杂质,然后放入恒温室内厌氧驯化一天。

②接实验要求配置好有机垃圾的样品放置于备料池中备用。

③将培养好的接种污泥投入反应器,采用有机垃圾和污泥 VS 之比为 1:1(或 2:1)的混合物料。用 CO_2 和 N_2 的混合气通入反应器底部 2~3 min,以吹脱瓶中剩余的空气。立即将反应器密封,将系统置于恒温中进行培养。恒温系统温度升至 35 ℃时,测定即正式开始。

④记录每日产气量以及相关参数,直到底部的 VFA 的 80% 已被利用。

⑤为了消除污泥自身消化产生甲烷气体的影响,需做空白实验。空白实验是以去离子水代替有机垃圾,其他操作与活性测定实验相同。

⑥分别设置不同的反应温度以及不同的有机垃圾与活性污泥的配比,考查不同温度对厌氧发酵产甲烷的影响。

（2）实验记录。

有机垃圾厌氧发酵产甲烷实验记录见表 64.1。

表 64.1　有机垃圾厌氧发酵产甲烷实验记录

序号	有机负荷率/(m·s^{-1})	日产气量/mL	甲烷含量/g	pH

5.讨论

①影响有机垃圾厌氧发酵产甲烷的参数主要有哪些?

②甲烷含量的变化规律有哪些?

实验 65　厌氧发酵沼液、沼渣生物毒性判断

1. 实验目的

发酵余物——沼渣、沼液是农林作物可利用的无害高效有机肥,其用途的开发也越来越受到人们的关注。同时,了解沼液、沼渣的生物毒性,对其深入广泛的应用是具有实际意义的。通过本实验,主要达到以下目的:

①了解沼渣、沼液的特性以及综合利用。

②掌握利用光细菌进行生物毒性判断的方法。

2. 实验原理

(1)沼液的性质及其应用。

经沼气发酵后的有机残渣和废液统称为沼气发酵残留物,它是由固体和液体两部分组成的。在沼气池内,两部分分布不均匀。浮留在表面的固体物称为浮渣,这层的组成很复杂,既有经过发酵密度变小了的有机残屑,也有未被充分脱脂的秸秆、柴草;沼气池的中间为液体(中上部为清液,下半部为悬液),通常称为沼液;底层为泥状沉渣,称为沼渣。在缺乏搅拌装置的沼气池中,固、液分层分布的现象很普遍,对产沼气和出沼肥都有一定的影响。

以某厌氧反应器内秸秆发酵后的沼液为例,其基本性质见表 65.1。

表 65.1　沼液的基本性质

参数	单位	数值
COD	mg/L	6 600 ~ 8 600
TSS(总悬浮固体)	mg/L	350 ~ 620
VSS(挥发性悬浮固体)	mg/L	300 ~ 550
VFA(挥发性脂肪酸)	mg/L	5 920 ~ 7 910
VFA(挥发性脂肪酸)组成		
醋酸酯	%	26
丙酸酯	%	18
丁酸酯	%	35
戊酸酯	%	17
己酸酯	%	4
$PO_4^{3-} - P$	mg/L	80 ~ 150
TKN	mg/L	150 ~ 250
pH		6.4 ~ 6.8
碱度($CaCO_3$)	mg/L	2 500 ~ 3 500

沼液不仅含有丰富的氮、磷、钾等大量营养元素和锌等微量营养元素,而且含有 17 种氨

基酸、活性酶。这些营养元素基本上是以速效养分形式存在的,因此,沼液的速效营养能力强,养分可利用率高,是多元的速效复合肥料,能迅速被动物和农作物吸收利用。

长期的厌氧、绝(少)氧环境,使大量的病菌、虫卵、杂草种子窒息而亡,并使沼液不会带活病菌和虫卵,沼液本身含有吲哚乙酸、乳酸菌、芽孢杆菌、赤霉素和较高容量的氨和铵盐,这些物质可以杀死或抑制谷种表面的病菌和虫卵。因此,沼液、沼渣又是病菌极少的卫生肥料,生产中常用于浸种、叶面施肥,达到防病灭虫的效果。据实验,它对小麦、豆类和蔬菜的蚜虫防治具有明显效果。另外,沼液对小麦根腐病菌、水稻小球菌核病菌、水稻纹枯病菌、棉花炭疽病菌等都有强抑制作用,对玉米大斑病菌、小斑病菌有较强抑制作用。

(2)沼渣的性质及其应用。

沼渣为固体状物质,一般为黑色或灰色。由于发酵原料的不同,沼渣的物理和化学性质也有较大差异,以某农场的牛羊粪便厌氧发酵后的沼渣为例,其基本性质见表65.2,灰分元素分析见表65.3。

表65.2　沼渣的基本性质

参数	数值	参数	数值
pH	8.9	孔隙率/%	60.17
表面积/$(m^2 \cdot g^{-1})$	160	含水率/%	3.525
容积密度	1.86	灰分/%	54.93
相对密度	1.86	C:N	15.4

表65.3　灰分元素分析

质量百分比/%				质量分数/10^{-6}			
N	P	K	Na	Ca	Cu	Zn	Mn
1.33	0.21	0.30	0.14	0.88	35	99	397

除此之外,沼渣还具有以下性质:

①沼渣含有丰富的蛋白质,以风干物的粗蛋白质含量计算,可达10%~20%,并且还含有作为饲料必备的特种氨基酸——蛋氨酸和赖氨酸等。

②沼渣具有丰富的氮、磷、钾营养素和矿物盐等,适用于农作物和畜类的发育和生长。

③沼渣含有一定数量的激素、维生素,有利于禽畜的生长。

④沼渣无毒、无臭,细菌和病原体的含量也较少。

3.材料与方法

(1)菌种。

明亮发光杆菌 T_3 小种。

(2)稀释液。

30 g/L NaCl 溶液。

（3）参比毒物 HgCl 标准溶液。

HgCl 毒性较为稳定，以 HgCl 作为参比毒物。HgCl 标准溶液系列质量浓度设置为 0.04 mg/L,0.08 mg/L,0.12 mg/L,0.16 mg/L,0.20 mg/L,0.24 mg/L 和 0.28 mg/L。

（4）毒性检测。

DXY 2 型生物毒性测试仪（中国科学院南京土壤研究所研制）。

（5）样品处理。

将沼渣样品风干、磨碎，过 2 mm 筛，然后用蒸馏水浸提，$m(污泥):m(水)=1:10$，水平振荡 24 h，离心、过滤，取滤液保存，测试前向滤液中加入 NaCl，使 NaCl 质量浓度达 30 g/L。沼液样品直接离心、过滤，取滤液保存，测试前向滤液中加入 NaCl，使 NaCl 质量浓度达 30 g/L，若浓度较高可先用蒸馏水稀释若干倍数。

4. 实验步骤

（1）样品的 T_3 发光细菌实验。

将培养后在 4 ℃保存（不超过 24 h）的 T_3 菌悬液在 20～22 ℃室温下复苏，菌体即恢复发光。将菌液充分摇匀，复苏稳定 30 min 后用于实验。向测试瓶中加 30 g/L NaCl 溶液 2 mL，复苏菌液 50 L，轻轻混匀后立即置于毒性测试仪中测定，其发光量在 800～1 000 mV 范围内方可用于测试。为了保证测试温度恒定，发光细菌实验应在保持室温为 20～22 ℃的实验室内进行。同一批样品在测定过程中温度变化不大于 ±1 ℃。

污泥样品浸提液和 HgCl 系列标准溶液同步进行毒性测定，以 30 g/L NaCl 溶液作为空白对照。每个样品设 3 个平行样，同时对应 3 个平行对照。将 50 μL 复苏发光菌悬液加入含有 2 mL 测试溶液的测试瓶中，混匀，静置 15 min 后立即测定，记录发光细菌的发光输出。如果样品浸提液有颜色，应做色度补偿。

（2）计算相对发光度。

测定管发光强度的变化用相对发光度（T）表示：
$$T(\%)=(样品发光度/对照发光度)\times100\%$$

（3）数据处理（表 65.4）

表 65.4　数据记录表

样品	样品发光度	对照发光度	相对发光度
沼渣			
沼液			

5. 结果与讨论

①分析来自同一厌氧发酵池的沼渣和沼液的生物毒性的高低，并分析原因。

②样品处理中，应注意哪些事项？

实验 66　污泥厌氧发酵产氢

1. 实验目的

城市污泥是一种富含有机物的可再生物质,采用厌氧发酵产氢不仅可以处理大量污泥,同时还能回收清洁能源——氢气。在厌氧消化过程中,污泥在厌氧微生物的作用下,经过水解、酸化等过程后,污泥中的有机物从固相转移到液相,同时产生氢气这一副产物。污泥厌氧发酵产氢是利用微生物在一定条件下进行酶催化反应,并伴有氢气产生的原理进行的。根据微生物生长所需能源来看,污泥生物制氢可分为以下 3 类:光合生物产氢、产氢产酸发酵细菌产氢和光合生物与发酵细菌的混合培养产氢。

本实验主要介绍污泥在产氢产酸发酵细菌的作用下厌氧发酵产氢。通过本实验达到以下目的:

①掌握污泥厌氧发酵产氢的基本原理和过程。

②了解厌氧发酵产氢过程的影响因素和控制措施。

2. 实验原理

污泥厌氧发酵产氢的实质是:产氢产酸发酵细菌在对有机物质的发酵过程中,将有机物质分解为有机酸(乙酸、丁酸等)和乙醇等产物,同时释放出发酵气体 H_2 和 CO_2。由于污泥不能提供足够的有机酸给产氢产酸发酵细菌,因此在发酵的初期为水解酸化阶段。此后的阶段,菌群将有机酸转化为氢气,以及自身新陈代谢所需能量和其他产物。

许多专性厌氧和兼性厌氧菌能在厌氧条件下降解有机物产生氢气,主要物质包括甲酸、丙酮酸、各种脂肪酸、糖类等物质。这些有机物发酵产生氢气的形式主要有两种:一是丙酮脱氢形式,在丙酮酸脱羧脱氢生成乙酸的过程中,脱下的氢经铁氧还原蛋白的传递作用而释放出氢分子;二是 $NADH/NAD^+$ 平衡调节产氢气。还有产氢产乙酸菌的产氢作用以及 NADPH 作用产氢。

丙酮酸脱羧产氢的机理是由于菌群中的发酵细菌体内缺乏完整的呼吸链电子传递体系,发酵过程中通过脱氢作用产生的电子,必须有适当的途径使物质的氧化与还原过程保持平衡,从而保证代谢过程的顺利进行。通过发酵途径直接产氢气,是某些微生物为解决氧化还原过程中产生的电子所采取的一种调节机制。能够产生分子氢的微生物含有氢化酶,同时需要铁氧还原蛋白的参与。产氢产酸发酵细菌一般含有铁氧还原蛋白,这种蛋白首先在巴氏梭状芽孢杆菌中发现。

产氢产酸发酵菌的直接产氢过程均发生于丙酮酸脱羧过程中,根据其机制可分为梭状芽孢杆菌型和肠道杆菌型。在梭状芽孢杆菌型情况下,丙酮酸首先在丙酮酸脱氢酶作用下脱羧,形成硫胺焦磷酸 – 酶复合物,同时将电子转移给铁氧还原蛋白,还原的铁氧还原蛋白被铁氧还原蛋白酶重新氧化,产生氢气。在肠道杆菌型情况下,丙酮酸脱羧后形成甲酸,然后甲酸的一部分或全部转化为 H_2 和 CO_2。

$NADH + H^+$ 的氧化还原平衡调节产氢的机理是:碳水化合物经 EMP 途径产生的还原型辅酶Ⅰ($NADH + H^+$),一般可以通过与一定比例的丙酸、丁酸、乙酸或是乳酸发酵相耦联从而得到氧化型辅酶Ⅰ(NAD^+),保证了代谢过程中 $NADH + H^+/NAD^+$ 的平衡,这也是之所以产生各种发酵类型的重要原因之一。生物体内的 NAD^+ 与 $NADH + H^+$ 的比例是一定的,当 $NADH + H^+$ 的氧化过程相对于其形成过程较慢时,将会造成 $NADH + H^+$ 的积累。为了保证生理代

谢过程的正常进行,发酵细菌可以通过释放 H_2 的方式将过量的 $NADH + H^+$ 氧化:

$$NADH + H^+ \longrightarrow NAD^+ + H_2$$

根据菌群利用有机酸的能力不同,可将污泥厌氧发酵产氢类型分为丁酸型发酵产氢、丙酸型发酵产氢和乙醇型发酵产氢 3 种途径。

(1)丁酸型发酵产氢。

当发酵过程中末端发酵产物内有机酸含量以丁酸为主时,可认为此时的产氢发酵过程为丁酸型发酵产氢。丁酸型发酵主要是在梭状芽孢杆菌属的作用下进行的。从丁酸型发酵的末端产物平衡分析,丁酸与乙酸物质的量比约为 2:1。

(2)丙酸型发酵产氢。

丙酸型发酵的特点是气体产量很少,甚至无气体产生,主要发酵末端产物为丙酸和乙酸。资料表明,含氮有机化合物(如酵母膏、明胶、肉膏等)的酸性发酵往往易发生丙酸型发酵,此外难降解碳水化合物,如纤维素等的厌氧发酵过程也常呈现丙酸型发酵,与产丁酸途径相比,产丙酸途径有利于 $NADH + H^+$ 的氧化,且还原力较强。

(3)乙醇型发酵产氢。

当发酵过程中末端发酵产物以乙醇、乙酶、H_2、CO_2 为主,而丁酸含量相对较少时,可认为此时的产氢发酵过程为乙醇型发酵产氢,这一发酵产氢途径如图 66.1 所示。从发酵过程和产氢总量来看,乙醇型发酵产氢是一种比较优良的产氢途径。由于乙醇和乙酸在菌群细胞内相互转换,因此也可称乙醇型发酵产氢为双碳发酵产氢。目前,通过纯菌种分离以及对代谢产物的分析,已经证实了这一说法的科学性。

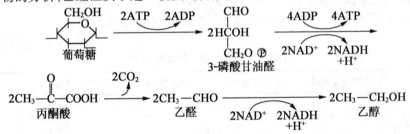

图 66.1　乙醇型发酵产氢途径

3. 实验装置

图 66.2 为本实验所用的装置流程图。发酵瓶可选用有效体积为 100 mL 的三颈烧瓶,气体缓冲瓶内可填充一定的变色硅胶,以吸收生物气中水蒸气。集气瓶内灌装饱和食盐水,产生的气体的体积可通过量筒内收集的食盐水的体积来确定。所有装置的连接处在实验前要通过涂抹肥皂泡沫检查气密性。

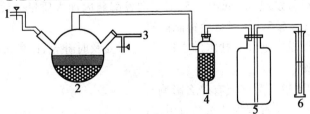

图 66.2　实验装置流程

1—pH 调节口;2—发酵瓶;3—取样口;4—气体缓冲瓶;5—集气瓶;6—量筒

4. 实验步骤

本实验主要测试在中温(35 ℃)条件时,城市污泥的产氢潜力。

①将城市污泥取回后加适量自来水浸泡后过 1.25 mm 筛网,然后取一定量污泥于烧杯中,置于水浴锅内在 90 ℃条件下,加热 30 min,以去除耗氢微生物,同时收获孢子,加热后的污泥为实验所需污泥。

②取去除耗氢微生物后的污泥少量,进行发酵实验前的基本理化分析,测试项目为 TS(含量)、VS(挥发性固体物含量)。

③总固体(TS)测试方法:取污泥适量称重,置于 65 ℃烘箱中烘 24 h 至恒重,取出放冷后称重,TS = 干物料重/湿物料重×100%;挥发性固体物含量(VS,TS)测试方法:适量泔脚和污泥称重后,置于 65 ℃烘箱中 24 h,烘干称重后放置于 600 ℃马弗炉中灼烧 3 h。

$$灰分 = 冷却后残余质量/物料干重×100\%$$
$$挥发性固体(VS,TS):VS = (1 - 灰分) ×100\%$$

④由于污泥养分含量较少,为保证实验质量,在发酵实验开始前,可加入一定量的营养物质进行驯化培养,驯化培养时间可控制在 2 d。加入的营养物质可选择乙酸或葡萄糖。

⑤实验开始时,将含 5 g VS 的污泥,加入到分别为 200 mL 的发酵瓶内,然后向瓶中充高纯氮 20 s 以驱除瓶中的氧气并用橡皮胶塞密封。为了保证实验数据的可靠性,可进行 3 个平行重复实验。最后将其置于 35 ℃的水浴锅或者恒温摇床上匀速振荡,避光培养。定时分析瓶中上层气相的氢气含量以及产气体积,以及二氧化碳及甲烷的浓度,记录于表 66.1 中。根据微生物生长的规律,在开始的 24 h 内,产气量会出现高峰,因此这一时间段内,每隔一定时间需要补充集气瓶内饱和食盐水,以保证实验的正常进行。

表 66.1　污泥发酵产氢实验记录

序号	每日产气量/mL	氢气含量/%	甲烷含量/%	CO$_2$ 含量/%	pH

⑥比产气率的计算:

$$比产气率(mL/gVS) = 总氢气产量/5gVS$$

5. 注意事项

①每日测试 pH,若发现 pH 低于 3.5,需要向发酵瓶内加入质量分数为 5% 的 NaOH 溶液,将 pH 调节至 4.0 ~ 5.5,pH 过低会抑制产气。

②定时检查集气瓶内饱和食盐水的水位,不足时要及时补充,以免影响产气量数据。

6. 实验结果讨论

①pH 对污泥的厌氧发酵产氢有什么影响?

②污泥厌氧发酵产氢过程为什么会有甲烷产生?

实验 67　味精废水厌氧处理实验

1. 实验目的

①了解味精废水中高浓度的 SO_4^{2-}、氨氮抑制厌氧菌的活性的机理。

②学习使用厌氧硫酸盐还原菌处理高浓度味精废水。

2. 实验原理

味精废水厌氧处理过程中硫酸盐、亚硫酸盐被还原为硫化氢,高浓度的硫化氢抑制产甲烷菌的活性,使产气量下降。如果利用硫酸盐还原菌的异氧特性,采用硫酸盐还原菌对味精废水进行厌氧处理,在还原硫酸盐、亚硫酸盐的同时,去除 COD,由于硫酸盐还原菌耐硫化氢能力强于产甲烷菌,所以该反应过程可以持续进行。

味精废水的厌氧处理主要是利用硫酸盐还原菌去除废水中的有机物。其反应式如下:

$$4H_2 + SO_4^{2-} \xrightarrow{\text{硫酸盐还原菌}} S^{2-} + 4H_2O$$

$$CH_3COOH + SO_4^{2-} \xrightarrow{\text{硫酸盐还原菌}} S^{2-} + 2CO_2 + 2H_2O$$

$$CH_3CH_2COOH + 0.5SO_4^{2-} \xrightarrow{\text{硫酸盐还原菌}} CH_3COOH + 0.5S^{2-} + CO_2$$

$$CH_3CH_2COOH + 1.75SO_4^{2-} \xrightarrow{\text{硫酸盐还原菌}} 1.75S^{2-} + 3CO_2 + 3H_2O$$

味精废水中 SO_4^{2-} 质量浓度一般在 40 g/L 左右,SO_4^{2-}/COD 为 2～3,依据以上反应式,COD 大部分可以去除,SO_4^{2-} 将有剩余。控制运行条件,使硫酸盐还原菌不受高浓度硫化物的影响,在高浓度硫化物的环境下,仍能保持较高的去除 COD 能力。

3. 实验材料

UASB 反应器、蠕动泵、套管加热装置及味精废水。

4. 实验步骤

(1)实验工艺流程。

实验所用厌氧 UASB 反应器,反应器由有机玻璃组成。采用两相厌氧。污水首先由提升泵进入 A 段 UASB,出水曝气吹脱硫化氢,然后进入 B 段 UASB。UASB 内置套管加热,保证 UASB 内部温度恒定。

(2)进水水质。

COD 为 15～30 g/L,SO_4^{2-} 为 3 g/L,pH 为 6～9,碱度为 1～4 g/L。

(3)化验项目及方法。

COD 采用重铬酸钾法,NH_3-N 采用滴定法,SO_4^{2-} 采用重量法,硫化物采用碘量法,pH 值采用玻璃电极法,挥发酸采用容量法。

(4)工艺运行条件。

温度为 35 ℃,pH 为 5～9。

根据进水的 COD 浓度,可以将实验分为两个阶段:第一阶段,进水的 COD 为 2～5 g/L,出水硫化物在 200 mg/L 以下;第二阶段,进水的 COD 为 5～10 g/L,出水硫化物为 3 000 mg/L。

5. 实验结果

①A 段 UASB 反应器实验结果。A 段 UASB 反应器进水水质:COD 为 2 ~ 5 g/L,SO_4^{2-} 为 0.4 ~ 3 g/L,pH 为 6 ~ 9,碱度为 12.5 g/L。A 段 UASB 反应器出水水质:COD 为 1.5 ~ 2.5 g/L,SO_4^{2-} 为 0.5 ~ 2 g/L,pH 为 7 ~ 8,硫化物为 30 ~ 300 mg/L,碱度为 1.5 ~ 3 g/L。A 段 UASB 反应器 COD 的去除率为 60%。

②B 段 UASB 反应器实验结果。B 段 UASB 反应器进水水质:COD 为 1.5 ~ 2.5 g/L,SO_4^{2-} 为 0.5 ~ 2 g/L,pH 为 7 ~ 8,碱度为 1.5 ~ 3 g/L。B 段 UASB 反应器出水水质:COD 为 0.5 ~ 2 g/L,SO_4^{2-} 为 0.6 ~ 2 g/L,pH 为 7 ~ 8;硫化物为 100 ~ 380 mg/L,碱度为 2 ~ 3 g/L。B 段 UASB 反应器 COD 的去除率为 50%。

6. 思考题

①味精废水厌氧处理是否可行?

②味精废水厌氧处理如何控制进水水质,主要控制哪些参数?

③味精废水厌氧处理过程中,废水的硫化物浓度和硫酸根浓度有什么变化?

第4篇　综合型、研究型厌氧实验

实验68　HRT 对糖蜜废水发酵产氢的影响

1. 实验目的

①学习 HRT 影响厌氧微生物的发酵产氢的机理。

②掌握如何设置最佳 HRT 值提高产氢效能。

2. 实验原理

糖蜜废水污染物浓度高,含有糖、蛋白质、氨基酸、维生素等有机物以及 N,P,K,Ca,Mg 等无机盐,可生化性好,国内外多采用生化法处理,主要有厌氧处理法(UASB、厌氧流化床等)和厌氧 – 好氧处理法。

HRT 是影响产酸产氢微生物的因素之一。一般情况下,产氢菌的 HRT 较短,因为主要的产氢菌在对数期产生氢气和 VFAs,而在稳定期会产生醇类。对于产氢的微生物群落来说,短的 HRT 有助于它们产氢,阻止产丙酸菌生长,其会消耗氢气产生甲烷。一般产氢菌的 HRT 设为 8 ~ 6 h,产甲烷菌的水力停留时间比产氢菌的长。产酸相酸化率与 HRT 关系密切,在某一时间段内,酸化速率达到最大值,超过这一时段虽然酸化率继续提高,但酸化速率下降。

3. 实验装置和材料

(1)实验装置。

实验装置及流程如图 68.1 所示,其中主体设备发酵产氢反应器属上流式厌氧污泥床反应器,反应器总容积为 10.2 L,反应区为 8 L,沉淀区为 2.2 L。反应器底部加入 500 g 的颗粒活性炭,使反应器内维持一定的生物量。反应器由有机玻璃制成,将电热丝缠绕在反应器外壁上加热保温,通过温控仪将反应器内温度控制在 (37 ± 1) ℃。

(2)材料。

①污泥。

反应器种泥取自城市污水处理厂浓缩池絮状污泥,用筛子筛除石头、沙子等杂质后,以 17 gVSS/L 的质量浓度进行接种。

②配水。

采用人工配制的糖蜜废水为底物连续进水,废水 $\rho(COD)$ 为 4 000 mg/L。底物营养成分如下:NH_4HCO_3　74 mg/L;K_2HPO_4　17 mg/L;$MgCl_2$　40. 66 mg/L;$FeSO_4$　4. 92 mg/L;$CoCl_2$　2. 1 mg/L;$MnSO_4$　7. 38 mg/L;$(NH_4)_6Mo_7O_2$　0. 07 mg/L;$NiCl_2$　5 mg/L;$CuSO_4$　4. 88 mg/L;KI 13 mg/L;$(CH_3COO)_2Zn$　0. 84 mg/L。

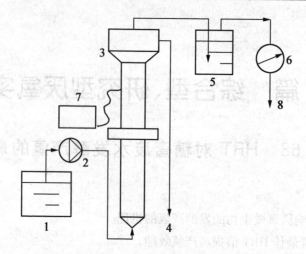

图 68.1　实验装置及流程

1—进水;2—蠕动泵;3—生物制氢反应器;4—出水;5—液封;6—湿式气体流量计;7—温控器;8—气体排放口

4. 实验操作步骤

(1)实验启动及运行。

反应器在进水 ρ(COD)为 4 000 mg/L 和 HRT 为 24 h 的条件下启动 6 d 后,产气速率和产氢速率分别达到一定值,氢气体积分数为 50% 以上,出水 pH 为 4.0～5.0。第 7 d 反应器进入运行阶段,运行按 HRT 的不同分阶段进行,对 HRT 的改变都是在每一阶段运行达到稳定状态后,HRT 从高到低先后为 12 h,10 h,8 h,7 h,6 h 进行变化,运行时间分别为 7 d,8 d,13 d,10 d,2 d。整个运行过程中,对进水 pH 值均进行人工调节,出水 pH 为 4.6～5。

(2)分析方法。

气体总量的测定采用 LMF－1 型湿式气体流量计。氢气含量的测定采用碱吸收法,吸收液为 10% 氢氧化钠溶液,气体取样量为 20 mL。气体中甲烷含量小于 1%,可忽略不计。COD 的测定采用 5B－3(D)型 COD 快速测定仪。pH 的测定采用 WTW pH/oxi340i 型便携式测量仪。有机酸组成及含量采用气相色谱仪(Φ－2088)分析,气相色谱分析条件:色谱配置 2 m × Φ5 mm 不锈钢螺旋柱,内装 2% H_3PO_4 处理过的 GDX－103 担体(60～80 目),载气(氮气)流量为 30 mL/min,燃气(氢气)流量为 30 mL/min,助燃气(空气)流量 300 mL/min,柱温 190 ℃,汽化室温度为 220 ℃,检测温度为 220 ℃。水样用中速定量滤纸过滤后,取上清液加酸后测定,分析项目为乙酸、丙酸、丁酸和戊酸。颗粒污泥的观察采用 JSM－5900LV 型扫描电镜。

5. 实验结果

(1)HRT 对产气量和产氢量的影响。

产气速率和产氢速率随 HRT 的减小而上升。HRT 由 12 h 缩短至 8 h 时,产气速率和产氢速率分别由 27.7 L/d 和 11.9 L/d 上升到 41.7 L/d 和 20.7 L/d。HRT 进一步缩短,产气速率和产氢速率变化不大,基本稳定在 41 L/d 和 21 L/d 左右。绘制出产气速率和产氢速率随 HRT 的变化图像。

（2）HRT 对 COD 去除率的影响。

HRT 为 8 h 时的 COD 去除率达到最大为 31%，并且产气速率也达到最大。而其他水力停留时间段的去除率都没有超过 20%。说明 HRT 为 8 h 时，微生物具有较高的活性，去除有机物的效果最好。

（3）HRT 对氢气含量的影响。

HRT 为 12 h 时氢气含量由初期的 42% 上升到 45%。HRT 为 10 h 后氢气含量有所波动，此阶段氢气含量由初期的 47% 下降到 43%，末期又上升到 47%，主要原因是此阶段乙酸和丁酸含量下降，而丙酸含量极速上升。当 HRT 为 8 ~ 6 h 时，氢气含量稳定在 52% 左右。当 pH 在 4.6 ~ 4.9 间波动，氢气含量都不受影响。说明 HRT 为 8 h 后反应器中产氢微生物已经成为优势种群，并且微生物的产氢能力已经达到最大。

（4）HRT 对挥发酸的影响。

HRT 为 8 ~ 12 h 时，挥发酸总量、乙酸和丁酸含量都随 HRT 的减小而减小，酸总量由 2 230 mg/L 下降到 1 103 mg /L。乙酸由 1 593 mg/L 下降到 684 mg/L，乙酸质量分数由 71% 下降到 62%。丁酸由 508 mg/L 下降到 348 mg/L，而丁酸质量分数则由 23% 上升到 31%。丙酸含量在 HRT 为 10 h 时达到 170 mg/L，质量分数上升到 12%，为整个运行期间的最大值。HRT 为 6 ~ 8 h 时，挥发酸总量稳定在 1 100 mg / L 左右，但各种挥发酸含量却随着 HRT 的减小而变化，随着 HRT 的减小，乙酸和丙酸含量缓慢下降，而丁酸含量一直在缓慢上升。HRT 降为 6 h 时，乙酸、丁酸和丙酸含量分别为 574 mg/L，533 mg/L，35 mg/L，质量分数分别为 50%，46% 和 3%。可见 HRT 的改变对反应器中微生物群落结构和代谢特征产生了显著影响，可以推测运行后期发酵类型转为丁酸型。

（5）颗粒污泥。

反应器接种的是絮状污泥，当运行到第 4 d 时，反应器下部开始形成粒径很小的颗粒。第 23 d（HRT 为 8 h 的初期）反应器中的絮状污泥几乎消失，反应器中 40% 的颗粒成为粒径为 0.3 cm 左右的大颗粒。HRT 为 8 h 的后期，80% 左右的颗粒成为结构密实，粒径为 0.3 cm 左右的大颗粒。当 HRT 降低为 6 h 时，反应器内出现大量白色絮状物，污泥颗粒也随之变得松散，反应器性能出现下降趋势。图 68.2 为颗污泥的电镜扫描图片。

 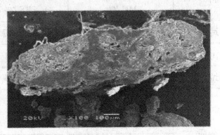

(a)完整颗粒污泥外观　　　　　(b)颗粒污泥剖面

图 68.2　颗粒污泥的电镜扫描照片

实验 69　巴氏杀菌对餐厨垃圾高温厌氧发酵的影响

1. 实验目的

①比较杀菌后的餐厨垃圾的发酵与未杀菌样品的效果差异。

②学习杀菌可以加快物料的厌氧降解速率的原因。

③了解巴氏杀菌的操作步骤。

2. 实验原理

餐厨垃圾中本身带有大量的细菌,其中不乏很多兼性厌氧菌群,这些菌群会对接种物中的菌群产生一定的干扰而使得发酵产气速度下降。样品经过杀菌处理后,能够杀死大部分此类细菌,减少了其对接种物菌群的干扰,使料液中的环境更适合发酵菌群的生长和繁殖。餐厨垃圾中带有的大量细菌中,部分菌种为酸化细菌,从而使未杀菌的餐厨垃圾在发酵初期的有机酸含量高于杀菌后的样品,过高的有机酸会对产甲烷菌产生抑制。因此,杀菌处理能减少大量餐厨垃圾中的细菌的干扰,使得发酵菌群可以更迅速地利用有机物,并且与未杀菌样品相比,其含量较低的有机酸也使得前期的发酵速度更快,更有利于产生甲烷气体。餐厨垃圾巴氏杀菌处理能够加快厌氧发酵产气速度,增加物料的产气潜力。

餐厨垃圾高温发酵前经过巴氏杀菌预处理,可提升物料生物转化效率,节约运行成本,同时杀死部分有害病菌,因此杀菌处理对高效产沼气的意义十分重要。

3. 实验材料

(1)接种污泥与底物。

接种污泥为自行培养的高温发酵菌群,底物取自东北林业大学学生食堂餐厨垃圾。经测定其物化特性见表 69.1,餐厨垃圾成分见表 69.2。

表 69.1　物化特性检测结果

样品	指标			
	MC/%	TS/%	VS/%	FS/%
餐厨垃圾	74.53	25.47	21.34	4.13
接种污泥	97.42	2.58	1.12	1.46
餐厨垃圾	大米、肉、蔬菜、面条、汤等		8.765	93.04
其他杂质	纸类		0.064	0.68
	塑料		0.405	4.30
	蛋壳、骨头		0.187	1.98
	小计		0.656	6.96
总计			9.421	100

(2)实验器材。

广口瓶(1 L)9 个、橡胶塞(12#)9 个、玻璃管(6×9)9 支、乳胶管(6×9)9 根、史式发酵管 9 个、HH－6 数显恒温水浴锅 2 个、烧杯、FA2004B 电子天平、坩埚、DHG－9070A 电热恒温鼓风干燥箱及 KSW－12－12A 箱式电阻炉。

（3）实验参数。

有机负荷为 5 gVS/L，污泥负荷（F/M）为 0.5。使用的发酵瓶中有效体积为 0.5 L，储气空间为 0.5 L。充气方式为用氮气对起始发酵瓶进行充气 3 min，保证厌氧状态。发酵温度为 52 ℃。实验设一组空白组，只加接种物，3 个平行样。两实验组分别为加餐厨垃圾作发酵原料，并添加接种物，3 个平行样，以及所加餐厨垃圾中的 10% 经杀菌处理，并添加接种物，3 个平行样。

4. 实验步骤和方法

（1）步骤。

分别测定接种物和底物物化特性指标，依据此物化特性指标和实验设计参数进行物料投加。用水定容至 500 mL，连接发酵装置，待气量稳定后开始产气记录。待产气量较少且平稳达 3 d 以上时，即可终止发酵。终止发酵后测定料液物化特性指标。

（2）物性测定方法。

①干物质（TS）。（105 ± 5）℃ 的烘箱中烘至恒重，根据以下公式计算得到：
$$TS(\%) = 样品烘干后质量/样品烘干前质量 \times 100\%$$

②挥发性干物质（VS）。在 550 ℃ 马弗炉中烘至恒重，由以下公式计算得到：
$$VS(\%) = (样品煅烧前质量 - 样品煅烧后质量)/样品煅烧前质量 \times 100\%$$

（3）产气量计量方法。

采用史式发酵管进行产气量计量。史式发酵管中加入酸水（pH < 3），每日早晚定时摇匀料液，进行产气量记录。

（4）杀菌方法。

将需要杀菌的餐厨垃圾进行 70 ℃ 水浴 10 min，以此来达到杀菌目的。

5. 实验结果

（1）日净产气量。

经过 32 d 的发酵试验，杀菌与未杀菌的餐厨垃圾日净产气量趋势一致。在第 3 d，杀菌样品产气出现第一次高峰，日净产气量为 29 mL/gVS，而未杀菌样品日净产气量仅为 11 mL/gVS。

（2）产气潜力。

经过 32 d 的发酵后，杀菌的样品产气潜力为 895 mL/gVS，高于未杀菌的样品 795 mL/gVS。杀菌样品在整个发酵过程中发酵产气速度快，发酵周期短，在第 22 d 就达到了近 800 mL/gVS 的累计产气量。而未杀菌的样品在第 28 d 才达到了相同的产气量。同样第 20 d 时，杀菌样品产气潜力比未杀菌样品产气量高 32%。

6. 思考题

①杀菌和未杀菌的样品对于发酵产甲烷的区别是什么？

②对于发酵后的料液物化特性各有什么差异？

实验70　采油废水厌氧处理系统的微生物群落特征实验

1. 实验目的
①深入认识石油烃的厌氧降解过程。
②学习 DGGE 和克隆文库等分子生物学技术。

2. 实验原理

石油烃类物质能够通过多种途径在厌氧条件下被微生物分解利用,包括硫酸盐还原、硝酸盐还原甚至是产甲烷。厌氧池中存在高丰度的氢营养型产甲烷古菌,并且在细菌群落中检测到大量的石油烃协同降解细菌,厌氧池中发生的石油烃类降解是由产甲烷古菌所介导的协同底物降解过程。若采油废水厌氧处理系统中形成稳定的产甲烷厌氧烃降解微生物群落结构,石油烃能够通过细菌和产甲烷古菌的协同作用最终完全矿化成甲烷气体。这种依赖于产甲烷菌的厌氧烃降解过程不仅能够用于石油污染物的生物处理,而且可能在微生物采油领域具有重大应用潜力。

3. 实验方法及步骤

(1)采样及水质分析。

采集 3 个半软性填料上的生物膜并进行混合构成生物膜样品。所有样品放入灭菌的试管或棕色瓶中,迅速运回实验室进行 DNA 提取和水质分析。

(2)环境样品中 DNA 的提取与纯化。

环境样品的基因组 DNA 的提取使用 Fast DNA SPIN 试剂盒法,按照操作说明进行。得到的 DNA 样品用 1.5% 的琼脂糖凝胶电泳进行检测后,用回收纯化试剂盒纯化。

(3)PCR - DGGE 分析。

利用靶向细菌 16S rRNA 序列 V3 变区的通用引物 341F(5′ - CCT ACG GGA GGC AGC AG - 3′) 和 534R(5′ - ATT ACC GCG GCT GCT GG - 3′)对环境基因组 DNA 样品进行扩增,其中 341F 的 5′端添加了一个 40 bp 长度的 GC 夹(5′ - CGC CCG CCG CGCGCG GCG GGC GGG GCG GGG GCA CGG GGG G - 3′)。用古菌特异性引物 ARCH344F (5′ - ACG GGGYGC AGG CGC GA - 3′) (5′端带 GC 夹)和 519R(5′ - GWA TTA CCG CGG CKG CTG - 3′)扩增古菌的 16S rRNA 基因片段。50 μL 的 PCR 反应体系包括了含有 1.5 mmol/L MgCl₂ 的 1 × PCR 缓冲液、200 μmol/L 脱氧核糖核酸、10 pmol 的引物、1.25 U 的 Taq 酶以及 1 μL 的 DNA 样品。采用降落 PCR 进行目标条带扩增,具体 PCR 扩增条件如下:95 ℃预变性 10 min,随后 95 ℃变性 1 min,65 ℃退火 45 s(每循环降低 0.5 ℃),72 ℃延伸 1 min,循环 20 次;然后 95 ℃ 变性 1 min,55 ℃ 退火 45 s,72 ℃延伸 1 min,循环 10 次,最后 72 ℃终延伸 5 min。古菌的 PCR 扩增条件为 95 ℃预变性 10 min,随后 95 ℃变性 1 min,55 ℃退火 1 min,72 ℃延伸 1 min,循环 30 次,最后 72 ℃延伸 5 min。用琼脂糖凝胶电泳检测扩增产物。

DGGE 在 Bio - Rad 公司的 D - Code 装置上进行,约 30 μL 的 PCR 产物加入 10% 的聚丙烯酰胺凝胶中,变性梯度范围为 30% ~ 50% (100% 的变性剂中含有 7 mol/L 的尿素和 40% 的去离子甲酰胺),电泳条件:1 × TAE 电泳缓冲液,60 ℃ 25 V 运行 20 min 后 150 V 继续运行 6 h。用溴化乙啶染色和纯水洗涤各 20 min,然后进行紫外成像(Gel Doc 2000TM,

Bio – Rad, 美国) 和实验结果分析 (Bio – Rad Quantity One 4.3.0)。

(4) 16S rRNA 基因克隆。

使用引物 27F (5′ – AGA GTT TGA TCC TGGCTC AG – 3′) 和 1492R (5′ – GAC GGG CGG TGT GTAC – 3′) 进行细菌 16S rDNA 片段的 PCR 扩增。使用引物 A571F 和 UA1406R 进行古菌 16S rDNA 片段的 PCR 扩增。PCR 扩增体系组分同上, 扩增条件条件为 95 ℃ 预变性 10 min, 随后是 95 ℃ 变性 1 min, 55 ℃ 退火 1 min, 72 ℃ 延伸 1 min, 循环 30 次, 最后 72 ℃ 延伸 10 min。将 PCR 产物纯化后, 用试剂盒进行连接反应, 16 ℃ 连接 2 h。取 – 80 ℃ 保存的感受态细胞 100 μL, 迅速融化置于冰上, 加入 10 μL 连接液, 轻轻混匀置于冰浴 30 min 后转入 42 ℃ 静置恰恰 90 s, 然后转入冰浴 1 ~ 2 min 后加入新鲜 LB 培养基 890 μL, 轻轻混匀, 放置预设为 37 ℃ 的恒温培养箱 170 r/min 1 h。立即取 100 μL 培养液涂布于预先涂布 20 μL 0.1 mol/L IPTG 和 100 mL　20 mg/mL X – gal 的 50 μg/mL 的氨苄青霉素的 LB 平板上, 挥发 30 min 后在 37 ℃ 培养箱倒置培养 18 h。把随机挑选的白色菌落接入 5 mL 新鲜 LB 培养基的小试管中于 37 ℃, 170 r/min 振荡培养 18 h, 用 1 μL 菌液作为模板进行阳性克隆子的检测, 然后将阳性克隆子送公司测序。

(5) 系统发育分析。

DNA 序列首先用 BioEdit 软件进行手工校正, 然后同 RDPII 和 GeneBank 数据库进行比对, 保留最相似的序列, 用 ClustalX 将参照序列和克隆序列一起进行排列, 随后用 MEGA3.1 进行进化树的构建, 选择 Neighbor – Joining 算法和 Jukes – Cantor 距离计算方法, Bootstrap 运行 1 000 次评估进化树的可靠性。可能的 chimera 序列用 RDP Ⅱ 中的 CHIME 和 Bellero- phon 软件进行检查。用 DOTUR 软件将相似性超过 97% 的克隆序列划为一个可操作分类单元。

4. 实验结果

(1) 常规指标去除效果。

采油废水厌氧系统处理前后的水质参数见表 70.1。在 HRT 为 12 h, 进水 COD 浓度在 270 mg/L 左右, 厌氧处理系统去除掉大约 80 mg/L COD (30%) 和 7 mg/L TPH(25%)。厌氧池发生了硫酸盐还原, 进水中大约 20 mg/L 的硫酸盐被去除。采油废水中没有检测到硝酸根。稳定运行的厌氧生物系统对常规指标有一定的处理效果。

表 70.1　采油废水厌氧处理前后的水质参数

水质参数	进水	厌氧处理后
pH	7.20	7.30
温度/℃	50.00	50.00
COD/(mg · L^{-1})	270.00	187.00
TPH/(mg · L^{-1})	28.00	21.00
TDS/(mg · L^{-1})	1 400.00	—
SO$_4^{2-}$/(mg · L^{-1})	25.50	4.700

(2)DGGE 结果。

古菌的 DGGE 谱图如图 70.1(a)所示。进水中古菌的条带数明显多于生物膜,展示了其比生物膜中高的多样性。然而,所有的生物膜古菌条带都能在采油废水条带中找到其对应条带,表明生物膜中的古菌应源自于采油废水。相比之下,进水和生物膜中细菌群落结构的相似性程度较低。生物膜样品中出现一些不同于进水的细菌条带[图 70.1(b)]。

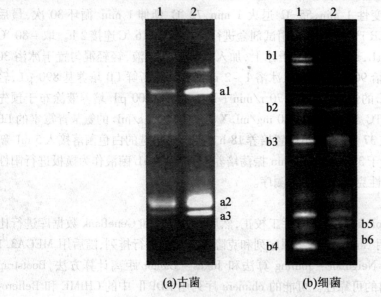

(a)古菌　　　　(b)细菌

图 70.1　细菌条带

通过与邻近条带分开的 DGGE 条带进行切胶测序(见表 70.2),共得到的 3 个古菌 DGGE 切胶序列,均归属于 Methanosarcinales 目。所有的进水细菌 DGGE 切胶序列都与未培养的 Epsilonproteobacteria 克隆相关,而从厌氧生物膜中得到的序列(b5 和 b6) 分别与 Betaproteobacteria 和 Thermotogae 纲的克隆表现出较高的相似性。

表 70.2　DGGE 切胶序列在数据库中的相似性

条带	数据库中的最相近序列	分类地位
a1	未经培养古细菌克隆 WL－22	甲烷球菌目
a2	缺氧土壤中未经培养古细菌克隆	甲烷球菌目
a3	缺氧土壤中未经培养古细菌克隆	甲烷球菌目
b1	未经培养弯曲菌科细菌	变形菌
b2	未经培养细菌克隆 DXH4－98	ε－变形菌纲
b3	未经培养 ε－变性菌属	ε－变形菌纲
b4	未经培养细菌克隆 724B10S32	ε－变形菌纲
b5	氢杆菌属的种	β－变形菌纲
b6	未经培养热袍菌目	热袍菌门

（3）克隆文库结果。

由于 DGGE 条带的序列较短（180～200 bp），所提供的系统发育信息较少，且基于 DGGE 分析所揭示的微生物的条带数较少，为了得到更为详细的微生物群落结构信息，进一步利用 16S rRNA 基因克隆文库的方法对样品中的细菌和古菌的群落组成进行了分析。分别利用真细菌和古细菌特异性引物，构建了 4 个克隆文库，分别是 AP，进水的古菌文库；AB，生物膜的古菌文库；BP，进水的真细菌文库；BB，生物膜的真细菌文库。一共挑选 212 个克隆进行测序，利用 DOTUR 软件将相似性超过 97% 的序列合并为一个可操作分类单元（OTU），获得 26 和 42 进水和厌氧生物膜细菌 OTU 以及 6 和 5 进水和厌氧生物膜古菌 OTU。

①古菌群落结构。

生物膜和采油废水中的古菌群落多样性不高。这与基于 16S rRNA 基因文库分析方法对其他高温或富烃环境中（如温泉、石油烃污染的地下水）古菌多样性的研究结果类似。采油废水中所得的大部分古菌克隆都属于产甲烷古菌，主要分布在 Methanosarcinales 和 Methanomicrobiales 目中，其中与专性嗜甲基 Methanomethylovorans thermophile 16S rRNA 基因序列高度相似（≥98%）的克隆居多。在进水中 M. thermophila 相关克隆（68.8%）所占的比例高于厌氧池生物膜（56.8%）。值得注意的是，厌氧池生物膜中含有更多与 Methanolinea tarda 高度相似的克隆（34.1%），而进水中仅为 10.4%。M. tarda 能够利用 H_2 和甲酸生长和产甲烷。

②细菌群落结构。

克隆文库分析表明，进水和厌氧池生物膜中的细菌主要类群明显不同。进水中的大多数克隆属于 Epsilonproteobacteria（74%），而厌氧生物膜中的细菌克隆主要分布于 Nitrospira（40%）和 Deltaproteobacteria（20%）。与进水相比，生物膜中的细菌克隆分布于更多的系统发育类群（纲），呈现出更高的多样性。

大部分来自采油废水的细菌克隆属于 Epsilonproteobacteri 纲的 Campylobacterales 目。48% 的进水细菌克隆（OTU BP – B106，BP – B134，BP – B105，BP – B121，BP – B82，BP – B164 和 BP – B71）与 Helicobacter – aceae 科的 Sulfuricurvum sp.（EU498374）相关，也与分离自地下储油库的兼性厌氧化能自养的硫氧化菌 S. kujiense 相似。剩下的 Epsilonproteobacteria 纲的克隆属于 Campylobacteraceae 科，许多与源自油田的细菌克隆表现出同源性。

Nitrospira 是厌氧生物膜中最主要的细菌类群，包含了 40% 的厌氧生物膜细菌克隆。其中，17.6% 的克隆（BB – HB76，BB – B51，BB – LB6 和 BB – B47）归属于 Thermodesulfovibrio 属。该属细菌通常利用 H_2 作为电子供体还原硫酸盐。其他的克隆与来自厌氧污泥或油污沉积物的克隆聚为一簇。

在厌氧生物膜中，大多数的 Deltaproteobacteria 克隆与协同底物降解菌相关。11.8% 的细菌克隆（BB – B38，BB – B40，BB – B2，BB – B20，BB – B93 和 BB – HB117）与 Group TA 类群细菌相关：BB – B38 序列与来自三氯苯降解微生物群落中的 Syntro – phorhabdaceae 科的克隆 SJA – 51 相似；BB – B40 与来自烃污染地下水中的未培养克隆 WCHB1 – 27 相关；BB – HB117 与来自地热厌氧生物膜的克隆相似性为 92%；BB – B2，BB – B20 和 BB – B93 与 Syntro – phorhabdus aromaticivorans 相似，该菌为专性协同降解菌，能够产甲烷古菌一起厌

氧降解苯酚、对甲酚、间苯二甲酸、苯甲酸和对羟基苯甲酸等芳香族化合物。OTU BB -
LB39 与来自烃降解产甲烷群落中的 Syntrophus sp. 高度相似。其他值得关注 Deltapro -
teobacteria 系统发育型还有与丙酸氧化的协同菌 Syntrophobacter sulfatireducens 和 S. fumar-
oxidans 呈现同源性的 BB - HB110,以及与来自油污沉积物的 Syntrophaceae 克隆 D1521 相
关的 BB - B33。另外,BB - HB102 与一个来自硫酸盐还原反应器中的克隆高度相似,还与
来自大港油田的克隆 W31 相关。

2 个厌氧生物膜的 OTU 归属于 Betaproteobacte - ria,与兼性厌氧的 Azoarcus 细菌呈现出
同源性。据报道,Azoarcus 属的细菌能够以硝酸盐为电子受体厌氧降解甲苯、乙基苯甚至是
原油。然而,在采油废水中没有检测到硝酸盐,这类菌可能利用其他的电子受体(如硫酸
根)进行厌氧呼吸。

在 Clostridia 中,2 个 OTU 归属于 Desulfotomaculum:OTU BB - HB131 与来自烃降解产
甲烷群落的克隆 Nap2 - 2B 相关;OUT BB - LB52 与分离自北海油田的 D. thermocisternum
相关,该菌能与产甲烷古菌协同降解丙酸。此外,OTU BB - HB48 与来自油污沉积物的克
隆 D$_{10}$ - 24 相关,OTU BB - B46 与一个嗜热厌氧生物膜克隆相似。

实验 71 餐厨垃圾厌氧发酵过程的影响因素研究

1. 实验目的

①学习餐厨垃圾厌氧发酵的原理和过程。

②了解各因素分别如何影响餐厨垃圾厌氧发酵效果和提高产气效率的措施。

2. 实验原理

餐厨垃圾是一种可回收利用的资源,通过厌氧发酵过程可以产生沼气并收集利用。沼气主要成分是甲烷,可当作燃料使用或者发电利用。发酵的残留固体物可以用于制作有机肥,而且发酵系统是全封闭系统不会产生臭味。故厌氧发酵产生沼气成为研究处理餐厨垃圾的主要发展方向。餐厨垃圾含有丰富的有机物,因此很适合进行厌氧发酵处理。厌氧发酵处理是在多种微生物的作用下,将餐厨垃圾最终分解成 CH_4,H_2,CO_2 和 H_2O 等。其中水解酸化阶段是整个厌氧发酵过程的重要阶段,它为后续的产甲烷阶段提供了反应基质。在反应系统中通过对底物浓度和微生物种群的控制,保持不同阶段微生物平衡和协同代谢,提高厌氧发酵效率,增大沼气产量。

餐厨垃圾的厌氧发酵处理技术是在多种微生物存在的条件下,通过微生物间的相互影响、相互制约、联合作用进行的。故影响厌氧发酵过程的因素有很多,本实验采用间歇实验,从接种物、接种率、含油量、含盐量等方面进行分析,得出影响餐厨垃圾厌氧发酵工艺的因素。

3. 实验器材

(1)实验材料。

本实验的餐厨垃圾:使用某个大学食堂餐厨垃圾。初步将餐厨垃圾收集起来,人工选择去除含有的其他杂物,例如塑料、木制筷子、纸张、骨头类及其他无关杂物。

实验用发酵猪粪:来自于某个养猪场的猪粪池。

新鲜牛粪:取自某养牛农场,去除所取牛粪中的石子等大块杂物。

厌氧污泥:某污水处理厂的普通厌氧污泥。

接种物的特性见表 71.1。

表 71.1 接种物的特性

指标	含水率/%	TS/%	VS/%	C/TS	H/TS	N/TS
发酵猪粪	79.15	20.85	60.79	38.33	4.70	2.93
新鲜牛粪	83.74	16.26	76.84	39.36	5.67	1.45
厌氧污泥	97.58	2.42	73.5	—	—	—

(2)实验装置。

本实验中的实验装置有:1 个厌氧发酵罐 1 L,1 个 2 L 集气袋及 1 个水浴锅。厌氧发酵罐中发酵产生的气体沿导管组进入集气袋中,使用抽气法测定气体总体积,气体中 CH_4,CO_2 含量则使用红外线气体分析仪进行测定(图 71.1)。

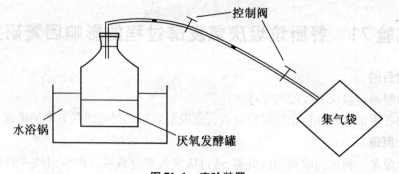

图 71.1　实验装置

4. 实验步骤

①采用直接加热固液混合物的方式将餐厨垃圾在 9 ℃的恒温条件下加热 30 min 后,油水分离。

②使用打碎机将其打碎成浆糊状,制成去油餐厨垃圾样品。

③测定不同含油量对厌氧发酵结果的影响。

④检测无机盐浓度对厌氧发酵结果的影响。

⑤在室温条件下,将制备的餐厨垃圾样品水解酸化不同的时间后再进行厌氧发酵。

5. 实验结果及分析

(1)去油餐厨垃圾不同含油量对厌氧发酵的影响。

油含量越大,连续发酵的时间周期越长。将餐饮垃圾去除油后,厌氧连续发酵的周期就越短,研究去油后的餐厨垃圾在不同接种率情况下,不同去油效果与发酵周期的关系。餐厨垃圾去油后的厌氧发酵反应和含油餐厨垃圾厌氧发酵的产气量变化规律相同,在反应的初始阶段产气量增加,达到最高值后,产气量逐渐下降,见表 71.2。

表 71.2　含油量对厌氧发酵的影响

编号	接种物质量/g	餐厨含油量/%	餐厨垃圾 TS/%	餐厨 VS/TS	接种率/%
1	250	0	15.22	92.75	70.46
2	250	1	15.96	92.95	69.47
3	250	2	16.89	93.61	68.24
4	250	3	17.64	93.92	67.3
5	250	4	18.66	94.46	66.04
6	250	5	19.33	94.53	65.25

(2)不同含盐量对厌氧发酵的影响。

当无机盐的含量较少时,有利于促进微生物的生长;相反无机盐的含量很高时,会抑制微生物的生长活动见表 71.3。由于高浓度的无机盐环境会使微生物生长的外部渗透压较高,导致微生物的代谢酶活性降低,严重情况下将引起微生物细胞壁分离,甚至死亡。

表 71.3　有机垃圾厌氧消化过程中无机盐浓度特征范围

无机盐	刺激质量浓度/(mg·L^{-1})	中等抑制质量浓度/(mg·L^{-1})	强制抑制质量浓度/(mg·L^{-1})
Na$^+$	100~200	3 500~5 500	8 000
Mg^{2+}	75~150	1 000~1 500	3 000
Cr	—	5 000~10 000	15 000
总盐量	—	5 000~10 000	15 000

（3）餐厨垃圾预处理不同水解酸化时间对厌氧发酵的影响。

厌氧消化反应过程主要有水解酸化阶段、产氢产乙酸阶段、同型产乙酸阶段和产甲烷阶段。其中水解酸化阶段是将复杂的有机物质水解转变成有机酸类小分子物质，为后 3 个阶段尤其是产甲烷阶段提供反应基质。在室温条件下，将制备的餐厨垃圾样品水解酸化不同的时间后再进行厌氧发酵，此时餐厨垃圾内部滋生了较多的微生物，再加入发酵液，发酵液中的微生物与产甲烷菌形成种群间的斗争，抑制了发酵的进程。记录不同的水解酸化时间，得出不同水解酸化时间对厌氧消化效果的影响。

实验72　温度对 UASB 厌氧消化影响的实验研究

1. 实验目的

①了解温度对厌氧消化进程的影响。

②总结出厌氧微生物消化过程中最佳的温度的变化范围。

2. 实验原理

升流式厌氧污泥床(UASB)是近年来应用最为广泛的高效厌氧反应器,具有节约能耗和投资、回收能源、产生的剩余污泥少等优点,是一种可持续发展的污水处理技术,具有非常广阔的发展前景。UASB 反应器被广泛的应用于高浓度有机废水的处理,无论实验室的研究还是实际工程的应用,都取得了很多的成果。

厌氧生物的降解过程,与所有的化学反应和生物化学反应一样受温度和温度波动的影响。厌氧菌对外界的温度变化极为敏感,人们发现在中温条件下大多数厌氧废水处理系统中温度每升高 10 ℃,厌氧反应速度约增加一倍。废水的厌氧处理主要依靠水中微生物的生命活动来达到处理的目的,不同的微生物生长需要不同的温度范围,因此温度是影响厌氧生物处理工艺的重要因素。

3. 实验材料与方法

(1)实验装置。

实验装置采用有机玻璃制成的 UASB 反应器(在室温下运行),如图 72.1 所示为实验装置图。反应器从下到上可分为进水区、污泥床区、三相分离区和沉淀区 4 个部分。反应器内径90 mm,总高度1 900 mm,其中沉淀区部分高度为320 mm,悬浮层及污泥床区总高度为1 580 mm,反应器总容积为 12.2 L(不包括沉淀区容积)。另外,沿高度方向在反应器壁上设置 7 个取样口,从下到上依次记为 1#、2#、3#、4#、5#、6#、7#取样口,1#取样口距底部法兰100 mm,以上每个取样口间距 200 mm,以便取污泥部分的泥样进行分析。产生的沼气由三相分离器分离后,经湿式气体流量计计量。

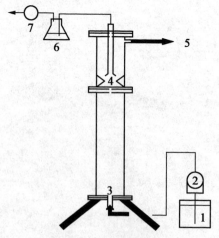

图 72.1　实验装置图

1—进水箱;2—计量泵;3—UASB 进水口;4—三相分离器;5—出水;6—水封瓶;7—气体流量计

（2）实验用水。

实验用水采用葡萄糖自配水，并按 COD:N:P = 200:5:1 加入尿素和磷酸二氢钾，同时加入一定量的微量元素和酵母膏。在运行过程中还根据运行情况加入一定量的碳酸氢钠，以维持反应器内部的 pH 为 6.8 ~ 7.2。

（3）接种污泥。

接种污泥采自某污水处理厂厌氧消化污泥，SS 为 15.2 g/L，VSS 为 10.6 g/L，接种量为 6 L，接种后，反应器内的平均污泥浓度为 SS 为 10.1 g/L，VSS 为 7.1 g/L。

（4）分析项目。

COD 测定采用 TL - 1A 型污水 COD 速测仪；pH 测定采用 TPX - 90iPH 计；碱度测定采用标准酸碱滴定法，以酚酞和甲基橙作为指示剂，结果以 mgCaCO₃/L 计；悬浮固体（SS）和挥发性悬浮固体（VSS）含量测定采用标准重量法；气体产量及成分分析采用湿式气体流量计和碱液吸收法。

4. 实验步骤

①依次设置反应器内温度为 8 ~ 10 ℃，11 ~ 14 ℃，15 ~ 17 ℃，18 ~ 23 ℃，分别考察 4 组温度区间 UASB 反应器温度对厌氧微生物宏观活性、挥发酸和 pH 的影响。

②反应器内温度由 14 ℃降至 9 ℃，由 17 ℃降至 12 ℃突降过程，分别采集样品，检测产气量的变化。

③在各个温度范围内，从 7 个取样口取样测定 pH，判断 pH 变化对产气量的影响。

5. 实验结果

①通过长时间的驯化，反应器内能适应外部温度变化的厌氧微生物逐渐占据优势。

②随着温度的增高，产气率相应地提高，8 ~ 10 ℃时平均产气率为 0.16 m³/去除 1 kgCOD；11 ~ 14 ℃时平均产气率为 0.34 m³/1 kg COD；15 ~ 17 ℃时平均产气率为 0.44 m³/1 kg COD；18 ~ 23 ℃时平均产气率为 0.62 m³/1 kg COD。

③15 ℃以下低温运行时，10 ℃是一个不利的温度，产气率较 8，9 ℃时低，表现出来的 COD 去除效果相对也较差。11 ~ 12 ℃时产气率的平均水平较 13 ~ 14 ℃高出 0.1 ~ 0.2 m³/去除 1 kg COD。由此也得出，低温下厌氧微生物最佳生存温度是不连续的。

④当反应温度突降时，反应器的产气量会急剧下降。对于厌氧微生物来说，温度突将会对其生物活性产生明显的影响。降温幅度相同，温度偏高时，产气量下降就更严重。

⑤4 个温度段反应器由下至上 7 个取样口的 pH 都经历了一个先减小后增大的过程，这说明在 UASB 中厌氧过程的酸化和产甲烷阶段随反应器高度有分化趋势。

实验 73　严格厌氧微生物甲烷古菌分离纯化实验的改进

1. 实验目的

①探索和改进分离纯化严格厌氧微生物甲烷古菌技术。

②学习厌氧微生物的分离纯化技术。

2. 实验原理

目前,国内实验室对严格厌氧菌分离纯化主要采用焦性没食子酸法、厌养罐法、厌养培养箱法等。焦性没食子酸法进行厌养菌分离培养,其方法简单,操作容易,但操作过程中厌氧条件不易控制,特别是对严格厌氧的甲烷古菌分离效果差。厌养罐法能够为厌氧菌生长提供严格厌氧的环境,但不能为整个分离纯化操作过程提供厌氧环境,使用受到限制。厌养培养箱法虽然能为厌氧菌分离培养提供严格厌氧环境,但需要特制设备,在厌氧箱中操作也不方便,由于价格昂贵,因而其应用受到一定限制。

Hungate 厌氧操作系统清除氧气彻底,在操作过程中能及时发现和控制无氧环境,培养基中加入对氧气敏感的刃天青指示剂,能及时观察操作过程的无氧状态,使整个操作过程和培养都在无氧状态,满足严格厌氧的要求。稀释滚管分离法操作简便,利用荧光显微镜观察,菌落易于辨认,易挑取,操作过程不易污染,分离效率高,只要满足厌氧微生物的营养需求,样品中的厌氧微生物都能分离出来。

3. 实验器材

（1）接种物。

接种物取自微生物实验室厌氧发酵缸（厌氧消化器）底部的沉积物。

（2）仪器用具。

①Hungate 除氧系统。Hungate 除氧系统由高纯氢气、高纯氮气、铜柱、加热套、不锈钢分支管、橡皮胶管、注射器及 9 号针头等组成。铜柱结构为直径 $30 \sim 50$ mm、长 $300 \sim 500$ mm 的石英玻璃管,两端加工成漏斗状,便于连接胶管,玻璃管中装入碎铜丝（长 $10 \sim 20$ mm,直径 0.5 mm）,压紧,铜丝下面垫上玻璃纤维以防止碎铜丝散落,上端留出 50 mm 左右的空间。铜柱外缠绕加热带,铜柱顶端用胶管与具有分支的不锈钢通气总管连接。不锈钢总管下的各分支管用橡皮胶管连接,橡皮胶管的另一端连接 1 mL 塑料质注射器,注射器再与 9 号针头连接。

②其他器具。高压灭菌锅、恒温水浴锅、恒温培养箱、荧光显微镜、厌氧管（16 mm × 160 mm）、厌氧瓶（100 mL）、光波炉、3 000 mL 三角瓶及各种规格的注射器（1 mL,2 mL,5 mL）等。

4. 实验方法及步骤

（1）获取无氧 N_2,H_2,CO_2 气体。

甲烷菌是严格厌氧微生物,都能利用 H_2 和 CO_2 合成 CH_4,一般分离甲烷菌用 H_2 和 CO_2 作为营养。其分离过程需要人工保持一个无氧环境进行操作和供其生长繁殖。用于分离严格厌氧微生物使用的气体虽然是高纯气体（99.999%）,但仍然含有微量的 O_2,利用 Hungate 铜柱除氧系统可去除这些微量的 O_2,提供和保持无氧环境。

①铜柱除氧与还原。

铜柱除氧原理:实验使用的高纯气体(N_2,H_2,CO_2)中含有微量的 O_2,当气体经过铜柱时,这些气体中的微量 O_2 与 Cu 反应生成 CuO(O_2 + Cu $\longrightarrow$ CuO),从而流出铜柱的气体则为无 O_2 气体(图 73.1)。

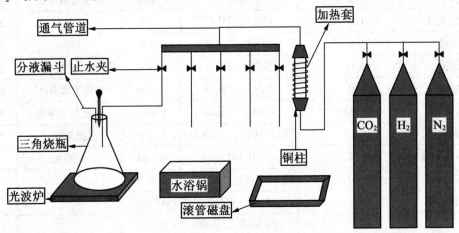

图 73.1　Hungate 厌氧操作系统示意图

铜柱还原:铜柱使用后,里面的 Cu 被氧化为 CuO,不能继续与 O_2 发生化合反应,失去除氧能力,此时,关掉其他气体,通入 H_2,同时使铜柱升温(达 350 ℃),CuO 在加热条件下(350 ℃)被 H_2 还原为 Cu,铜柱恢复除氧能力,可反复使用。操作步骤:打开 Hungate 铜柱除氧系统通气橡皮管的通气开关(止水夹),开启 H_2 钢瓶,H_2 气流通过铜柱,从铜柱里流出的 H_2 用橡皮管引出室外。此时接通加热套电源,铜柱升温,温度达到 350 ℃ 左右,20 ~ 30 min 后,铜柱内的碎铜丝被 H_2 还原,由黄黑色变为纯铜铮亮色,当铜柱里面的水蒸气被排出完全后,关闭 H_2 钢瓶,铜柱还原结束。

②获取无氧 N_2,H_2 和 CO_2 气体的方法。

无氧 N_2 用于厌氧菌分离操作和培养过程中驱赶空气,保证局部无氧环境。在铜柱还原结束后,立即打开 N_2 钢瓶,气流大小控制以针头对准操作者手背 5 cm 距离明显感觉到气流为宜,并随时注意控制气流的大小。此时铜柱内的碎铜丝处于还原状态的单质铜,当通入高纯 N_2(99.999%)时,其中所含的极微量氧与单质铜反应,氧被固定下来(形成 CuO),流出铜柱的则是无氧 N_2。利用无氧 N_2 气流驱赶厌氧管、血清瓶等培养容器和培养基中的空气,以及挑菌时保证无氧环境。使用完毕后,先关紧 N_2 钢瓶,接着用止水夹封闭所有橡皮管。无氧 H_2,CO_2 的获取方法操作步骤与无氧 N_2 相同。

(2)制备无氧培养基。

培养基配方见表 73.1。

表 73.1　培养基配方

组分	富集分离培养基/g	微量元素溶液	含量/g	维生素溶液组分	含量/g
NH_4Cl	1.0	氨三乙酸	1.500	生物素	2.00
$MgCl_2 \cdot 6H_2O$	0.1	$MgSO_4 \cdot 7H_2O$	3.00	叶酸	2.00

续表 73.1

组分	富集分离培养基/g	微量元素溶液	含量/g	维生素溶液组分	含量/g
K_2HPO_4	0.4	$MnSO_4 \cdot 2H_2O$	0.500	盐酸吡哆醇	10.0
KH_2PO_4	0.2	NaCl	1.000	二水盐酸硫胺	5.00
胰化酪蛋白	1.0	$FeSO_4 \cdot 7H_2O$	0.100	核黄素	5.00
酵母膏	1.0	$CaSO_4 \cdot 7H_2O$	0.180	烟酸	5.00
乙酸钠	2.0	$CaCl_2 \cdot 2H_2O$	0.100	D-泛酸钙	5.00
甲酸钠	2.0	$ZnSO_4 \cdot 7H_2O$	0.180	维生素 B_2	0.10
微量元素	10 mL	$CuSO_4 \cdot 5H_2O$	0.010	对氨基苯甲酸	5.00
维生素溶液	10 mL	$KAl(SO_4)_2 \cdot 12H_2O$	0.020	硫辛酸	5.00
盐酸半胱氨酸	0.5	H_2BO_2	0.010	蒸馏水	1L
0.1% 刃天青	1 mL	$Na_2MnO_4 \cdot 2H_2O$	0.010		
蒸馏水	1 000 mL	$NiCl_2 \cdot 6H_2O$	00.025		
		$Na_2SeO_2 \cdot 5H_2O$	0.300		
		蒸馏水	1L		

注：配制微量元素溶液时，先溶解氨三乙酸，用 NaOH 溶液调 pH 为 6.5 左右，依次溶解其他化合物，最后调节 pH 等于 7.0。

（3）制备方法。

按照配方称取药品置于事先放有适量蒸馏水的三角瓶中溶解后，加入 1 mL 的 1% 刃天青液，0.5 g 的盐酸半胱氨酸，用 NaOH 溶液调节 pH，加足需要水量，用记号笔在三角瓶外壁标上记号，加入一定量的蒸馏水做蒸发量后，置于光波炉加热煮沸 10 min 后，通入无氧 N_2（驱赶空气，保持培养基为无氧状态）煮沸至培养基颜色变白后再煮 10 min 左右进行分装。用 9 号针头连接的橡皮管，将无氧 N_2 引入待装培养基的厌氧管和厌氧瓶（16 mm×160 mm 厌氧管、100 mL 厌氧瓶）洗管、瓶（用无氧 N_2 换出瓶中空气，使容器中无氧分子存在），用培养基分液器进行分装，厌氧管装 4.5 mL，厌氧瓶装 45 mL，待装好培养基后取出 N_2 管塞上橡胶塞，旋紧盖子。转好培养基的厌氧试管用专用布袋装好与厌氧瓶一起置于 121 ℃，0.1 MPa 灭菌 20 min 待用（厌氧瓶内的培养基使用前加入无菌无氧质量分数为 1% 的 Na_2S 溶液 0.1 mL 和质量分数为 10% 的 $NaHCO_3$ 溶液 0.1 mL，厌氧管内培养基使用前加入质量分数为 1% 的 Na_2S 溶液 0.02 mL 和质量分数为 10% 的 $NaHCO_3$ 0.02 mL）。

（4）甲烷菌富集。

用水样取样器取沼气底泥 5 g 于上述装有 45 mL 培养基的厌氧瓶中。利用 Hungate 厌氧系统，按 H_2/CO_2 体积比为 40/10 的比例分别加入 H_2 80 mL，CO_2 20 mL，置于 30 ℃ 恒温培养箱培养 30 d。用化学吸收法检测厌氧瓶内是否有甲烷气体产生，在甲烷菌生长对数增长中期，从产甲烷气体的富集瓶中取样进行滚管分离。

（5）滚管分离培养和纯化。

①滚管分离培养。对检测有甲烷菌存在的富集处理，进行第 1 次滚管分离。在分离培养基中补加琼脂粉（20 g/L），分装于厌氧试管（16 mm×160 mm，4.5 mL 培养基/管），灭菌。灭菌后置 55 ℃ 水浴中保持液态，每支厌氧管中分别加入质量分数为 1% 的 Na_2S 溶液 0.02 mL 和质量分数为 10% 的 $NaHCO_3$ 溶液 0.02 mL。用 1mL 无菌无氧注射器取富集的样

品液 0.5 mL,做 $10^{-1} \sim 10^{-9}$ 梯度稀释,重复 3 次,每支试管上下倒 2～3 次(注意不要产生气泡),使样品与培养基充分混匀并立即将稀释管置于装有 4℃以下冰水的磁盘中迅速滚管,使培养基与样品均匀光滑无气泡凝固于管壁上。

将滚管分离样品的厌氧管置于试管架上,按 H_2/CO_2 体积比为 40/10 的比例分别加入 H_2 40 mL,CO_2 10 mL,置 30 ℃恒温培养箱中培养 30 d。在管壁的培养基上有明显的菌落出现,用化学吸收法检测是否有甲烷气体产生。对有甲烷气体产生的管子,置于荧光显微镜下观察菌落,对有荧光反应的菌落用记号笔画圈作出记号,待进一步分离培养。

②甲烷菌纯化。纯化过程是多次挑取单菌落、稀释滚管培养的过程。截取细玻璃管(内径 0.5 cm,外径 0.8 cm,长 15 cm),两端塞上脱脂棉,在酒精灯的火焰上加热并拉成毛细管,高温灭菌并烘干。在无氧条件下挑菌:将有荧光反应菌落的管子置于铁架台上固定,打开管口,用无氧 N_2 吹入管中,使管内保持无氧状态。取毛细管一端与橡胶管连接(橡胶管一端用夹子封住,含在口中),另一端(2 mm 左右处)在酒精灯火焰上加热并使之弯成约 90 ℃,用它的弯头接触到有荧光记号的菌落,轻吸一口气,使菌落进入毛细管,移出毛细管并快速放入有 4.5 mL 培养基的无氧管子中,迅速塞上胶塞的同时折断毛细管并旋上外盖。按 H_2/CO_2 体积比为 40/10 的比例分别加入 H_2 40 mL,CO_2 10 mL,置 30 ℃恒温箱培养 30 d,在管壁的培养基上有明显的菌落出现,用化学吸收法检测是否有甲烷气体产生。

通过单菌落分离获取的菌液经培养后底部有沉淀出现,用化学吸收法检测管中有无甲烷气体产生。对有甲烷气体的菌管,用上述方法再进行 2 次滚管分离,则可获得甲烷菌的纯培养。挑取纯培养菌落进行液体培养 30 d 后,在 4 ℃条件下进行保藏,同时进行鉴定。

(6)甲烷菌鉴定。

①菌落荧光反应检测。利用产甲烷古菌在特定波长(420 nm)激发下能产生特有的蓝绿荧光,对分离到的样品管进行菌落荧光反应检测,有荧光反应的样品管证明其有甲烷菌存在。

②产甲烷气体检测。利用甲烷菌能产生甲烷气体的特性,将有荧光反应的样品管用气相色谱仪或化学吸收法进行产甲烷气体检测,有甲烷气体产生的样品管,再次证明样品中有甲烷菌存在。

③产甲烷菌纯度检测。用 1 mL 注射器抽取有荧光反应的样品液置于荧光显微镜下观察,菌体有荧光产生,无气体杂菌,则为甲烷菌纯菌,并将其置于常温冰箱 4 ℃保藏,待进一步研究或应用。

5. 实验结果

①利用稀释滚管分离法从厌氧消化器中分离获得 99 支甲烷古菌纯培养,经产甲烷气体和荧光反应鉴定证明是甲烷菌(图 73.2)。

(a)甲烷杆菌属	(b)甲烷短杆菌属	(c)甲烷球菌属	(d)甲烷微球菌属
Methanobacterium	*Methanobrevibacter*	*Methanococcus*	*Methanobacterium*
(1000×)	(1000×)	(1000×)	(1000×)

图 73.2　采用稀释滚管分离纯化法得到的甲烷菌图片

②甲烷菌分离纯化技术流程。

经上述试验,归纳建立甲烷菌分离纯化技术,其流程如下:

第一次滚管分离:

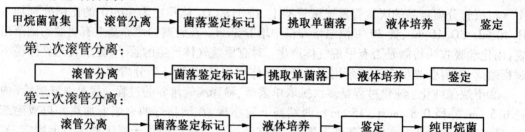

甲烷菌富集 → 滚管分离 → 菌落鉴定标记 → 挑取单菌落 → 液体培养 → 鉴定

第二次滚管分离:

滚管分离 → 菌落鉴定标记 → 挑取单菌落 → 液体培养 → 鉴定

第三次滚管分离:

滚管分离 → 菌落鉴定标记 → 液体培养 → 鉴定 → 纯甲烷菌

实验 74　厌氧出水培养好氧颗粒污泥及其微生物多样性分析

1. 实验目的

①了解好氧颗粒污泥的性能和用途。

②学习 PCR - DGGE 技术分析微生物种群的演替及群落多样。

2. 实验原理

好氧颗粒污泥具有良好的沉降性能、高生物量、抗冲击能力强以及对有毒化合物的耐受能力强。因此,人们对好氧颗粒污泥技术处理难降解废水寄予厚望,但是以抑制性化合物为基质培养好氧颗粒污泥,要比易降解物质更加困难。以处理黄连素废水的厌氧折流板反应器(ABR)出水为进水基质,在序批式反应器(SBR)中培养好氧颗粒污泥,实现好养颗粒污泥的培养,并通过分子生物学常用方法 PCR - DGGE 技术分析好养污泥颗粒化过程中,微生物种群的演替及群落多样性,以期为进一步掌握好氧颗粒污泥工艺提供理论指导。

3. 实验方法及步骤

(1)好氧颗粒污泥的培养过程。

好氧颗粒污泥在序批式反应器(SBR)中培养,反应器接种污泥取自东北制药总厂的絮状活性污泥,采用底部进水方式,进水为处理黄连素制药废水厌氧折流板反应器(ABR)出水:COD 为 1 500 ~ 2 000 mg/L,黄连素浓度为 10 ~ 60 mg/L。好氧颗粒污泥培养期间运行参数:运行周期为 360 min(进水 5 min,曝气 320 ~ 345 min,沉淀 30 ~ 5 min,排水 5 min),曝气量为 240 L/h,即表面气速为 2.4 cm/s,换水率为 50%。分别采集反应器运行 0 d,15 d,30 d,40 d,60 d 和 80 d 的污泥作为污泥样品,样品采集后在 -80 ℃ 下保存。

(2)基因组 DNA 的提取。

细菌总 DNA 提取和纯化的基本流程包括破裂细菌细胞壁和细胞膜,去除蛋白和 DNA 沉淀,以及 DNA 纯化。本实验污泥样品总 DNA 提取和纯化采用 Qigen 公司的 QIAamp DNA Stool 回收试剂盒。

(3)基因组 DNA 的 PCR 扩增。

以纯化的 DNA 为模板,选择 16S rDNA 通用引物对 27F 和 1378 R 作为 PCR 扩增的引物,可以扩增出近乎全长的细菌 16S rDNA。第一轮 PCR 反应体系:Green buffer 10 μL,MgCl$_2$ 3 μL,Mix dNTP 1 μL,Primer - 27F 0.25 μL,Primer - 1378 R 0.25 μL,Taq 酶 0.25 μL,DNA 模板 1 μL,灭菌去离子水 34.25 μL。第一轮 PCR 反应条件:95 ℃预变性 2 min,95 ℃变性 45 s,60 ℃退火 1 min,72 ℃延伸 1.5 min,25 个循环,72 ℃最终延伸 10 min。

以第一轮 PCR 产物对细菌的 16S rDNA V3 可变区进行第二轮 PCR 扩增,选用引物为 357 F - Clamp 和 518 R。第二轮 PCR 反应体系:Green buffer 20 μL,MgCl 26 μL,Mix dNTP 2 μL,Primer - 375 F 0.4 μL,Primer - 518 R 0.4 μL,Taq 酶 0.5 μL,BAS 1 μL,DNA 模板 1 μL,灭菌去离子水 68.7 μL。第二轮 PCR 反应条件:95 ℃预变性 2 min,95 ℃变性 45 s,60 ℃退火 1 min,72 ℃延伸 45 s,30 个循环,72 ℃最终延伸 10 min。

（4）变形梯度凝胶电泳（DGGE）检测。

DGGE 在 DCodeTM 基因突变检测系统（Bio – Rad,USA）上进行,聚丙烯酰胺凝胶的浓度为 8% ,变性梯度范围为 30% ~60% 。在 1 ×TAE 缓冲液中,恒温 60 ℃,以 80 V 电压电泳 15 min,然后以 200 V 电压电泳 2 h 后,以 1 ×SYBR Gold（Invitrogen 公司）染色 20 min 后,用 GelDOC 2000（Bio – Rad,USA）凝胶成像系统进行成像。

（5）变形梯度凝胶电泳（DGGE）DNA 条带分析。

采用 Quantity One 4.62 一维分析软件（Bio – Rad,USA）对 DGGE 图谱进行分析。根据条带的强度（用吸光度表示）和数量,用以衡量细菌种群多样性的 Shan – non – Wiener 指数（H）:

$$H = - \sum (n_i/N)\ln(n_i/N)$$

式中　n_i——样品上各条带吸收峰的面积;

　　　N——样品上所有条带吸收峰的总面积。

Dice coefficient 相似性指数（C_s）:

$$C_s = 2 \times j/(a + b) \times 100$$

式中　C_s——样品 A 和样品 B 之间的相似性指数;

　　　j——样品 A 和样品 B 相同位置上的条带数;

　　　a,b——样品 A 上的总条带数和样品 B 上的总条带数。

（6）测序分析。

用无菌手术刀从 DGGE 胶上小心割下目标条带的凝胶块,用引物 357 F（不带夹子）和 518 R 进行 PCR 扩增,用质量分数为 0.8% 琼脂糖凝胶电泳检测 PCR 扩增产物。

4.实验结果

（1）污泥形态的变化。

反应器接种污泥为絮状活性污泥,结构松散,无规则外形。反应器启动的前 7 d,进水为醋酸钠配制的营养液,到第 7 d 时污泥的颜色由褐色转变为橙黄色,同时好氧进水改为 ABR 厌氧反应器的出水。反应器运行至第 15 d,好氧颗粒污泥开始出现,但这个时候仍然以絮状污泥为主,颗粒污泥的量只占小部分,此时好氧颗粒污泥的粒径大约为 0.2 mm。随着运行时间的延长,到第 40 d,SBR 反应器内的颗粒污泥已经占主导地位了。到第 80 d 后,好氧颗粒污泥已经基本成熟,在这一阶段反应器内已经不再存在絮状污泥了,观察到的是粒径为 2 ~10 mm 的灰色好氧颗粒污泥,其外表呈光滑球形。SBR 反应器中好氧污泥颗粒化的外观形态如图 74.1 所示。好氧颗粒污泥扫描电镜照片如图 74.2 所示。由图 74.2 可见,成熟颗粒污泥主要以丝状菌为主,该种细菌排列有序,形成具有相对疏松结构的颗粒污泥骨架,丝状菌常被认为是构建颗粒污泥的主体结构支架。

（2）污泥粒径的变化。

在颗粒化过程中,不同时期污泥粒径分布情况如图 74.3 所示。接种污泥为某制药总厂大环保污水处理厂活性污泥,平均粒径为 46 μm,启动运行 15 d 开始出现颗粒状污泥,平均粒径为 200 μm。运行至 20 d,好氧颗粒污泥粒径为 265 μm,此时反应器内颗粒污泥与絮状污泥共存。运行至 40 d,反应器中基本上以颗粒污泥为主,平均粒径为 337 μm。此后 R3 反应器中好氧颗粒污泥的粒径经历了一个快速增长期,好氧颗粒污泥的粒径由 40 d 的 337 μm

快速增长至 80 d 的 2 ~ 10 mm,其中大多数集中在 3 ~ 6 mm,且部分颗粒污泥有黑核出现,说明好氧颗粒污泥粒径增大到一定程度,内部会出现厌氧区域。

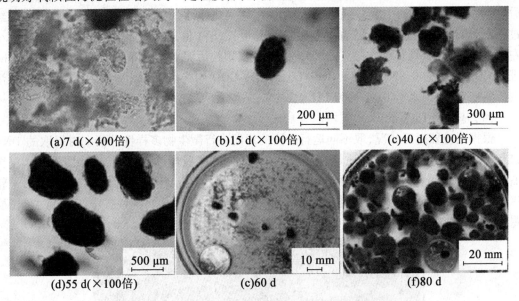

图 74.1　SBR 反应器中好氧污泥颗粒化的外观形态

图 74.2　好氧颗粒污泥扫描电镜照片

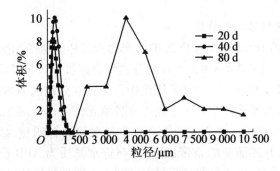

图 74.3　不同时期污泥粒径分布

(3)污泥浓度的变化。

反应器运行至第 34 d 时,污泥质量浓度由 6 140 mg/L 降低到了 2 380 mg/L。随着反应器运行时间的延长,微生物逐渐适应了进水水质,污泥浓度逐渐提高,当好氧颗粒污泥成熟稳定后,其污泥质量浓度平均为 10 000 ~ 11 000 mg/L。接种污泥的 SVI 值是 40 mL/g,接种后 29 d,SVI 值在波动中上升,主要是因为微生物对进水水质的不适应造成的,微生物在经过一定时间的驯化适应后,随着好氧颗粒污泥生长,SVI 值逐渐降低,最后稳定在 20 mL/g 左右,显示出好氧颗粒污泥优良的沉降性能,好氧颗粒污泥平均沉降速度为 104 ~ 137 m/h。进水 COD 负荷为 0.85 ~ 6.28 g COD/L·d,出水 COD 始终低于 385.2 mg/L,在好氧颗粒污泥成熟稳定后,出水 COD 平均为 171.1 mg/L,平均去除率为 90.47%。

(4)基因组 DNA 的 PCR 扩增。

根据反应器运行状况,取不同运行阶段的污泥进行微生物多样性分析。对提取的 DNA 进行 PCR 扩增,扩增产物用质量分数为 0.8% 琼脂糖凝胶电泳图检测,电泳图泳道从左至右依次是 Marker,0 d(接种污泥),15 d,30 d,40 d,60 d 和 80 d。由图 74.4 可知,第一轮 PCR 全长扩增产物相对分子质量在 1 500 bp 左右,第二轮 PCR 特异性扩增产物相对分子质量在200 bp 左右,第二轮扩增后的产物可以作为 DGGE 分析的样品。

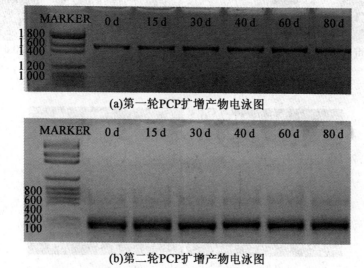

(a)第一轮PCP扩增产物电泳图

(b)第二轮PCP扩增产物电泳图

图 74.4　PCR 扩增产物琼脂糖凝胶电泳图

(5)群落动态变化与多样性分析。

反应器内污泥细菌 16S rDNA 的 PCR 扩增产物 DGGE 电泳图如图 74.5 所示,泳道从左至右的编号依次为 1 #,2 #,3 #,4 #,5 #,6 #,分别代表好氧颗粒化反应器运行 0 d 即接种污泥、15 d,30 d,40 d,60 d 和 80 d。DGGE 图谱中每个独立分离的条带通常是由同一个种属的细菌组成的,独立的条带被看作是一个操作分类单元(Operational Taxonomy Unit,OTU)处理。由图 74.5 可见,反应器污泥颗粒化期间微生物种群演替明显,接种污泥(1 #)中大部分条带淡化甚至消失,并伴随新的条带出现,这与进水基质为 ABR 厌氧反应器出水有关。反应器运行 0 ~ 40 d 期间,也就是絮状污泥逐渐转化为颗粒污泥的过程中,DGGE 图谱显示条带逐渐丰富,说明这一过程微生物种群数量在增加。反应器运行第 40 d 时条带最为丰富,其后随着颗粒污泥粒径的逐渐增大条带数量有所减少,但是第 60 d 和 80 d 的 DGGE 图谱显示特征条带更为明显,特异性更为突出。

（6）序列分析。

对图 74.5 中 1～14 号特异性条带进行割胶回收,使用引物 357 F(不带夹子)和 518 R 重新扩增和电泳检测,所得扩增产物送上海裕晶进行克隆测序。克隆序列测序得到片段长度为 169～333 bp,通过 Blast 程序与 GeneBank 中的核酸数据进行比对分析,比对分析结果见表 74.1。结果表明,反应器内好氧颗粒污泥为主后,主要优势菌群分别属于未分类细菌,CFB 群中的细菌和拟杆菌。

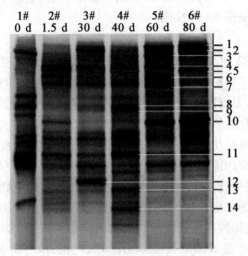

图 74.5　不同运行时间好氧颗粒污泥 DGGE 图谱

表 74.1　优势菌 16 S rDNA DGGE 片段测序分析结果

节能	序列长度	聚类分析	相似度/%	进货树
1	194	Uncultured bacterium clone PL6BII(AY570636.1)	100	bacteria
2	169	Uncultured bacterium june 05pIVG03(HQ592561.1)	99	bacteria
3	333	Uncultured bacterium clone TM10(AY907846.1)	100	bacteria
4	194	Uncultured bacterium clone FCE53(HQ489391.1)	100	bacteria
5	195	Uncultured bacterium clone B47(EU234180.1)	99	bacteria
6	189	Uncultured Flavobacterium sp. wss10(GU560179.1)	96	CFB group bacteria
7	187	Uncultured Bacteroidetes bactenum Hv(Iab)_1.2(EF667904.1)	96	Bacteroidetes
8	188	Uncultured bacterium clone sphbv−4(HM596317.1)	100	bacteria
9	170	Uncultured bacterium clone I 02−23(DQ537464.1)	99	bacteria
10	189	Uncultured bacterium Ether 5(AY44877.1)	99	bacteria
11	192	Uncultured bacterium gene RBC441(AB567898.961)	96	bacteria
12	169	Uncultured bacterium clone ZJ7(GQ252611.1)	98	bacteria
13	195	Uncultured bacterium gene SsB17(AB291305.1)	99	bacteria
14	189	Uncultured *Bacteroidetes* bactenum Skagenf54(DQ640691.1)	98	Bacteroidetes

实验75　连续流 *Biohydrogenbacterium* R3 sp. nov. 菌株糖蜜废水发酵产氢能力分析

1.实验目的

①了解影响连续流 R3 菌株糖蜜废水发酵产氢能力的因素。

②探究纯种高效产氢菌 R3 的性能。

2.实验原理

氢能具有高热量(122 kJ/g)和无污染等优点被认为是未来极具发展前景的可替代能源。发酵法生物制氢技术是一种产生清洁燃料与废物处理相结合的新技术,具有能源回收和废物处理的双重功效,是解决未来能源问题的重要途径。提高产氢效率以及降低制氢成本是生物制氢工艺产业化发展的关键。糖蜜是制糖业的主要副产品之一,其含有丰富的碳水化合物和氮磷物质可被微生物所利用,并且糖蜜年产量大,因此发展以糖蜜为原料的生物制氢产业具有广阔的应用前景。然而糖蜜的组成极其复杂,不仅含有对微生物生长有益的成分,同时存在多种微生物难以利用和转化的成分,并对微生物的生长代谢产生抑制作用。目前在国内外报道的糖蜜生物制氢研究中,多数以混合菌种为接种物(如活性污泥等)进行糖蜜产氢研究,而利用纯菌糖蜜发酵制氢的研究鲜见报道。从以糖蜜为底物的生物制氢反应器中分离到产氢新菌 *Biohydrogenbacterium* R3 sp. nov. ,属于目前报道的产氢菌种中产氢能力比较高的菌株之一。以高效产氢菌 R3 为研究对象,以糖蜜废水为底物,研究连续流 R3 菌株糖蜜废水发酵产氢能力,为提高产氢量提供理论基础。

3.实验材料与方法

（1）实验装置。

实验采用连续流搅拌槽式反应器(CSTR),为反应区与沉淀区一体化结构,模型反应器总容积18.8 L,有效容积9.6 L。反应器内部有三相分离器,使气、液、固三相很好地分离,更有利于气体的传质与释放。采用计量泵将原水从进水箱泵入反应器内,通过计量泵的流量以保证系统进水恒定。本试验通过调节进水流量控制水力停留时间为 6 h。整个反应器采用外缠电热丝加热方式,将温度控制在(35 ±1)℃,实验系统如图75.1 所示。

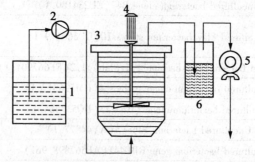

图75.1　连续流生物制氢系统

1—废水箱;2—计量泵;3—反应器;4—搅拌器;5—湿式气体流量计;6—水封

（2）菌种来源和厌氧培养方法。

R3 菌株为革兰氏阳性菌，不形成芽孢、杆菌；周生鞭毛，且鞭毛较长；形成的菌落呈现白色或乳白色，20～30 d 可以长成至直径为 1.0～2.5 mm，菌落边缘整齐，圆形，光滑，不透明；类脂粒 4～6 个，异染粒 2～3 个；该菌为严格厌氧菌。细菌培养基的制备和全部实验操作采用改进的 Hungate 厌氧技术，以高纯氮气为气相，在 35 ℃ 常规培养。

（3）实验废水。

实验废水采用的是废糖蜜加水稀释而成，糖蜜废水组成成分见表 75.1，配置时投加一定量的有机氮磷，使得底物中的 $m(COD):m(N):m(P)$ 保持在 $(200～500):5:1$ 左右，以保证 R3 菌株在生长过程中对氮、磷的需求。

表 75.1　糖蜜废水组成成分

组分	质量分数/%	组分	质量分数/%
干物质	78.000～85.000	MgO	0.100
总糖	48.000～58.000	K_2O	2.200～4.500
TOC	28.000～34.000	SiO_2	0.100～0.500
TKN	0.200～2.800	Al_2O_3	0.050～0.060
P_2O_5	0.020～0.070	Fe_2O_3	0.001～0.020
CaO	0.150～0.800	灰分	4.000～8.000

（4）培养基。

基本培养基：葡萄糖 20 g/L；胰蛋白胨 4 g/L；牛肉膏 2 g/L；酵母汁 1 g/L；NaCl 为 4 g/L，K_2HPO_4 1.5 g/L，L－半胱氨酸 0.5 g/L，发酵液 10 mL，维生素液（钴铵素 0.01 g/L，抗坏血酸 0.025 g/L，核黄素 0.025 g/L，柠檬酸 0.02 g/L，吡多醛 0.05 g/L，叶酸 0.01 g/L，对氨基苯甲酸 0.01 g/L，肌酸 0.025 g/L）10 mL，微量元素液（$MnSO_4 \cdot 7H_2O$ 为 0.01 g/L，$ZnSO_4 \cdot 7H_2O$ 为 0.05 g/L，H_3BO_3 为 0.01 g/L，CH_3COONH_4 为 4.5 g/L，$CaCl_2 \cdot 2H_2O$ 为 0.01 g/L，$NaMoO_4$ 为 0.01 g/L，$CoCl_2 \cdot 6H_2O$ 为 0.2 g/L，$AIK(SO_4)_2$ 为 0.01 g/L）10 mL，刃天青（质量分数为 0.2%）1～2 mL，pH 为 6.0～6.4。

（5）分析方法。

发酵气体产物及组分采用 SC－Ⅱ 型气相色谱测定。色谱设置为：热导检测器（TCD），不锈钢色谱填充柱长 2.0 m；担体 Porapak Q，50～80 目。采用氮气为载气，流速为 30 mL/min。液相末端发酵产物组分及质量分数采用 GC－122 型气相色谱测定。氢火焰检测器，不锈钢色谱填充柱长 2.0 m；担体为 GDX－103 型，60～80 目。柱温、气化室和检测室温度分别为 190 ℃，220 ℃，220 ℃。氮气作为载气，流速为 30 mL/min。采用国家标准方法测定 COD，采用 PH_S－25 型酸度计测量 pH 和氧化还原电位（ORP），采用 LML－1 型湿式气体流量计计量产气量。

4. 实验步骤

①调节反应系统的温度为 37 ℃，加以保温装置保持温度，控制水力停留时间为 6 h 保持不变。

②进水 COD 浓度从低到高经蠕动泵依次作为 R3 菌种的底物,培养一定时间后,从反应器中取样测定各项目指标。

③分析进出水 pH、氧化还原电位(ORP)的变化与 COD 去除率的关系。

5. 实验结果与分析

(1)底物浓度对产氢能力的影响。

产气(氢)速率是衡量生物制氢反应器启动效能的一个重要指标。图 75.2 为底物质量浓度对产氢能力的影响。从实验结果中可以发现,当进水 COD 质量浓度在 2 600 ~ 4 440 mg/L范围内变化时,进水 COD 质量浓度的变化对纯培养 R3 菌株产氢系统的产气量和产氢量有明显的影响,产气量和产氢量随着进水 COD 质量浓度的下降而降低;当进水 COD 质量浓度提高时,产气量和产氢量也有相应的增加。CSTR 发酵产氢系统的最大产气量和产氢量分别为 6.08 L 和 3 L。

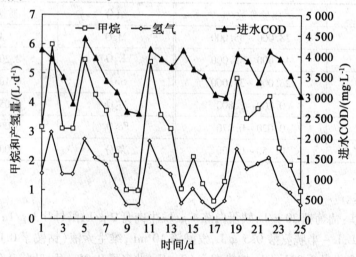

图 75.2　底物质量浓度对产氢能力的影响

(2)pH 与 COD 去除率的变化。

在废水进入反应系统后,废水中的物质所发生的一系列生理生化反应以及液体的稀释作用,将迅速改变系统内的 pH。如含有大量溶解性碳水化合物(糖、淀粉等)的废水进入反应器后,碳水化合物发酵产生的有机酸(特别是乙酸)的积累,将使系统内 pH 下降。pH 的变化不仅直接影响参与新陈代谢过程的酶活性,而且不同种类的细菌在不同 pH 值生境条件下,生长繁殖的速率不同,发酵代谢产物的种类和数量也存在差异。图 75.3 为 CSTR 反应器进出水 pH 与 COD 去除率的变化情况。在 CSTR 反应器运行过程中,进水 pH 的波动范围很大,为 3.46 ~ 6.45,而进水 pH 与 COD 去除率呈现相同的变化趋势,COD 去除率在 4.69% ~ 35.86% 之间波动。可见高效产氢菌株 R3 对进水 pH 的变化十分敏感,较低的 pH 导致微生物的活性下降,正常的生理代谢受到抑制。

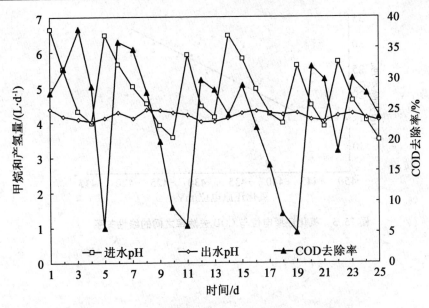

图 75.3　进出水 pH 与 COD 去除率的变化情况

（3）氧化还原电位的变化。

氧化还原电位（ORP）对微生物生长、生化代谢均有明显影响。生物体细胞内的各种生物化学反应，都是在特定的氧化还原电位范围内发生的，超出特定的范围，则反应不能发生，或者改变反应途径。生境中的氧化还原电位可受多种因素影响，与氧分压有关，氧分压高，氧化还原电位高；氧分压低，氧化还原电位低。微生物对有机物的氧化及代谢过程中所产生的氢、硫化氢等还原性物质，也会使环境中的氧化还原电位降低。

在产氢发酵过程中，较低的氧化还原电位是产氢发酵微生物生长发育的必要条件。这是因为厌氧微生物的生存要求较低的氧化还原电位环境的原因，使它们的一些脱氢酶系包括辅酶 I、铁氧还蛋白和黄素蛋白等，要求低的氧化还原电位环境才能保持活性。CSTR 反应器运行过程中氧化还原电位的变化情况如图 75.4 所示。氧化还原电位基本上保持在较低水平（ $-445 \sim -420$ mV），有利于连续流纯菌株 R3 系统高效稳定产氢。观察发现，氧化还原电位与 COD 去除率存在一定的线性关系（图 75.5），$Y = 0.729\,5x + 3.396\,6(r^2 = 0.657\,7)$。

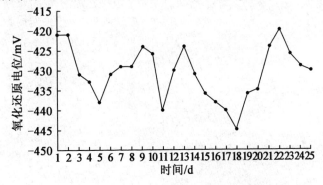

图 75.4　CSTR 反应器运行过程中氧化还原电位的变化情况

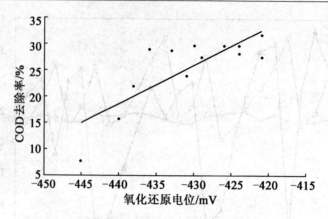

图 75.5　氧化还原电位与 COD 去除率之间的线性关系

实验 76　ABR 发酵系统运行特性及产氢效能研究

1. 实验目的

①解决连续流搅拌槽式反应器(CSTR)发酵制氢系统存在的不足。

②研究 pH、碱度和氧化还原电位等产氢系统发酵菌群的生态影响因子对 ABR 反应系统的作用。

2. 实验原理

发酵法生物制氢的基本原理是基于产酸发酵菌群对糖类的降解同时产生氢气,根据代谢产物的不同,发酵类型可以分为丙酸型发酵、丁酸型发酵和乙醇型发酵,其中乙醇型发酵类型产氢效能最高。因此,通过调控生物制氢系统,使发酵菌群达到乙醇型发酵是系统高效稳定运行的基础。连续流搅拌槽式反应器(CSTR)是发酵法生物制氢所采用最广泛的反应器,具有传质效率高、活性污泥持有量大、反应速度快等优点,但也存在基质降解程度有限、基质氢气转化率低, 成为制氢成本降低的限制因素。

当进水 COD 浓度、进水流量发生变化时,都会对发酵产氢系统造成冲击。由于 CSTR 的混合液是均匀的,其抵抗能力基本来自混合液对进水的稀释作用,而这种稀释作用为系统抗冲击负荷能力的贡献是一定的,很容易引起系统内 pH、碱度和 ORP 等环境条件的变化,因而会影响产氢系统的污泥的代谢活性,从而造成产氢速率的变化。

而 ABR 即便是受水质变化影响最大的第 1 格室,在稳定运行阶段,其产氢速率的波动范围也不大。ABR 第 1 格室产氢速率稳定的主要原因是格室中的污泥床可能起到了重要作用。在污泥床中,聚集了悬浮的高密度的微生物絮体,它们与格室内环境相互作用,构成了稳定的生态系统,当水质发生变化时,该系统可以通过内平衡机制维持其稳定性。ABR 第 1 格室的缓冲作用可保障第 2,3 格室的稳定运行。

葡萄糖在厌氧条件下,可以通过产酸发酵细菌和产氢产乙酸菌这两类菌群的先后作用产生氢气。第一步,葡萄糖在产酸发酵类细菌的作用下,通过 EMP 途径产生乙酸、丙酸、丁酸和乙醇等,同时释放 H_2;第二步,丙酸、丁酸和乙醇在一类被称为产氢产乙酸菌的微生物作用下,转化为乙酸,同时释放 H_2。在 CSTR 系统中,混合液均匀混合的特性使产酸发酵细菌在厌氧活性污泥中占有绝对优势,而代谢速率相对慢和代时相对长的产氢产乙酸菌无法被选择而被淘汰,因此,其对葡萄糖的代谢产氢主要是通过产酸发酵反应实现,其代谢产生的乙醇、丙酸和丁酸几乎不能通过产氢产乙酸作用而进一步产氢。ABR 的各格室均能形成与其内环境相适应的微生物群落,即实现了生物相的分离。分析认为,基质和环境的选择作用是改变微生物群落的主要原因。因此,在 ABR 系统中,葡萄糖不仅可以通过生化反应产生氢气(第 1 格室),而且产酸发酵细菌产生的乙醇、丙酸和丁酸还可在产氢产乙酸菌的代谢作用下,进一步转化并产氢(第 2,3 格室)。

3. 实验材料与方法

(1)实验装置。

CSTR(图 76.1)有效容积9.6 L,沉淀区5.4 L。3 格室 ABR(图 76.2)有效容积 27.8 L,单格有效容积9.2 L。两种反应器通过温控仪控制温度均为 35 ℃左右.

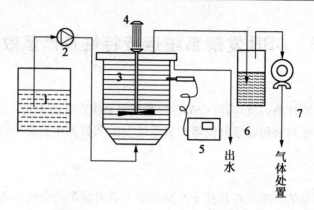

图 76.1 CSTR 反应系统及流程示意

1—配水箱;2—计量泵;3—CSTR 反应器;4—搅拌机;5—温控仪;6—水封;7—气体流量计

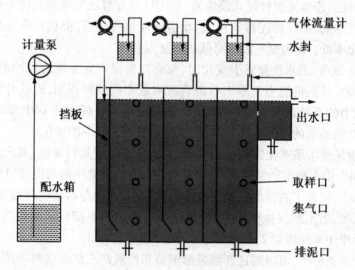

图 76.2 ABR 反应器结构示意

(2)接种污泥。

接种污泥为某污水处理厂的剩余污泥。CSTR 接种污泥的 MLVSS 为 19.26 g/L, ABR 3 格室 MLVSS 依次为 6.41 g/L,6.62 g/L,6.54 g/L。

(3)实验废水。

采用甜菜制糖厂的废糖蜜加水稀释配制实验用水,投加少量尿素和 K_2HPO_4,使废水 COD:N:P = (200 ~ 500):5:1。

(4)分析项目及测定方法。

COD、pH 值、碱度(ALK,以 $CaCO_3$ 计)、MLSS、MLVSS 等常规分析项目,均采用国家标准方法测定;产气量采用湿式气体流量计计量;气体成分及含量、挥发性脂肪酸(VFAs)和乙醇采用气相色谱测定。

4. 实验步骤

①活性污泥的驯化与培养,接种到 CSTR 及 ABR 反应器内。

②以 COD 负荷为 5 000 mg/L 启动反应器,每天取出水测其 pH、氧化还原电位、出水 COD 等。

③以连续流方式反应器,控制反应器的运行参数(有机负荷、pH、温度、HRT 等)使反应器持续稳定运行。

④保持其他条件不变,改变进水的 COD,测定反应器的运行参数(pH、氧化还原电位、出水 COD 等)和液相末端产物参数,考察反应器的运行特性及产氢产甲烷效能的变化,以及反应器的抗冲击能力。

5. 实验结果

①采用 ABR 作为有机废水发酵制氢反应设备,在 35 ℃ 和进水 COD 5 000 mg/L 条件下,系统可在 26 d 达到运行的稳定状态。ABR 系统产氢系统运行稳定期,第 1 格室的产气量为 14.1 L/d,产氢量为 7.2 L/d,氢气含量为 51%,均为最重要产氢格室。第 2 格室和第 3 格室的产气量和产氢量也有相似的变化规律,产气量和产氢量开始上升。

②ABR 产氢系统的相末端发酵产物,3 格室达到稳定阶段,均为典型的乙醇型发酵。液相末端发酵产物的变化规律,反映了活性污泥微生物代谢特征的改变,也揭示了活性污泥在驯化过程中的微生物群落结构的变化。

③pH、碱度和氧化还原电位是 ABR 产氢系统发酵菌群的重要生态影响因子。

④ABR 系统单位 COD 的比产氢率为 0.13 L/gCOD,3 格室的平均单位 COD 比产氢速率分别为 0.03,0.06,0.04 L/gCOD。而在同样条件下,CSTR 的比产氢速率仅为 0.06 L/(gMLVSS · d)。

⑤在 ABR 运行的初期,各格室的生物量呈现下降趋势,在第 6 d 达到最低,分别为 5.40,5.47,5.36 gMLVSS/L,之后逐渐上升,第 1 格室在达到 7.30 gMLVSS/L(第 18 d),并在以后保持稳定运行。从液相末端产物的结果分析,第 1 格室运行至第 26 d 才达到稳定状态;第 2,3 格室的生物量,第 33 d 才达到稳定,分别为 8.9,9.4 gMLVSS/L。可见,生物量的增长和群落演替可以同时发生,但步调并不一致,这是由于系统中菌群的增殖速率不同而造成的。

⑥与 CSTR 相比,ABR 具有较高产氢效能、较低能源消耗等优点。将产酸发酵菌群的产酸发酵作用与 HPA 的产氢产乙酸作用联合起来,就能实现生物质的梯度发酵产氢,大幅提高基质的氢气转化率,而这也正是 ABR 产氢效能高于 CSTR 的主要原因。

实验 77　　不同污泥对两相厌氧工艺快速启动的影响

1. 实验目的

①考察两种污泥对两相厌氧工艺快速启动的影响。

②寻找经济实用的种泥、快速稳定的接种启动两相厌氧工艺在污水处理领域中广泛应用的方法。

2. 实验原理

厌氧菌增殖慢,适应环境能力差,反应器启动时间较长,一般要 8 ~ 12 周,有的甚至长达半年、一年以上,所以启动是整个两相厌氧工艺的限速阶段,寻找经济实用的种泥、快速稳定的接种启动方法成为两相厌氧工艺在污水处理领域中广泛应用的关键。启动时,接种污泥的数量、活性和性质很大程度上影响启动速度甚至反应器运行的成败。国外的研究普遍认为接种厌氧颗粒污泥可以大大提高启动速度,研究也主要放在了接种颗粒污泥与接种其他污泥的启动对比和颗粒污泥的形成条件、过程上,然而大批量接种厌氧颗粒污泥作为启动条件难以适应我国国情。国内在不同种泥启动方面的研究非常少,而且其结果也不尽相同,难以指导实践,应立足于我国污水处理系统现状,通过对比实验找到可应用于实际工程的种泥。

3. 实验材料

(1)实验装置。

如图 77.1 所示,实验用的两相厌氧反应器是以有机玻璃制成,产酸相反应器为连续流搅拌槽式(CSTR:ZL 9824080113),有效容积 9.13 L,产甲烷相反应器为升流式厌氧污泥床和厌氧生物滤池(UASBAF),顶部配有专利填料(ZL 96251960. X),有效容积 40.56 L。

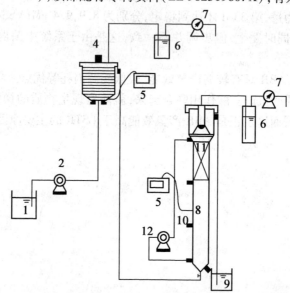

图 77.1　两相厌氧反应器示意图

1—水箱;2—水泵;3—产酸相反应器 CSTR;4—搅拌机;5—温控仪;6—水封;7—气表;
8—产甲烷相反应器 UASBAF;9—出水水箱;10—温控探头;11—专利填料;12—循环水泵

（2）接种污泥。

采用 3 种污泥混合接种，即中药废水处理厂兼性厌氧污泥（黑色）、中药废水处理厂好氧污泥（深棕色）和中药废水处理厂产酸相厌氧污泥（棕黄色），两次接种污泥质量之比都为 1:1:0.6。

（3）底物。

以高浓度难降解中药废水作为原水来配制底物。该中药废水浓度高 $[\rho(\mathrm{COD})=20\,000\ \mathrm{mg/L}$ 左右]，可生化性差 $[m(\mathrm{BOD})/m(\mathrm{COD})<0.2]$，是工业废水处理中难度较高的废水。

4. 实验步骤

（1）污泥培养与接种。

第一次启动是将 3 种污泥直接混合并放置 1 d 接种（黑灰色，污泥混合后 $Q(\mathrm{VSS})=15\,176\ \mathrm{g/L}$，$Q(\mathrm{DO})=0\ \mathrm{mg/L}$），这里简称为缺氧污泥启动。第二次启动是将污泥分别进行曝气培养，每天投入糖蜜、氮、磷等营养底物 $[m(\mathrm{COD})m:(\mathrm{N}):m(\mathrm{P})=(200\sim300):5:1]$ 并弃去上清液，7 d 后污泥由泥浆变为絮状，颜色由黑灰变为棕黄，显微镜观察好氧生物种群繁多，即微生物基本转型为好氧微生物后，将污泥混合装入反应器进行接种启动（污泥混合后 $Q(\mathrm{VSS})=15.32\ \mathrm{g/L}$），这里简称好氧污泥启动。产酸相接种污泥为有效容积的 2/5，产甲烷相为有效容积的 2/3。

（2）条件控制。

两相反应器的温度控制在 35 ℃ 左右；水力停留时间分别为 12 h 和 5 314 h；进水流量 $Q=0.76\ \mathrm{L/h}$；循环水泵流量 $Q=12\ \mathrm{L/h}$；试验期间向产甲烷相反应器中添加 $\mathrm{NaHCO_3}$ 以调整碱度，使其出水碱度尽量保持在 2 000 mg/L（以 $\mathrm{CaCO_3}$ 计）以上。

（3）改变 COD 浓度，运行反应器，以其快速启动。

实验设计提高进水 COD 的步骤见表 77.1。

表 77.1　设计提高进水 COD 的步骤

进水 COD/$(\mathrm{mg \cdot L^{-1}})$	缺氧污泥启动/d	好氧污泥启动/d
3 000	1 ~ 39	1 ~ 15
4 000	40 ~ 48	16 ~ 28
6 000	49 ~ 54	29 ~ 62
8 000	55 ~ 61	63 ~ 81
10 000	62 ~ 84	82 ~ 94
12 000	85 ~ 102	95 ~ 102

（4）分析项目和方法。

采用国家环保局颁布的标准《水和废水检测分析方法》（第 3 版）进行 COD,SS,VSS,pH 等指标的检测，微生物相采用扫描电镜仪器（SEM：S4700，日本日立）进行拍照分析。

5. 实验结果

①以难降解中药废水为底物，以该专利高效两相厌氧反应器的启动运行，好氧污泥和

兼性厌氧污泥启动几乎可以获得相同的启动速度,30 d 以内就可实现快速启动比普通厌氧反应器的启动速度高 1～2 倍,比接种颗粒污泥的启动更经济。

　　②固定两相反应器的型式,用不同的污泥接种启动,反应器所达到的最高负荷不变,但接种好氧污泥抗冲击负荷能力更强。缺氧污泥比好氧污泥启动的反应器更难以承受高负荷运行,容易在高浓度、高负荷下崩溃。建议在处理高浓度废水应以好氧污泥接种,如此既可以实现快速启动,又可以在高负荷下稳定运行。

　　③缺氧污泥启动的产酸相以短杆菌和芽孢杆菌为主,产甲烷相填料区完全以产甲烷八叠球菌为主;好氧污泥启动产酸相以长杆菌为主,有少量短杆菌,产甲烷相填料区是产甲烷丝状菌黏附填料后,产甲烷八叠球菌再附于其上,表明好氧污泥启动的种群更丰富,生态结构更合理,因此,有更强的适应高负荷的能力,如图 77.2 所示。

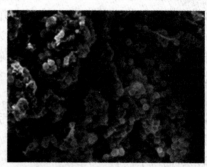

(a)缺氧污泥启动:产酸相(放大倍数为5 000×25%)　　(b)缺氧污泥启动:产甲烷相(放大倍数为3 000×25%)

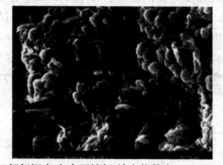

(c)好氧泥启动:产酸相(放大倍数为4 500×25%)　　(d)好氧泥启动:产甲烷相(放大倍数为4 500×25%)

图 77.2　不同污泥启动两相厌氧反应器中的微生物相

实验 78　工业化 UASB 厌氧颗粒污泥产氢产乙酸菌群分析

1. 实验目的

①学习荧光原位杂交 FISH 的原理以及操作步骤。

②了解荧光原位杂交所用探针的类型以及制作方法。

2. 实验原理

FISH 的基本原理是用已知的标记单链核酸为探针,按照碱基互补的原则,与待检材料中未知的单链核酸进行异性结合,形成可被检测的杂交双链核酸。由于 DNA 分子在染色体上是沿着染色体纵轴呈线性排列,因而可以用探针直接与染色体进行杂交从而将特定的基因在染色体上定位。与传统的放射性标记原位杂交相比,荧光原位杂交具有快速、检测信号强、杂交特异性高和可以多重染色等特点,因此在分子细胞遗传学领域受到普遍关注。

探针的荧光素标记可以采用直接和间接标记法。间接标记法是采用生物素标记 DNA 探针,杂交之后用耦联有荧光素亲和素或者链霉亲和素进行检测,同时还可以利用亲和素－生物素－荧光素复合物,将荧光信号进行放大,从而可以检测 500 bp 的片段。而直接标记法是将荧光素直接与探针核苷酸或磷酸戊糖骨架共价结合,或在缺口平移法标记探针时将荧光素核苷三磷酸掺入。直接标记法在检测时步骤简单,但由于不能进行信号放大,因此灵敏度不如间接标记法。

产氢产乙酸菌将水解发酵菌所产生的丙酸、丁酸等进一步转化为甲酸、乙酸、CO_2 和 H_2 等产甲烷前体。废水水质对厌氧颗粒污泥中产氢产乙酸菌群具有重要影响,特别是当废水中存在有毒有害或难降解有机污染物时,将对产氢产乙酸菌群及产乙酸速率产生影响,抗生素废水的重要水质特征是具有抗生素残留,对处理系统中微生物种群具有一定抑制作用。分析抗生素废水处理厌氧颗粒污泥,特别是实际运行的工业化厌氧反应器颗粒污泥产氢产乙酸菌群及其与污泥生物活性的关系,有助于深入认识抗生素废水对厌氧处理系统的影响。

3. 实验材料

(1)污泥样品。

厌氧颗粒污泥样品取自某阿维菌素废水处理工业化 UASB 反应器(500 m^3),污泥中挥发性悬浮固体质量浓度(VSS)与悬浮固体质量浓度(SS)的比值为 0.941。

(2)特异性探针。

采用 4 种寡核苷酸荧光探针:通用探针、产氢产乙酸菌探针、食丙酸盐产氢产乙酸菌探针和食丁酸盐产氢产乙酸菌探针。根据产氢产乙酸过程中所必须的甲酰四氢叶酸合成酶的基因序列设计产氢产乙酸菌探针,见表 78.1。

表 78.1　FISH 中用到的探针

探针	目标微生物	序列(5′~3′)	标记种类
UNIVI392	细菌和古菌	ACGGGCGGTGTGTAC	5′FITC
	产氢产乙酸菌	TTYACWGGHGAYTTCCATGC	5′HEX
S－S－S. wol－0223－a－R－19	食丙酸盐产氢产乙酸菌	ACGCAGACTCATCCCCGTG	5′FITC
S－F－Synm－700－a－R－23	食丁酸盐产氢产乙酸菌	ACTGGTNTTCCTCCTGATTTGTA	5′Texas Red

4. 实验步骤

（1）筛选污泥样品。

将 UASB 颗粒污泥样品用标准筛出 <0.6 mm,0.6 ~ 1 mm,1 ~ 2 mm, >2 mm 这 4 种粒径的污泥样品,其质量分数分别为 14.8%,5.3%,60.3% 和 19.6%%,VSS/SS 值分别为 0.905,0.940,0.957 和 0.945。这 4 种粒径表征了颗粒污泥的 4 个不同形成阶段,其中 1 ~ 2 mm 粒径污泥样品质量分数最大,为成熟颗粒污泥主体;0.66 ~ 1 mm 粒径污泥为形成期颗粒污泥;大于 2 mm 粒径污泥为老化颗粒污泥;粒径小于 0.6 mm 的污泥为絮状污泥及解体颗粒污泥。厌氧颗粒污泥样品从反应器中取出并筛分后直接用于后续分析研究。

（2）杂交。

取 0.1 ~ 0.3 g(湿重)颗粒污泥样品(3 份)置于 1.5 mL 离心管中,加入 1 mL 质量分数为 4% 多聚甲醛固定,在 4 ℃ 静置 1 h,以 10 000 r/min 速度离心 5 min,弃去上清液,再用 1 × PBS 缓冲液清洗样品 3 次,然后将污泥样品涂在载玻片上,分别用体积分数为 50%,80% 和 100% 的梯度乙醇进行脱水,每个梯度 3 min。

将 1 μL 浓度为 0.1 nmol/μL 的探针与 9 μL 杂交缓冲液(浓度为 0.9 mol/L 的 NaCl,质量分数为 0.01% 的 SDS,浓度为 0.02 μL 的 Tris – HCl,一定浓度的甲酰胺,pH 为 7.2)充分混合,然后将探针与杂交缓冲液均匀展开在污泥样品上,再把载玻片放入预先平衡好温度和湿度的分子杂交箱(UXP,HB – 1000,美国)中,在 46 ℃ 杂交 5 h。杂交好的污泥样品用 46 ℃ 的杂交清洗液(质量分数为 0.01% 的 SDS,浓度为 0.02 mol/L 的 Tris – HCl,一定浓度的 NaCl,pH 为 7.2)清洗未杂交的探针和杂交缓冲液,再用 46 ℃ 灭菌 H_2O 漂洗 3 次后自然晾干。

双杂交:漂洗过的污泥样品自然晾干后,再按上述步骤在污泥样品上杂交另一种探针。

（3）镜检与图像处理。

杂交后的污泥样品置于荧光显微镜(Motic,BA200,中国)下观察,每个样品取 30 个视野获得 FISH 杂交图像(Moticam2206)。使用 Motic Fluo1.0 荧光分析软件对图像进行分析,确定目标菌群的分布形态,并计算荧光杂交区域面积,根据下式计算目标菌群的相对丰度:

$$菌群的相对丰度 = \frac{特异性探针杂交的细胞数目}{通用探针杂交的细胞数目} \times 100\%$$

（4）污泥样品产乙酸活性测定。

①最大比产乙酸速率。接种相同质量(VSS)的 4 种不同形成阶段的污泥样品,在 35 ℃ 下恒温水浴培养,以氯仿为抑制剂来抑制颗粒污泥的产甲烷活性,通过测定反应体系中乙酸的产生量来确定污泥样品的产乙酸速率。体系采用间歇进水,水质组成为:质量分数为 3% 的葡萄糖、0.05% 的 Na_2CO_3 和适量的微量元素,pH 为 8.0,平均 COD 浓度为 31 815 mg/L,进水负荷为 5.3 kg/($m^3 \cdot$ d)。每 6 h 取样一次,测定产乙酸量随时间的变化,并用线性回归求得最大产乙酸速率 K,最后根据下式计算污泥样品的最大比产乙酸速率(A):

$$A = K/M$$

式中,m 为颗粒污泥质量,g。

②体系中乙酸的测定。取 1.5 mL 发酵液,12 000 r/min 下离心 10 min,上清液通过 0.20 μm 膜过滤,取滤出液 0.25 mL 于干净 1.5 mL 离心管中,加入 3 mol/L 磷酸酸化,再加入 0.835 g/L 的正己酸作为内标物进行气相色谱分析(GC – 17A 气相色谱仪,SE – 30 柱,FID 检测器)。进样量为 1 μL,气相色谱条件为:检测器和气化室温度均为 220 ℃,采用程

序升温,初温 100 ℃,停留 3 min 之后以 30 ℃/min 的升温速率升到终温 220 ℃,停留 5 min,最后再降至初温 100 ℃。

5. 实验结果

(1)不同形成阶段颗粒污泥表面优势产氢产乙酸菌群分布。

使用特异性探针对不同形成时期颗粒污泥样品表面的产氢产乙酸菌进行杂交,其表面分布形态如图 78.1 所示。可以看到,产氢产乙酸菌在不同形成阶段的颗粒污泥表面呈现相同的分布形态,其中成熟期颗粒污泥中的杂交面积最大。同时,食丙酸盐产氢产乙酸菌和食丁酸盐产氢产乙酸菌是厌氧颗粒污泥中常见的优势产氢产乙酸菌群。对同一颗粒污泥样品表面产氢产乙酸菌、食丙酸盐产氢产乙酸菌和食丁酸盐产氢产乙酸菌进行杂交,其分布形态相同,如图78.2所示(以成熟期污泥样品为例),且食丙酸盐产氢产乙酸菌和食丁酸盐产氢产乙酸菌交叉重叠分布[图78.2(d)]。

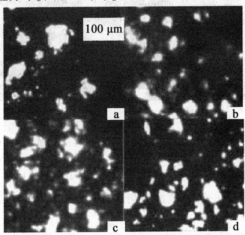

图 78.1 产氢产乙酸菌在不同形成时期污泥样品表面分布形态
(a)初期或解体;(b)形成期;(c)成熟期;(d)老化期

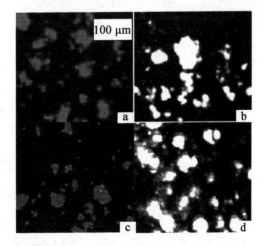

图 78.2 不同产氢产乙酸菌在成熟期污泥样品表面分布
(a)产氢产乙酸菌;(b)食丙酸盐产氢产乙酸菌;(c)食丁酸盐产氢产乙酸菌;
(d)食丙酸盐产氢产乙酸菌与食丁酸盐产氢产乙酸菌

　　尽管污泥样品中产氢产乙酸菌群分布形态相同,但相对丰度存在差异。

　　(2)产氢产乙酸菌群在颗粒污泥内部分布。

　　为了进一步分析产氢产乙酸菌在颗粒污泥内部的分布形态,分别将成熟期和老化的颗粒污泥样品剖开,在其内部剖面使用不同的产氢产乙酸菌群特异性探针进行杂交,如图78.3所示(以成熟期污泥样品为例),不同产氢产乙酸菌群分布形态相同,也与表面分布形态相同。但成熟期颗粒污泥产氢产乙酸菌群相对丰度略高于老化期的颗粒污泥。食丙酸盐产氢产乙酸菌相对丰度大于食丁酸盐产氢产乙酸菌,且两者之和大于产氢产乙酸菌相对丰度。同时,颗粒污泥内部剖面产氢产乙酸菌群相对丰度小于表面。

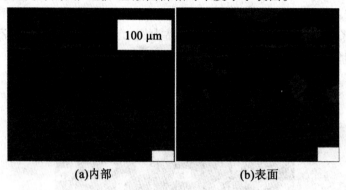

(a)内部　　　　　　　　　　　(b)表面

图78.3　产氢产乙酸菌群在成熟期污泥样品内部和表面的分布

　　不同形成阶段颗粒污泥的最大比产乙酸活性存在差异,且与产氢产乙酸菌群相对丰度变化趋势一致,表明颗粒污泥的产乙酸活性与产氢产乙酸菌群丰度密切相关。

实验 79　硫酸盐还原菌在中水中的分离及生长特性研究

1. 实验目的

了解控制由硫酸盐还原菌(Sulfate Reducing Bacteria,SRB)引起的微生物腐蚀的方法。

2. 实验原理

SRB 腐蚀金属的经典理论认为阴极去极化作用是钢铁腐蚀过程中的关键步骤,其参与的阴极去极化反应式如下:

$$H_2O \longrightarrow H^+ + OH^-$$

$$H^+ \longrightarrow 氢化酶 H（氢化酶是一种硫酸盐还原菌的代谢产物）$$

$$8H + SO_4^{2-} \xrightarrow{SRB} S^{2-} + 4H_2O$$

$$2H^+ + S^{2-} \longrightarrow H_2S$$

$$S^{2-} + Fe^{2+} \longrightarrow FeS$$

SRB 的作用是将氢原子从金属表面除去,从而使腐蚀过程继续下去,最终生成 FeS 等腐蚀产物,造成金属的腐蚀。在实际中水回用过程中,工业用水占了很大比例,其中又以冷却循环水为主。目前,出于节水目的,冷却循环水浓缩倍率不断提高,离子强度也随之增大,这反而有利于硫酸盐还原菌的生长繁殖。这就说明中水在实际应用中,由 SRB 代谢生长引起的管道腐蚀的可能性较大,如果不采取有效措施,会发生微生物腐蚀,影响系统的正常运行。

3. 实验材料

①实验菌种分离自某热电厂冷却水塔塔底黏泥。

②修正的 Postgate B 培养基:KH_2PO_4　0.5 g,NH_4Cl 1.0 g,$CaCl_2 \cdot 2H_2O$　0.1 g,Na_2SO_4 1.0 g,$MgSO_4 \cdot 7H_2O$　2.0 g,乳酸钠(质量分数为80%)3.5 mL,酵母浸膏 1.0 g,$FeSO_4 \cdot 7H_2O$ 0.5 g,抗坏血酸 0.1 g,半胱酸胺盐酸盐 0.5 g,蒸馏水 1 000 mL,调节 pH 为 7.0~7.5。

Postgate C 培养基:KH_2PO_4 0.5 g,NH_4Cl 1.0 g,$CaCl_2 \cdot 2H_2O$ 0.06 g,Na_2SO_4 4.5 g, $MgSO_4 \cdot 7H_2O$ 0.06 g,乳酸钠(质量分数为80%)6 mL,酵母浸膏 1.0 g,$FeSO_4 \cdot 7H_2O$ 0.004 g,柠檬酸钠 0.3 g,蒸馏水 1 000 mL,调节 pH 为 7.0~7.5。

修正的 Postgate E 培养基:KH_2PO_4 0.5 g,NH_4Cl 1.0 g,$CaCl_2 \cdot 2H_2O$ 0.1 g,Na_2SO_4 1.0 g,$MgSO_4 \cdot 7H_2O$ 2.0 g,乳酸钠(质量分数为80%)3.5 mL,酵母浸膏 1.0 g,$FeSO_4 \cdot 7H_2O$ 0.5 g,抗坏血酸 0.1g,半胱酸胺盐酸盐 0.5 g,琼脂 15 g,蒸馏水 1 000 mL,调节 pH 为 7.0~7.5。

实验所用实际中水取自北京某污水处理厂经砂滤后的二级出水,中水水质见表 79.1。

表 79.1　中水水质

项目	pH	DO/(mg·L^{-1})	COD/(mg·L^{-1})	TOC/(mg·L^{-1})	NH$_4^+$/(mg·L^{-1})
测定值	6.01	1.71	24.75	5.17	1.29
项目	Cl$^-$/(mg·L^{-1})	SO$_4^{2-}$/(mg·L^{-1})	TP/(mg·L^{-1})	电导率/cm^{-1}	总硬度/(mg·L^{-1})
测定值	152.99	71.36	0.01	687	130.62

4. 实验步骤

（1）SRB 的分离纯化。

首先将黏泥接入适量无菌水中，震荡静置后取上清液接入 Postgate B 培养基，然后放入生化培养箱在 37 ℃下恒温厌氧培养，进行扩大培养。发现液体培养基变黑后，采用平皿压层厌氧法，使用 Postgate E 固体培养基进行细菌分离。最后使用 Postgat C 培养基进行 SRB 的扩大繁殖。进行 3 次细菌的分离纯化，以得到较纯的菌株。

（2）SRB 的鉴别与观察。

①由于培养集中富含 Fe^{2+}，与 SRB 的代谢产物 S^{2-} 反应生成黑色的 H_2S。培养基变成黑色，则证明存在 SRB。

②通过革兰氏染色，使用 COIC XSZ – 3G 光学显微镜观察细菌是否为革兰氏染色阴性，并使用 HITACHI H – 800 型透射电子显微镜观察经纯化后 SRB 的形态特征。

（3）实际中水中硫酸盐还原菌生长曲线。

将保存的菌种接入 Postgat C 培养基，放入生化培养箱在 37 ℃下恒温厌氧活化培养 2 d。取活化后的菌液 10 mL 接入 250 mL 灭菌后的实际中水中，放入生化培养箱中在 37 ℃下恒温厌氧培养，用显微计数法测定细菌数量。在测定 SRB 生长曲线期间，使用雷磁 PHSJ – 4A pH 计测定培养中水 pH 的变化，并使用铬酸钡分光光度法测定培养中水 SO_4^{2-} 的浓度。

（4）不同离子强度对 SRB 生长的影响。

将保存菌种在培养箱中 37 ℃恒温活化培养 2 d，将中水蒸发浓缩至浓缩倍率分别为 2 倍，3 倍，4 倍和 5 倍，测定不同浓缩倍率下中水的离子强度。再将不同浓缩倍率的中水和作为空白对照的没有浓缩的中水分别倒入 5 支经过高压灭菌锅消毒的 250 mL 带塞锥形瓶中，用经灭菌的移液管移入 10 mL 菌液，塞上塞子。在 37 ℃恒温培养箱中培养期间，用显微计数法测定细菌生长曲线。

5. 实验结果

（1）SRB 的鉴别与观察。

经过反复 4 次分离纯化后，从固体培养基接种进行扩大培养的培养液全部变成浓黑色，打开瓶塞，能闻到硫化氢气体的味道，证明分离纯化后得到的细菌属于 SRB。经革兰氏染色试验后，细菌呈革兰氏染色阴性。将菌液滴一滴在专用铜网上，彻底干燥后，放在透射电子显微镜下进行直接观察，如图 79.1 所示，成型细胞基本为细小杆状，具有鞭毛。

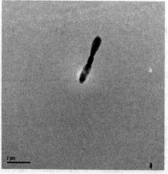

图 79.1　分离得到的 SRB 在透射电镜下的形态

(2)SRB 生长曲线。

该分离菌在中水中的生长阶段分别为指数生长期($0 \sim 8$ h)、稳定生长期(8 h~ 3 d)和衰亡期($3 \sim 10$ d)。3 d 时细菌数量达到峰值,到 10d 有 58.8% 的 SO_4^{2-} 在 SRB 作用下被还原,表明在该中水水质条件下 SRB 可以大量繁殖生长。

(3)pH 值随 SRB 生长的变化。

在 SRB 培养期间,中水 pH 的变化情况能够反映其中硫酸盐还原菌的活性。SRB 生长旺盛,细菌活性强,pH 升高;细菌活性降低,pH 降低。

(4)硫酸盐还原率随 SRB 生长的变化。

分离菌在中水中生长很快,细胞代谢活动旺盛,SO_4^{2-} 迅速被还原,硫酸盐还原率迅速增大。

(5)离子强度对 SRB 生长的影响。

中水浓缩后离子强度的增加并没有造成 SRB 细胞失活,出现抑制其生长繁殖的现象,反而离子强度的增加促进了 SRB 的生长繁殖。

实验 80　反硝化细菌抑制石油集输系统中硫酸盐还原菌实验研究

1. 实验目的

①掌握去除 H_2S 的物理、化学、生物等方法。

②了解反硝化细菌对硫酸盐还原菌的抑制作用及如何实现该抑制作用。

2. 实验原理

地层中或多或少地存在硫酸盐还原菌(Sulfate Reducing Bacteria,SRB),随着石油的开采进入地面集输系统,在系统中特殊的离子环境下代谢产生大量 H_2S,导致原油的酸化和管道的腐蚀,危害周围环境生物以及人身安全。

去除 H_2S 气体的方法很多,按其弱酸性和还原性可分为干法和湿法脱硫两大类:干法脱硫是以固体氧化剂或吸附剂来脱硫,包括克劳斯法、氧化铁法、活性炭法和卡太苏耳弗法等;湿法脱硫按照所用的不同脱硫剂分为液体吸收法和吸收氧化法。然而这些处理方法都是一种被动的对已经产生 H_2S 气体的控制方式,并不能从本质上解决 H_2S 产生的根源。

反硝化细菌对硫酸盐还原菌有很好的竞争抑制,改变系统生存环境,包括氧化还原电位(Oxidation-Reduction Potential,ORP)、pH、有机质等,使其适宜反硝化细菌的生长,不利于 SRB 的生长,针对 H_2S 产生的根源进行控制,从源头上切断 H_2S 的产生,降低硫酸盐还原菌的数量,破坏 H_2S 的产生链条。

3. 实验装置

反应器系统如图 80.1 所示,UASB - 1 有效容积为 50 L,UASB - 2 有效容积为 30 L,UASB - 1 和 UASB - 2 串联连接。反应器中污泥为接种油田废水处理二沉池污泥,进水 COD 为 1 500 mg/L,SO_4^{2-} 为 800 mg/L(模拟油田水质),进行连续流培养。

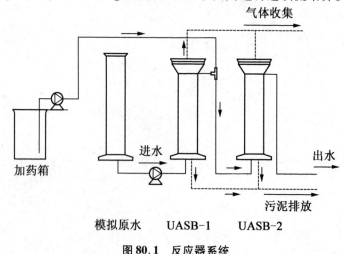

图 80.1　反应器系统

4. 实验步骤

(1)模拟石油集输系统中硫化氢产生的环境。

首先经过 1 个月的动态培养使 SRB 在 UASB - 1 中处于优势地位,成为优势菌群,此时出水中 S^{2-}(硫酸盐还原产生的硫化氢)逐渐增加,最后稳定在 110 ~ 130 mg/L,pH 为 6.5 ~

7.3,氧化还原电位稳定在 −360 ~ −300 mV。把 UASB −1 作为模拟井底,不断产生的 SRB 随水流进入 UASB −2。向反应器 UASB −2 内加入亚硝酸盐激发其中本源反硝化细菌,通过控制反硝化条件因数(SO_4^{2-} 与 NO_2^- 质量浓度比),使得 UASB −2 中 SRB 的活性逐渐降低,对硫酸盐还原的程度逐渐下降。

(2)PCR − DGGE 分析。

用细菌基因组 DNA 快速提取试剂盒(上海生工生物工程有限公司)提取 UASB −1, UASB −2 中泥水混合样 DNA,以其为原模板进行倍比稀释(10 倍),以原核生物通用引物 530F 和 1490R 为上下游引物,使用 PE9700 基因扩增仪,扩增 16S rRNA。通用引物的序列为 5 − GTGCCAGCA/GGCCGCGG − 3 和 5 − GGTTACCTTGTTACGACTT − 3。扩增条件如下: 95 ℃预变性 15 min,94 ℃变性 1 min,62 ℃引物退火 1 min,72 ℃的 DNA 复性 215 min,共 35 个循环,最终在 72 ℃链延伸 10 min。PCR 扩增产物先后通过凝胶电泳和梯度混合装置分析不同断面的生物谱带。

(3)生物群落分析。

分别从 UASB −1,UASB −2 中取样,采用不同的培养基培养生物群落。采用传统的平板计数法分析生物群落,主要分析评价硫酸盐还原菌、反硝化细菌专性厌氧生物群落,以评价生物群落分布特征。此外,通过显微摄影装置对微生物进行镜检分析。

5. 实验结果

(1)氧化还原电位对 SRB 的影响。

随着 NO_2^- 浓度的增大,系统中氧化还原电位不断升高。前期出水系统的氧化还原电位为 −350 ~ −270 mV,H_2S 含量较高。在反应后期,氧化还原电位在 −150 ~ −50 mV 变化,是微生物反硝化作用的氧化还原电位区间,硫酸盐还原被有效抑制,产生极少的 H_2S 气体。说明生存环境的改变在短期内并没有直接杀死 SRB,只是抑制其繁殖代谢。

(2)系统中微生物菌群分布情况。

对 UASB −1,UASB −2 的微生物种群进行变性梯度凝胶电泳(Denaturing Gradient Gel Electrophoresis,DGGE)分析,结果如图 80.2 所示,指纹图谱中不同的阴影部分代表不同的菌种,阴影带的数目代表生物菌种的数目,而阴影的深浅可以定性地代表其所指征的菌种的数量。

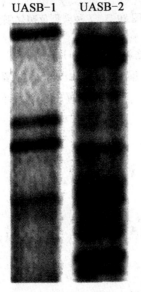

UASB−1　　UASB−2

图 80.2　UASB −1 和 UASB −2 中微生物种群结构分析

UASB－1 体系中的微生物数量较少,约为 5 种。对其中的微生物进行谱库检索,得到脱硫弧菌属(*Desulfovibrio*)、脱硫肠状菌属(*Desulfotomaculum*)和脱硫单胞菌属(*Desulfomonas*)3 种典型 *SRB* 菌的相关 *DNA* 片断信息,分别为

样本序列:acgctggcggcgtgcttaacacatgcaaggcgagcgagaaagtccgcttcggtgg

Desulfovibrio:acgctggcggcgtgcttaacacatgcaagtcgagcgagaaagtccgcttcggtgg

样本序列:tggcggcgtgcttaacacatgcaagccgagcgagaaagtccgcttcggtgg

Desulfotomaculum:tggcggcgtgcttaacacatgcaagtcgagcgagaaagtccgcttcggtgg

样本序列:gaagaaccccgaggatgcgaatagtgtcttcggctgacggtacctcccgaggaag

Desulfomonas:gaagaaccccgaggatgcgaatagtgtcttcggctgacggtacctccagaggaag

各样本序列与 3 种典型 SRB 菌的相关 DNA 片断信息相似度均大于99%。

同样,对 UASB－2 中的微生物菌群分析检测,从指纹图谱中可以看到有 15 种左右微生物,按照 DNA 谱库信息比照,主要是耐盐芽孢杆菌、枯草芽孢杆菌、蜡状芽孢杆菌、脱氮副球菌、产碱假单胞菌、真养产碱杆菌、普通变形杆菌、奇异变形杆菌、藤黄微球菌、锈色黄杆菌、黄单胞菌、奈瑟菌、丛毛单胞菌、沙雷氏菌、根瘤菌等菌属。对其中微生物进行镜检分析,3 种典型反硝化细菌如图80.3 所示。

  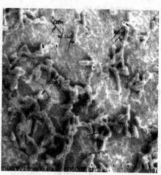

　(a)产碱假单胞菌　　　　　　(b)奈瑟菌　　　　　　(c)耐盐芽孢杆菌

图80.3　3 种典型反硝化细菌

(3)SO_4^{2-} 与 NO_2^- 质量浓度比对 SRB 及 H_2S 的影响。

当系统中的 SO_4^{2-} 与 NO_2^- 质量浓度比为 8∶1.2 时,系统中 pH 和碱度稍微有所增加,硫酸盐还原菌的活性得到有效抑制,使得硫化氢的产生降低至 10% 左右,从而达到控制硫化氢气体产生的作用。

实验 81　耐酸厌氧消化污泥处理餐厨垃圾

1. 实验目的

①了解如何筛选和驯化自然生境中耐酸的产甲烷菌。

②通过分析产甲烷相臭气浓度和物质浓度,结合各组分的阈稀释倍数,筛选出主要的恶臭污染物。

2. 实验原理

厌氧消化技术是处理餐厨垃圾,减少环境污染,回收其蕴含丰富能源的最佳技术途径之一。然而,由于餐厨垃圾的成分复杂,且有机物含量高,特别是脂肪和蛋白质,导致在厌氧消化处理过程中挥发性脂肪酸大量累积,抑制产甲烷菌的活性,出现"酸化失衡"的现象。因此,传统的厌氧消化处理技术须投加外源碱度以维持厌氧产甲烷菌的最佳 pH 范围(约为6.8 ~ 7.2)。因此,如果能通过筛选和驯化自然生境中耐酸的产甲烷菌来处理餐厨垃圾,可能不仅会解决传统厌氧消化处理工艺的"酸化失衡"的现象,而且可以节省碱度投加费用。本实验采用逐级降低 pH 驯化完成的污泥处理餐厨垃圾,研究在 pH 为 4.5 条件下厌氧消化处理的运行过程中。

3. 实验装置及材料

本实验装置采用 2 个 1 L(有效容积为 0.5 L)广口瓶,置于(35 ±2)℃恒温水浴箱中产生的沼气通过导管引入集气瓶,采用排饱和碳酸氢钠法测量产气量,再利用武汉四方气体分析仪(GAS – BOARD2000)测定沼气成分。实验装置示意图如图 81.1 所示。

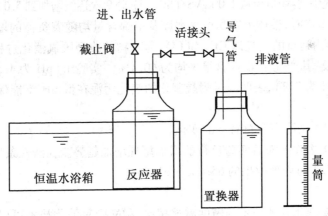

图 81.1　实验装置示意图

实验所用餐厨垃圾样品取自某大学食堂及周边餐馆的混合餐厨垃圾。

4. 实验步骤

(1)餐厨垃圾采集。

首先用搅拌工具将盛装餐厨垃圾器皿内垃圾搅拌均匀,剔除纸张、竹筷等干扰物,然后分批破碎至粒径小于 1 mm,混合均匀。餐厨垃圾样品的主要物化指标测试结果如下:TS 含量为 12.45% ,VS/TS 值为 91.88% ,容重为 1 124 kg/m³, 含油率(粗脂肪)为 16.59%(湿基),C/N 值为 15.53,氨氮含量为 245.32 g/m^3,COD 含量为 61 650 g/m^3。

（2）分析项目及测试。

在每次投加物料之前,将反应器混合均匀后取 5 mL 样品用于分析项目的测定,对于不能及时测定的项目,将样品置于 4 ℃的冰箱中保存。

（3）测试方法。

容重:称重法;MLSS:重量法,CS101 - 3 电热鼓风干燥器;MLVSS:灼烧减重法,马弗炉;TS 和 VS:称重法;挥发性脂肪酸:比色法,HACH DR2000 测定仪;COD:HACH 替代试剂比色法,DR - 2000 型 COD 测定仪;pH:玻璃电极法,pH_s - 3C 型 pH 计;碱度:指示剂滴定法,溴甲酚绿 - 甲基红酸式滴定管;氨氮:滴定法;粗脂肪:索氏抽提法,SZF - 06 型粗脂肪测定仪;气体成分:武汉四方气体分析仪(GASBOARD2000)。

（4）反应器的启动运行。

实验直接利用采用逐级降低 pH 驯化完成的污泥,在 pH 为 4.5(实验组) 的厌氧反应器中进行厌氧消化处理。装置运行初期,在低容积负荷[1.0 kg VS/($m^3 \cdot d$)] 的条件下运行,当沼气产率、产气成分以及 pH 值和挥发性脂肪酸（VFAs）未明显波动时,再按 0.5 kg VS/($m^3 \cdot d$) 的梯度逐步增加负荷。增加容积负荷的过程中,需要保证实验组 pH 维持在 4.5 左右,对照组 pH 维持在 7.2 左右。当 pH 出现明显波动时,采用 1 mol/L 的 NaOH 和 1.0 mol/ L 的 HCL 溶液进行调控。实验开始时,耐酸厌氧消化污泥性状指标测试结果如下:含水率为 91.0%,MLSS 值为 90.5 g/L,MLVSS 值为 46.2 g/L,pH 约为 4.50。

5. 实验结果

（1）实验产气状况。

实验运行过程中,容积负荷从 1.0 kgVS/($m^3 \cdot d$) 分 9 次逐级增加到 5.0 kgVS/($m^3 \cdot d$),在前 8 次容积负荷增加时,整体上容积产气率以及甲烷含量均随着负荷的增加而增加。在酸性条件下,反应器内运行的仍是以 CH_4 和 CO_2 为产物的典型厌氧消化过程,整体上 CH_4 和 CO_2 变化趋势相反,其产气中 CH_4 含量平均为 60.1%。实验组(pH 为 4.5) 的产气速率值略低于对照组(pH 为 7.2),表明经过耐酸驯化的消化污泥在低 pH 下能保持较高产甲烷活性。

（2）VFAs,COD 去除率及总碱度的变化。

VFAs 和 COD 去除率随着实验负荷的增加呈现增加趋势。在酸性条件下,COD 去除率仍能保持 pH 为 7.2 时处理效果的 65.0% ~91.8% 。

（3）碱度变化。

与传统的厌氧消化处理技术的碱度需求相比,耐酸厌氧消化技术可以大大减少餐厨垃圾处理成本,简化运行管理。

实验 82　餐厨垃圾两相厌氧发酵产甲烷相恶臭排放规律

1. 实验目的

研究餐厨垃圾两相厌氧发酵产甲烷相恶臭排放规律,筛选出主要的恶臭污染物。

2. 实验原理

由于餐厨垃圾富含油脂、蛋白、淀粉等极易腐败的有机质,在处理过程中产生大量恶臭气体,对周围环境造成恶臭污染,对人们的生活环境和身体健康造成危害。有研究表明,恶臭污染物主要包括硫化物、芳香族、卤代烃、烷烃、烯烃、含氧类以及萜烯类 7 大类化合物。在城市固体废物厌氧消化过程各阶段恶臭气体释放的实验中发现,VOCs,NH$_3$ 和硫化物是恶臭的主要成分。

餐厨垃圾两相厌氧发酵过程采用全封闭的生物反应器,主要是发酵过程产生的气体造成恶臭,而两相厌氧发酵产酸阶段产气量很少,主要是产甲烷阶段产气。因此,产甲烷阶段产生的气体是造成恶臭的主要原因。

本实验在中温(35 ℃)条件下,以餐厨垃圾为发酵底物进行中试规模的两相连续式厌氧发酵试验,通过研究挥发性脂肪酸(VFAs)和化学需氧量(COD)随时间的变化,确定产酸相反应器和产甲烷相反应器的进料周期,并对一个周期内不同时间段产甲烷相产生的气体进行采样,分析其臭气浓度和物质浓度,结合各组分的阈稀释倍数,从而筛选出主要的恶臭污染物。

3. 实验材料

(1)实验材料。

接种物为某大学餐厨垃圾厌氧发酵中试实验的出料。餐厨垃圾取自某环境保护科学研究院食堂。餐厨垃圾的基本特性如下：TS(总固体,W% ,) 20.1,动植物油 15.5 g/L,COD 260 g/L,氨氮 438 mg/L,硫化物 0.105 mg/L,硫酸盐 37.21 mg/L,总硫 601.48 mg/kg。

(2)实验装置。

两相厌氧发酵在 2 个独立的反应器中进行,水解酸化和产甲烷阶段实验装置构造基本相同,装置如图 82.1 所示,主要由支架双、层玻璃反应器、电动搅拌器、水浴锅和湿式流量计等部分组成。产酸相反应器的体积是 20 L,有效体积 12 L,夹套体积是 6 L,电动搅拌功率90 W;产甲烷相反应器的体积是 50 L,有效体积为 30 L,夹套体积是 16 L,电动搅拌功率为120 W。反应器的温度[中温(35 ±1)℃]通过水浴加热来控制,气体体积由湿式流量计测量,流量计中充满饱和食盐水,搅拌速度通过调速器来控制。

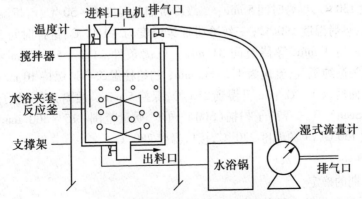

图 82.1　餐厨垃圾厌氧发酵实验装置图

4. 实验步骤及方法

①去除餐厨垃圾中的骨头等硬物后用搅拌机将其粉碎,作为酸化阶段的原料,酸化阶段的发酵液作为产甲烷阶段的原料。

②在产酸相反应器中加入 12.0 L 接种物,在产甲烷相反应器中加入 30.0 L 接种物,采用动力学控制法实现 2 个反应器中产酸相和产甲烷相的分离。当产酸相反应器和产甲烷相反应器实现相分离之后,测定 2 个反应器加入 1.0 L 原料后发酵液中 VFAs 和 COD 的变化,以确定 2 个反应器的进料周期。按照实验确定的周期给 2 个反应器进料,每次进料量为 1.0 L,并且在进料前取出与进料量相同体积的发酵液,每天测定系统的 pH 和产气量,当 pH 和产气量稳定时,发酵系统进入稳定状态,采用采样袋法采集一个周期内不同时间段产甲烷相反应器排气口的气体,测定气体的臭气浓度和物质浓度,发酵温度控制在(35 ± 1)℃,产酸相反应器 pH 控制在 5.0 左右,产甲烷相反应器 pH 控制在 7.6 左右,每天搅拌 2 次,每次 1 h,转速为 100 r/min。

③pH 采用上海雷磁仪器厂的 PHS – 3C 型 pH 计测量;产气量采用上海克罗姆表业有限责任公司生产的 BSD0.5 湿式流量计测量;TS 采用 105 ℃ 烘干法;VFAs 采用 Agilent7890A 气相色谱进行测定;COD 采用重铬酸钾法;氨氮采用蒸馏滴定法;硫化物采用碘量法;硫酸盐采用铬酸钡光度法,使用的仪器为上海天美 VIS7200 型分光光度计;总硫采用 $BaSO_4$ 比浊法,使用的紫外可见分光光度计为 HACHDR5000 型;动植物油采用北京泰亚赛福 OIL460 红外分光测油仪测定;臭气浓度采用三点比较式臭袋法,使用的嗅觉实验袋、无臭空气过滤分配器和无油空气压缩机等均为天津迪兰奥特公司生产。

④臭物质浓度采用 GC – MS（Agilent 7890A/5975C,USA）法测定:采样袋采集的样品在预浓缩系统（Entech 7100,USA）一级冷阱中经液氮低温冷冻浓缩除去空气中的氧气和氮气后,经二级冷阱去除样品中的水蒸气和大部分二氧化碳,最后经第三级冷阱冷聚焦后瞬间升温将待测组分导入气相色谱,经色谱柱分离后,由质谱对恶臭物质进行定性定量分析。使用的分析标准物质包括:内含 65 种挥发性有机物的美国 EPA VOCs 标准气体,主要为卤代烃、芳香烃和含氧有机物;内含 57 种挥发性有机物的美国 EPA PAMs 标准气体,主要为烷烃、烯烃和芳香烃;内含硫化氢、甲硫醇、甲硫醚、乙硫醇、乙硫醚和二甲二硫醚的硫化物标准气体;三甲胺标准气体;内含柠檬烯、α – 蒎烯和 β – 蒎烯的萜烯类标准气体。

预浓缩进样系统条件:第一级冷阱捕集温度为 – 150 ℃,预热温度 10 ℃,解析温度 10 ℃,烘烤温度 130 ℃,烘烤时间 5 min;二级冷阱捕集温度为 – 50 ℃,解析温度 180 ℃,解析时间 3.5 min,烘烤温度 190 ℃;三级冷阱捕集温度为 – 150 ℃,进样时间 2 min,烘烤时间 2 min,结束时间 3 min,等待时间 31 min。色谱条件:DB – 5（60 m × 0.32 mm × 1.0 μm）;载气为高纯氦气,流速为 1.5 mL/min;初始柱温 35 ℃,保持 10 min,以 4 ℃/min 升温至 140 ℃,而后以 15 ℃/min 升温到 250 ℃,保持 5 min。质谱条件:电子轰击源,电压 70 eV,全扫描(Scan)和选择离子扫描(SIM)同步,质量范围:15 ~ 300 amu,扫描时间 < 1 s,四级杆温度 150℃,EI 源温度 230 ℃,接口温度 280 ℃。

5. 实验结果

(1)进料周期的确定。

综合进料后产酸相反应器和产甲烷相反应器中 VFAs 和 COD 含量随时间的变化,并根据实际的工程应用,使实验结果更好地模拟实际情况,在进料量为 1.0 L 时将产酸相反应器和产甲烷相反应器的进料周期确定为 24 h。

(2)恶臭排放规律。

产甲烷相产生的臭气浓度较大,最小的也达到了 23 万。产甲烷相产生的恶臭物质主要包括硫化物、萜烯类、含氧类和芳烃类 4 类化合物,其中质量浓度最高的恶臭物质是硫化氢,超过了 150 mg/m³。除了硫化氢,质量浓度较高的还有柠檬烯、丁醛、甲硫醚和甲硫醇。产甲烷相产生的硫化氢质量浓度先增大后减少,8 ~ 9 h 采集的样品硫化氢质量浓度最大,23 ~ 24 h 采集的样品硫化氢质量浓度最小。产甲烷相产生的臭气浓度与硫化氢的质量浓度变化趋势一致,也是在 8 ~ 9 h 采集的样品臭气浓度最大,达到了 70 万以上,在 23 ~ 24 h 采集的样品臭气浓度最小。

(3)恶臭物质致臭贡献。

产甲烷相的主要致臭物质是硫化物,其中贡献最大的是硫化氢,其阈稀释倍数都在 26 万以上,其次为乙硫醇、甲硫醇、乙硫醚,乙硫醇和甲硫醇的阈稀释倍数都在 10 000 以上,乙硫醚的阈稀释倍数也在 4 000 以上。除了硫化物,含氧类化合物中的丁醛对恶臭的贡献也比较大,其阈稀释倍数也在 4 000 以上。

实验 83 厌氧细菌对葡萄糖的产氢特性研究

1. 实验目的

①了解影响厌氧发酵产氢细菌 *Acetanaerobacterium elongatum* Z7 产氢效率的因素。

②研究影响厌氧发酵产氢细菌 *Acetanaerobacterium elongatum* Z7 的因素,为生产实践中提高氢的转化率提供理论和方法

2. 实验原理

发酵复杂有机质产氢的微生物有多种,包括严格厌氧的 *Clostridium* 和 *Ru minococcus*,兼性厌氧的 *Enterobacter aerogenes* 和 *Escherichia coli*,以及好氧菌如 *Alcaligenes* 和 *Bacillus* 等。

厌氧葡萄糖发酵产氢主要有两种代谢类型——丁酸型发酵和乙醇型发酵。反应式如下:

$$C_6H_{12}O_6 \longrightarrow CH_3(CH_2)_2COOH + 2H_2 + 2CO_2$$

$$C_6H_{12}O_6 + H_2O \longrightarrow CH_3COOH + CH_3CH_2OH + 2H_2 + 2CO_2$$

当葡萄糖发酵的产物只有乙酸时,厌氧发酵能达到最大理论产氢率是 4 mol H_2/mol 葡萄糖。

$$C_6H_{12}O_6 + 2H_2O \longrightarrow 2CH_3COOH + 4H_2 + 2CO_2$$

因此,在生产实践中如果葡萄糖能够全部转化为乙酸,则能够提高氢的转化率。虽然丁酸型发酵和乙醇型发酵的产氢效率都是 2 molH_2/mol 葡萄糖,但根据丁酸和乙醇分别转化为乙酸的标准自由能变可知,乙醇比丁酸更容易转化为乙酸,因此乙醇型代谢类型更有改造前景。

$$CH_3(CH_2)_2COOH + 2H_2O \longrightarrow 2CH_3COOH + 2H_2, \Delta G^{\theta\prime} = +48.3 \text{ kJ/mol}$$

$$CH_3CH_2OH + H_2O \longrightarrow CH_3COOH + 2H_2, \Delta G^{\theta\prime} = +9.6 \text{ kJ/mol}$$

厌氧发酵产氢过程很容易受环境因子,如 pH、温度、氮源、产物浓度的影响,通过调控这些因素可提高厌氧产氢反应的产氢效率。本实验室分离到一个新的发酵葡萄糖产氢的乙醇型发酵的严格厌氧细菌菌株 *Acetanaerobacterium elongatum* Z7,它可能是一个经代谢途径改造后具有潜力的发酵产氢生产菌株。对影响该菌株产氢的因素,包括培养条件、培养基成分、产物抑制等进行实验,为提高发酵产氢效率寻找可行的途径。

3. 实验材料

(1)菌株。

菌株 *A. elongatum* Z7 取自某造纸厂废水污泥,菌株 *Proteiniphilum acetatigenes* TB107 取自某大学啤酒废水厌氧反应器,*Methanobacterium formicicum* DSM1535T 由某大学微生物系培制。

(2)培养基。

A. elongatum Z7 生长和产氢所用的培养基是预还原的 PYG,甲烷菌的培养采用一种寡营养的互营菌培养基,主要成分是磷酸盐缓冲液、质量分数为 0.05% 的酵母粉和质量分数为 0.025% 的蛋白胨以及维生素和微量元素。除培养甲烷菌的气相为 $H_2 \cdot CO_2$(H_2 与 CO_2 体积比为 80:20)外,其余的实验均以质量分数为 100% N_2 为气相。所有实验均在 23 mL 试

管中进行,培养基为 3~5 mL。除特别说明,培养温度均为 37 ℃。

(3)主要试剂和仪器。

酵母粉、蛋白胨和维生素(购于 Oxifod 试剂公司)及气相色谱 GC-14B(购于日本岛津(Shimadzu)公司)。

4. 实验步骤

(1)最适培养条件的测定。

接种 pH 为 4~10 的不同 pH 的 PYG 培养基(质量分数为 1% 葡萄糖),在 37 ℃ 培养 3 d 后测定氢浓度以确定最适初始 pH;接种 pH 为 7.2 的 PYG 培养基(质量分数为 1% 葡萄糖),分别置于 20 ℃,25 ℃,28 ℃,31 ℃,34 ℃,37 ℃,39 ℃,42 ℃ 和 46 ℃ 培养 3 d 后测定氢浓度以确定最适培养温度。

(2)培养基成分对产氢的影响。

分别配制含 1% 阿拉伯糖、果糖、半乳糖、木糖、蔗糖、麦芽糖和纤维二糖以及不同葡萄糖浓度的 PY 培养基,接种培养 3 d 后测定氢浓度以确定不同底物和葡萄糖浓度对产氢的影响。以 PYG 培养基为基础,调整氮源含量,使其分别含质量分数为 0.2% 的酵母粉或质量分数为 1% 的酵母粉,质量分数为 0.1% 的蛋白胨或质量分数为 0.5% 的蛋白胨,接种培养 3 d 后测定氢浓度以确定氮源对产氢的影响。

(3)代谢产物对产氢的影响。

①乙酸钠和乙醇对产氢的影响。分别配制含 0~25 mmol/L 乙酸钠和 0~600 mmol/L 乙醇的 PYG 培养基(质量分数为 1% 的葡萄糖,pH 为 7.5),接种培养 3 d 后测定氢浓度,以确定不同浓度的乙酸钠和乙醇对产氢的影响。

②氢分压对产氢的影响。通过产氢菌与甲烷菌共培养的方式以保持培养体系内低的氢压。每管接种产氢菌 0.1 mL 和甲烷菌 *M. formicicum* 2 mL,同时以不接种甲烷菌为对照。在 37 ℃ 培养,检测 CH_4 的生成和代谢产物的变化。

(4)菌株间的协同作用对产氢的影响。

在含有维生素和质量分数为 1% 葡萄糖的、添加或不添加酵母膏和 P 或蛋白胨的互营菌培养基中,同时接种 *A. elongatum* Z7 和 *Proteiniphilum acetatigenes* TB107 各 0.1 mL,培养 3 d 后测定氢浓度、葡萄糖的消耗和产物的浓度。

(5)代谢物测定方法。

用气相色谱检测细菌发酵葡萄糖的产物,分离柱为填充了 GDX-401(60~80 目)的不锈钢柱,载气均为 N_2。有机酸和乙醇的检测用 FID 检测器,挥发酸测定参数:柱温 220 ℃,进样室温度 250 ℃,检测器温度 280 ℃;非挥发酸测定参数:柱温 150 ℃,进样室温度 180 ℃,检测器温度 200 ℃;乙醇测定参数:柱温 130 ℃,进样室温度 170 ℃,检测器温度 200 ℃,气体的检测用 TCD 检测器,测定参数:柱温 30 ℃,进样器温度 50 ℃,检测器温度 100 ℃,TCD 室 100 ℃,电流 70 mA。葡萄糖的测定采用斐林试剂比色法

5. 实验结果

①培养温度和起始 pH 对 *A. elongatum* Z7 产氢的影响。

产氢的最适初始 pH 为 8.0,高于其最适生长 pH(6.5~7.0),最适产氢温度为 37 ℃,和最适生长温度相同。

②不同底物对产氢的影响。

A. elongatum Z7 发酵葡萄糖和阿拉伯糖产氢的能力较强,发酵果糖、半乳糖和木糖产氢的能力较弱。

③氮源对产氢的影响。

酵母粉而不是蛋白胨对 *A. elongatum* Z7 的产氢是必须的,而且 0.2% 酵母粉已足够。

④产物对 A. elongatum Z7 产氢的影响。

小于 60 mmol/L NaAc 对菌株 Z7 的产氢没有影响,大于 60 mmol/L NaAc 明显抑制其产氢;80 mmol/L NaAc 使菌株 Z7 产氢降低至 80%,180 mmol/L NaAc 完全抑制其生长和产氢。小于 270 mmol/L(1.25%)乙醇不会对 *A. elongatum* Z7 产氢发生影响。说明乙醇不是发酵产氢的最主要抑制因子。降低氢的分压,改变电子的流动方向,使生成更多的乙酸和较少的乙醇,从而提高氢的产量。

⑤菌株间的协同作用对菌株 Z7 产氢的影响。

一个只利用蛋白类物质的细菌能够促进菌株 Z7 对葡萄糖的利用,进而提高氢产量,为生物制氢的工业化生产提供理论参考。

实验84　新型厌氧反应器 + 厌氧MBR处理乳品废水的实验研究

1.实验目的

①比较新型厌氧反应器与上流式厌氧污泥反应器厌氧复合工艺对废水的去除效果。

②学习工程上经济效益和环境效益的分析方法。

2.实验原理

厌氧生物处理技术是利用厌氧微生物的代谢特性分解有机污染物,在不需要提供外源能量的条件下,以被还原有机物作为氢受体,同时产生有能源价值的甲烷气体的一种水处理技术。它是环境工程和能源工程领域的一项重要技术,尤其对于高浓度废水是一种行之有效的处理方式。

实验流程如下:

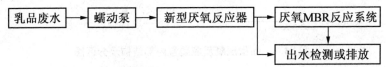

废水通过蠕动计量泵从反应器底部进入反应器,由于水的向上流动和产生气体的上升运动形成了良好的自然搅拌作用,使得进水与微生物充分混合接触并进行厌氧分解。沉淀性能良好的污泥形成了厌氧污泥床层,一部分沉降性能差的污泥在气体搅拌作用下,在污泥床上方形成相对稀薄的污泥悬浮层。随着水流的上升,泥、水混合液通过折流板进入产甲烷相反应区,通过甲烷菌降解有机物,产生的气体通过集气管被收集于集气瓶,处理后的水经出水堰排出,进入厌氧MBR反应系统,经过该步骤的深度处理后排出。

3.实验材料

(1)实验装置。

实验系统的主体装置新型厌氧反应器采用有机玻璃材料制成,截面为矩形,长宽均为30 cm,高为50 cm,反应器总有效容积约为40 L,且产酸相反应器与产甲烷相反应器的容积之比为1:5,内部结构及分区图如图84.1所示。膜分离器由抗污型改进性进口聚丙烯(PP)中空纤维微孔膜材料构成,膜的中空纤维管两端汇集于一出口,膜孔径为 $0.1 \sim 0.2~\mu m$,膜壁厚 $40 \sim 50~\mu m$,膜内径 $350 \sim 370~\mu m$。为满足实验系统对温度的要求,实验室配有辅助加热源。

(2)实验用水。

实验用水为自配乳品废水,主要由奶粉配制而成,水样中加入适量的营养元素 N,P,保证正常运行中满足 $Q(COD):Q(N):Q(P) = (200 \sim 300):5:1$,为保证厌氧反应的正常运行,配水时加入适量碳酸氢钠,以满足 pH 及碱度的要求。为促进厌氧菌主要是甲烷菌的良性生长,加入了一定量的微量元素,主要有 Mg,Ca,Fe,Ni,Co 等元素。

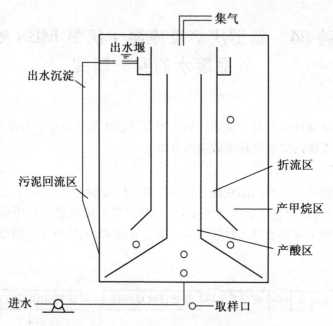

图 84.1　新型厌氧反应装置内部结构及分区图

4.实验步骤

①初次进水时,直接把人工配制乳品废水倒入进水桶中,废水依次通过新型厌氧反应器和厌氧 MBR 处理工艺,膜生物反应器系统采取间歇运行方式,$t_1 = 13$ min,$t_2 = 2$ min。

②采用连续进水稳步提高有机负荷的运行方式,进水流量保证在 24.5 L/d,每次进水 COD 提高约为 500 mg/L,进水 COD 浓度由初始的 1 000 mg/L 逐步升至 3 000 mg/L,有机负荷由启动期的 0.608 kg COD/m³·d 逐步提高到 1.84 kgCOD/m³·d。为满足水力停留时间要求,增加出水回流过程,回流体积比为 3:7。

③实验测定各阶段负荷下厌氧工艺系统进出水的 COD 浓度及去除率变化,探讨该厌氧工艺处理乳品废水的稳定性及可行性。

COD 测定:用重铬酸钾法测定,pH 测定采用 DELTA320 pH 计(上海摩速科学器材有限公司)。

④主要对上流式厌氧污泥反应器(UASB) + 好氧 MBR 工艺和新型厌氧反应器 + 厌氧 MBR 工艺费用进行分析,以处理水量 60 t/d 为设计规模进行两种工艺的投资估算比较,根据单位水费用投资来验证该新型工艺的经济可行性。

5.实验结果

(1)COD 浓度及去除率。

人工配制乳品废水在经过新型厌氧反应器 + 厌氧 MBR 的系统处理作用后,出水水质明显改善,水体比较清澈,水体中有较强的厌氧消化气味,有机物去除率最高可达到 93.6%,最低也在 85% 以上,系统运行稳定,处理效果较好。

(2)效益分析。

①经济效益分析。

不同废水处理系统的工程建设费用比较见表 84.1。不同废水处理系统的运行费用比较见表 84.2。

表 84.1　不同废水处理系统的工程建设费用比较　　　　　　　万元

项目	UASB + 好氧 MBR	新型厌氧反应器 + 厌氧 MBR
基建费用	8.5	8.6
膜组件及支架等费用	7.28	7.26
鼓风机及曝气系统	4.12	0.02
安装费及其他费用	8.29	7.98
小计	28.19	23.86

表 84.2　不同废水处理系统的运行费用比较　　　　　　　元/m³

项目	UASB + 好氧 MBR	新型厌氧反应器 + 厌氧 MBR
电耗	1	0.8
药剂费	0.16	0.3
膜的使用寿命(年)	2	1
膜的更换费用	0.46	0.92
其他费用	0.18	0.18
小计	1.8	2.2

在运行费用部分,新型厌氧反应器 + 厌氧 MBR 比 UASB + 好氧 MBR 的工程投资费用要高 0.4 元/t,根据日处理量 60 t/d 的设计规模,一年内连续运行,得出一年的投资差为 8 760 元,5 年为 4.38 万元。在工程建设费用部分,UASB + 好氧 MBR 比新型厌氧反应器 + 厌氧 MBR 的工程投资费用要高 4.33 万元。可知,如果废水处理设施的运行在 5 年之内,则新型厌氧反应器 + 厌氧 MBR 更经济,如果废水处理设施的运行时间大于 5 年,则 UASB + 好氧 MBR 更合算。

②环境效益分析。

厌氧发酵的终产物沼气作为一种可燃性气体,具有替代传统加热方式的潜力。其主要成分是 CH_4,CO_2,还有少量的 H_2,CO,H_2S 等。以沼气中的 CH_4 体积分数占 60%,CO_2 体积分数占 39% 为例,沼气的容量为 1.22 kg/m³,沼气的相对体积质量为 0.943,沼气的燃烧热值为221 528 kJ/m³,CH_4 的燃烧热值为 35 822 kJ/m³,接近 1 kg 石油的热值。

利用新型厌氧反应器系统处理废水的产物沼气作为厌氧发酵的辅助热源,不仅能够减少电能、煤炭用量而具备经济效益,而且节能环保,使可持续发展的理念在水处理领域得到充分体现。

实验 85　附加外循环 IC 反应器启动实验

1. 实验目的

①了解 IC 反应器的构造及工作原理。

②掌握 IC 反应器快速启动的方法。

2. 实验原理

在启动期,IC 反应器产气量很小,尚不能形成对颗粒污泥的有效搅动,传质过程主要受水力上升流速的控制。由于启动期的 IC 反应器只能以较低的容积负荷运行,进水流量受到限制,水力上升流速很难达到传质作用的要求,因此 IC 反应器也像其他类型厌氧装置一样,同样存在启动周期较长,启动期运行不够稳定的问题。为改善启动期 IC 反应器的传质作用,对 IC 反应器进行改造,增加外循环装置来解决这一问题。

附加外循环 IC 反应器在内循环出现之前,通过外循环作用强化传质过程,并通过调节外循环量,使下反应区的水力上升流速保持在一个合适的水平,使颗粒污泥始终处于适宜的膨胀状态,与进水充分接触,从而保证反应器的快速启动。附加外循环 IC 反应器内的水力上升流速主要受进水和内、外循环的影响,这三个作用因素的影响范围有所不同。在启动初期,反应器内的水力上升流速主要是由外循环作用引起的。外循环影响上、下反应区,而内循环只影响下反应区,即下反应区水力上升流速是 3 个因素共同作用的结果,上反应区水力上升流速是进水和外循环两个因素作用的结果,而沉淀区水力上升流速则是进水单因素作用的结果。

3. 实验材料

（1）实验装置。

①IC 反应器实验装置。

IC 反应器实验装置（图 85.1）根据 IC 反应器原理设计,用有机玻璃制成,内径 150 mm,高 1 500 mm,有效容积 24 L,其中下反应区 12 L,上反应区 9.3 L,沉淀区 2.7 L,内设三相分离器、升流系统和回流系统,顶部设有气液分离器,沿反应器高度设置取样孔。实验装置用电热毯保温,温度控制在（35 ± 2）℃。

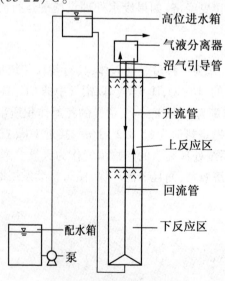

图 85.1　IC 反应器实验装置

②附加外循环 IC 反应器实验装置。

附加外循环 IC 反应器实验装置在 IC 反应器实验装置的基础上增加外循环装置,在沉淀区设置内置二沉池,其他方面与 IC 反应器实验装置相同,如图 85.2 所示。

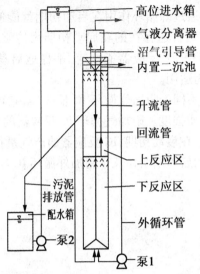

高位进水箱
气液分离器
沼气引导管
内置二沉池
升流管
回流管
上反应区
下反应区
污泥排放管
配水箱
外循环管
泵2
泵1

图 85.2　附加外循环 IC 反应器实验装置

(2)实验用水。

为保证实验数据的可靠性,直接采用市售瓶装啤酒配水,用碳酸氢钠调节 pH 为 7.0 左右。两种实验装置使用完全相同的配水。

(3)接种污泥。

两种实验装置均接种来源相同、处理一致、容积相等的活性污泥。接种污泥取自某啤酒厂处理啤酒废水的 UASB 反应器,接种前经筛选。污泥 TS 为 76.70 g · L^{-1},VS 为 60.20 gCOD · L^{-1},VS/TS 为 0.79,容积负荷 8 kgCOD · m^{-3} · d^{-1},接种量为 9 L。接种后用 1 950 mgCOD · L^{-1} 的啤酒配水浸泡 24 h,然后在相同 COD 浓度的啤酒配水下启动。

4. 实验步骤

①IC 反应器的启动实验共进行 58 d。初始进水 COD 浓度为 1 950 mgCOD · L^{-1},进水流量 2.30 L · h^{-1},容积负荷 4.50 kgCOD · m^{-3} · d^{-1},水力上升流速 0.13 m · h^{-1},水力停留时间为 10.40 h。此后当 COD 去除率稳定在 70% 以上时,按 20% 的比例逐步提高容积负荷,顺序是先提高进水 COD 浓度,接着提高进水流量,如此交替提高,直至出现不间断内循环。

②附加外循环 IC 反应器启动实验共进行 26 d。出现连续内循环是实验结束的标志。实验开始时的基本操作与 IC 反应器实验相同,但同时启动外循环装置,使下反应区的水力上升流速稳定在 0.80 m · h^{-1} 左右,该水力上升流速既可保证颗粒污泥始终在下反应区内处于合适的膨胀状态,又不致造成污泥大量流失。此后根据实验进程,每当 COD 去除率稳定在 75% 以上时,就逐步提高容积负荷,提高方式与步骤与 IC 反应器启动实验相同。实验进行到第 20 d,反应器内出现每分钟 10 次左右的内循环,内循环量达 11.30 L · h^{-1} 时停止外循环。至第 26 d,容积负荷达 13.60 kgCOD · m^{-3} · d^{-1},出现不间断内循环,实验结束。

③COD 测定采用重铬酸钾滴定法,pH 的测定采用玻璃电极法,TS 和 VS 测定采用重量法,产气率使用湿式气体流量计测定。

5. 实验结果

①附加外循环 IC 反应器通过外循环作用在启动初期就能使反应器内保持合适的上流速度,有效地克服了厌氧反应器普遍存在的在启动初期因传质差而导致启动缓慢、运行不稳的问题,降低了启动难度,保证了反应器能快速、平稳地启动。这对于那些需要间断运行、多次启动的 IC 反应器尤为适用。

②附加外循环 IC 反应器不同于附加气循环 IC 反应器,它可以根据需要随意控制颗粒污泥的膨胀度,保持最佳的传质强度。附加气循环 IC 反应器的污泥膨胀度和传质强度是不可调的,非连续式的。事实上,在启动初期,IC 反应器的产气量很小,附加气循环作用有限。因此,附加气循环 IC 反应器的启动期明显长于附加外循环 IC 反应器。

实验 86　IC 反应器快速启动的实验研究

IC 厌氧反应器是一种高效的多级内循环反应器,为第三代厌氧反应器的代表类型(UASB 为第二代厌氧反应器的代表类型),与第二代厌氧反应器相比,它具有占地少、有机负荷高、抗冲击能力更强、性能更稳定、操作管理更简单的优点。当 COD 为 10 000 ~ 15 000 mg/L 时的高浓度有机废水,第二代 UASB 反应器一般容积负荷为 5 ~ 8 kgCOD/m³;第三代 AIC 厌氧反应器容积负荷率可达 15 ~ 30 kgCOD/m³。IC 厌氧反应器适用于有机高浓度废水,如玉米淀粉废水、柠檬酸废水、啤酒废水、土豆加工废水及酒精废水。

1. 实验目的

①了解并掌握 IC 反应器的构造及工作原理。

②了解 IC 反应器快速启动的具体操作机对废水的处理效果。

2. 实验原理

按功能划分,IC 反应器由下而上共分为 5 个区:混合区、第一厌氧区、第二厌氧区、沉淀区和气液分离区。

混合区:反应器底部进水、颗粒污泥和气液分离区回流的泥水混合物有效地在此区混合。

第一厌氧区:混合区形成的泥水混合物进入该区,在高浓度污泥作用下,大部分有机物转化为沼气。混合液上升流和沼气的剧烈扰动使该反应区内污泥呈膨胀和流化状态,加强了泥水表面接触,污泥由此而保持高的活性。随着沼气产量的增多,一部分泥水混合物被沼气提升至顶部的气液分离区。

第二厌氧区:经第一厌氧区处理后的废水,除一部分被沼气提升外,其余的都通过三相分离器进入第二厌氧区。该区污泥浓度较低,且废水中大部分有机物已在第一厌氧区被降解,因此沼气产生量较少。沼气通过沼气管导入气液分离区,对第二厌氧区的扰动很小,这为污泥的停留提供了有利条件。

沉淀区:第二厌氧区的泥水混合物在沉淀区进行固液分离,上清液由出水管排走,沉淀的颗粒污泥返回第二厌氧区污泥床。

气液分离区:被提升的混合物中的沼气在此与泥水分离并导出处理系统,泥水混合物则沿着回流管返回到最下端的混合区,与反应器底部的污泥和进水充分混合,实现了混合液的内部循环。

从 IC 反应器工作原理中可见,反应器通过两层三相分离器来实现 SRT 和 HRT 的延长,获得高污泥浓度;通过大量沼气和内循环的剧烈扰动,使泥水充分接触,获得良好的传质效果。

3. 实验装置和材料

(1)实验装置。

用有机玻璃同时制作两套外部尺寸和内部构造完全相同的 IC 反应器。反应器总容积为 28 L,高度为 3 600 mm,沿柱高均匀设置 8 个取样口。为实验方便,将反应器安装在室内,采用 XM TD 型数显温控仪、单相220 V 交流接触器和普通浸没式电热水器构成温控装置对进水进行预热,温度控制在(36 ± 1) ℃。另外为保证布水的均匀,在各反应器底部装入高 5 cm、粒径约为 1 cm 的卵石。实验所用 IC 反应器如图 86.1 所示。

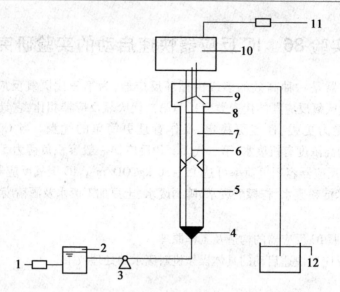

图 86.1　IC 反应器

1—加热及温控系统;2—储水箱;3—计量泵;4—卵石层;5—膨胀床区;6—上行管;7—精处理区;
8—回流管;9—沉淀区;10—气液分离器;11—气体流量计;12—出水

（2）接种污泥。

接种污泥取自实验室处理油墨废水厌氧污泥,接种污泥的 VSS 为 20.96 g/L, TSS 为 29.52 g/L,污泥最大比产甲烷速率为 126 mL CH$_4$/（gVSS·d）。接种前先将污泥进行筛洗处理,再用 1 000 mg/L 的葡萄糖配水,持续 24 h 进行漂洗和活化。

（3）实验废水。

实验用废水为人工葡萄糖配水,其具体成分见表 86.1。

表 86.1　人工葡萄糖配水成分

药品	葡萄糖	磷酸二氢钾	尿素	氯化钙	微量元素 （Mo,Co,Ni,Fe）
质量/g	432	4.4	21.6	7.2	适量

（4）麸皮纤维。

准确量取 80 g 的麸皮纤维,其理化性质见表 86.2。

表 86.2　麸皮纤维的理化性质

项目	理化特征
感观	片小,细腻,不含面粉,无异味,白色
粒度/mm	0.2～2.0
溶胀度/mL	18.1

续表 86.2

项目	理化特征
持水力(g/g)	21.3
蛋白质/%	5.0
脂肪/%	1.9
淀粉/%	未检出
灰分/%	4.3
总纤维/%	86.3
水分/%	2.5

4. 实验方法及步骤

①按表 86.1 中的质量将各药品加入到 40 L 自来水中,配制成 COD 浓度为 10 000 mg/L 的模拟废水母液,其中 BOD:N:P 约为 200:5:1 左右,使用时根据需要相应调整,并用工业碳酸钠调节进水 pH 值在 7.0 左右。所需微量元素的浓度根据进水 COD 浓度和反应器的酸化率来进行估算,所需的最小营养物质质量浓度为

$$\rho = 1.14COD_{BD}Y\rho_{cell}$$

式中　ρ——所需最低的营养元素质量浓度,mg/L;

　　　COD_{BD}——进液中可生物降解的 COD 质量浓度,g/L;

　　　Y——细胞产率,gVSS/gCOD_{BD};

　　　ρ_{cell}——该元素在细胞中的含量,mg/g(以干细胞计)。

在实验中细胞产率 Y 值取 0.15。另外,计算结果在实际应用时应扩大一倍,使其有足够剩余。

②向 A,B 反应器中各投加 6 L 的接种污泥,其中反应器 A 投入前在接种污泥中加入麸皮纤维(麸皮纤维需用水浸泡一段时间),混合均匀,静置 24 h 后再投入反应器运行。接种污泥后将反应器均注满浓度为 1 000 mg/L 的葡萄糖配水,静置 2 d 后开始启动。反应器初始容积负荷为 9.5 kgCOD·(m³·d)⁻¹ 左右,水力停留时间(以下简称 HRT)为 24 h。根据反应器出水 VFA 浓度、出水 pH、污泥流失情况、COD 去除率、产气量等综合因素逐步提高反应器有机负荷。负荷的提高遵循以下原则:①出水 VFA(以乙酸计,以下同)小于 800 mg/L;②出水 pH 大于 6.8。

③污泥流失小于 10 mL/L。但如果有下列任何一种情况出现则降低容积负荷:①出水挥发酸大于 1 600 mg/L;②出水 pH 小于 6.3;③污泥流失大于 12 mL/L。依此原则不断提高反应器的容积负荷,直至颗粒污泥成熟。

5. 实验结果

①通过对比实验发现,投加麸皮纤维的反应器所需启动时间仅 41 d,比未投加麸皮纤维的 IC 反应器节省了 20 d 的时间。

②投加麸皮纤维的 IC 反应器最大稳定运行负荷为不投加麸皮纤维的 IC 反应器 1.38 倍,最终 COD 去除率相差不大。另外,投加麸皮纤维的 IC 反应器运行稳定性也优于不投加麸皮纤维的 IC 反应器。

③利用麸皮纤维培养出来的厌氧颗粒污泥具有良好的沉降性能和比产甲烷活性。

附录 1　产甲烷菌分离培养基的配制

产甲烷菌分离培养基:

NH_4Cl	1 g
$MgCl_2$	1 g
K_2HPO_4	0.4 g
KH_2PO_4	0.4 g
胰酶解酪蛋白	2 g
酵母浸膏	1 g
无机盐溶液	50 mL
微量元素液	10 mL
维生素溶液	10 mL
质量分数为 0.2% 刃天青	1 mL
水	1 000 mL
pH	6.8~7.0

培养基煮沸 10 min 后通入无氧 N_2,驱氧 10 min 后加入 L - 半胱氨酸盐 0.5 g,继续通入 N_2 至培养基无色即可分装。

无机盐溶液:

K_2HPO_4	6 g
KH_2PO_4	6 g
$(NH_4)_2SO_4$	6 g
NaCl	12 g
$MgSO_4 \cdot 7H_2O$	2.6 g
$CaCl_2 \cdot 2H_2O$	0.16 g
蒸馏水	1 000 mL

微量元素溶液:

氨基三乙酸	1.5 g
$MnSO_4 \cdot 2H_2O$	0.5 g
$MnSO_4 \cdot 7H_2O$	3.0 g
$FeSO_4 \cdot 7H_2O$	0.1 g
NaCl	1.0 g
$CoCl_2 \cdot 6H_2O$	0.1 g
$CaCl_2 \cdot 2H_2O$	0.1 g
$CuSO_4 \cdot 5H_2O$	0.01 g
$ZnSO_4 \cdot 7H_2O$	0.1 g
H_3BO_3	0.01 g
$AlK(SO_4)_2$	0.01 g
$NiCl_2 \cdot 6H_2O$	0.02 g

| Na_2MoO_4 | 0.01 g |
| 蒸馏水 | 1 000 mL |

维生素溶液：

生物素	2 mg
叶酸	2 mg
B_6	10 mg
B_2	5 mg
B_1	5 mg
烟酸	5 mg
泛酸钙	5 mg
B_{12}	0.1 mg
对氨基苯甲酸	5 mg
硫辛酸	5 mg
蒸馏水	1 000 mL

附录2　分光光度法

分光光度法是通过测定被测物质在特定波长处或一定波长范围内的吸光度或发光强度,对该物质进行定性和定量分析的方法。

常用的波长范围为:200 ~ 400 nm 的紫外光区,400 ~ 760 nm 的可见光区,2.5 ~ 25 μm (按波数计为 4 000 ~ 400 cm^{-1})的中红外光区和780 ~ 2 500 nm 的近红外光区。所用仪器为紫外分光光度计、可见分光光度计(或比色计)、红外分光光度计或原子吸收分光光度计。为保证测量的精密度和准确度,所用仪器应按照国家计量检定规程,定期进行校正检定。

单色光辐射穿过被测物质溶液时,在一定的浓度范围内被该物质吸收的量与该物质的浓度和液层的厚度(光路长度)成正比,其关系为

$$A = \lg \frac{1}{T} = ECL$$

式中　A——吸光度;

　　　　T——透光率;

　　　　E——吸收系数,采用的表示方法是 $E_{1cm}^{1\%}$,其物理意义为当溶液质量分数为1% 或质量浓度为1 g/mL,液层厚度为1 cm 时的吸收度数值;

　　　　C——100 mL 溶液中所含被测物质的质量(按干燥品或无水物计算),g;

　　　　L——液层厚度(比色皿宽度),cm。

物质对光的选择性吸收波长以及相应的吸收系数是该物质的物理常数。当已知某纯物质在一定条件下的吸收系数后,可用同样条件将该供试品配成溶液,测定其吸光度,即可由上式计算出供试品中该物质的含量。在可见光区,除某些物质对光有吸收外,很多物质本身并没有吸收,但可在一定条件下加入显色试剂或经过处理使其显色后再测定,故又称为比色分析。

1. 紫外 - 可见分光光度计

(1)仪器的校正和检定。

①波长。由于环境因素对机械部分的影响,仪器的波长经常会略有变动,因此除应定期对所用的仪器进行全面校正检定外,还应于测定前校正测定波长。常用汞灯中的较强谱线 237.83 nm,253.65 nm,275.28 nm,296.73 nm,313.16 nm,334.15 nm,365.02 nm, 404.66 nm,435.83 nm,546.07 nm 与 576.96 nm,或用仪器中氘灯的 486.02 nm 与 656.10 nm谱线进行校正。钬玻璃在波长 279.4 nm,287.5 nm,333.7 nm,360.9 nm, 418.5 nm,460 nm,0 nm,484.5 nm,536.2 nm 与 637.5 nm 处有尖锐吸收峰,也可作波长校正用,但因来源不同或随着时间的推移会有微小的变化,使用时应注意。近年来,常使用高氯酸钬溶液校正双光束仪器,以 10% 的高氯酸为溶剂,配制含 4% 氧化钬(Ho$_2$O$_3$)的溶液,该溶液的吸收峰波长为 241.13 nm,278.10 nm,287.18 nm,333.44 nm,345.47 nm, 361.31 nm,416.28 nm,451.30 nm,485.29 nm,536.64 nm 和 640.52 nm。仪器波长的允许误差为:紫外区 ±1 nm,500 nm ±2 nm。

②吸光度的准确度可用重铬酸钾的硫酸溶液检定。取在 120 ℃ 干燥至恒重的基准重铬酸钾约 60 mg,精密称定,用 0.005 mol/L 的硫酸溶液溶解并稀释至 1 000 mL,在规定的波长

处测定并计算其吸收系数,与规定的吸收系数比较(见附表2.1)。

附表 2.1　吸收系数与波长的关系

吸收系数 $E_{1 \text{ cm}}^{1\%}$	波长/nm			
	235(最小)	257(最大)	257(最大)	350(最大)
规定值	124.5	144.0	48.62	106.6
许可范围	123.0~126.0	142.8~146.2	47.0~50.3	105.5~108.5

③杂散光的检查。可按附表2.2所列的试剂和浓度,配制成水溶液,置于1 cm的石英吸收池中,在规定的波长处测定透光率,应符合附表2.2中的规定。

附表 2.2　杂散光的检查项目

试剂	浓度/(g·mL^{-1})	测定用波长/nm	透光率/%
碘化钠	1.00	220	<0.8
亚硝酸钠	5.00	340	<0.8

(2)对溶剂的要求。

含有杂原子的有机溶剂,通常均具有很强的末端吸收,因此,当作溶剂使用时,它们的使用范围均不能小于截止使用波长,例如甲醇、乙醇的截止使用波长为205 nm。另外,当溶剂不纯时,也可能增加干扰吸收。因此,在测定供试品前,应先检查所用的溶剂在供试品所用的波长附近是否符合要求,即将溶剂置于1 cm的石英吸收池中,以空气为空白(即空白光路中不置任何物质)测定其吸光度。溶剂和吸收池的吸光度,在220~240 nm范围内不得超过0.40,在241~250 nm范围内不得超过0.20,在251~300 nm范围内不得超过0.10,在300 nm以上时不得超过0.05。

(3)测定法。

测定时,除另有规定外,应以配制供试品溶液的同批溶剂为空白对照,采用1 cm的石英吸收池,在规定的吸收峰波长±2 nm以内测试几个点的吸光度,或由仪器在规定波长附近自动扫描测定,以核对供试品的吸收峰波长位置是否正确。除另有规定外,吸收峰波长应在该品种项下规定的波长±2 nm以内,并以吸光度最大的波长作为测定波长。一般供试品溶液的吸光度读数,以在0.3~0.7为宜。仪器的狭缝波带宽度应小于供试品吸收带的半高宽度的1/10,否则测得的吸光度会偏低。狭缝宽度的选择,应以减小狭缝宽度时供试品的吸光度不再增大为准。由于吸收池和溶剂本身可能有空白吸收,因此测定供试品的吸光度后应减去空白读数,或由仪器自动扣除空白读数后再计算含量。

当溶液的pH对测定结果有影响时,应将供试品溶液的pH和对照品溶液的pH调成一致。

①鉴别和检查。分别按各品种项下规定的方法进行。

②含量测定。一般有以下几种方法:

a. 对照品比较法。按各品种项下的方法,分别配制供试品溶液和对照品溶液,对照品溶液中所含被测成分的量应为供试品溶液中被测成分规定量的 100% ±10% ,所用溶剂也应完全一致。在规定的波长处测定供试品溶液和对照品溶液的吸光度后,按下式计算供试品中被测溶液的质量浓度:

$$c_x = \frac{A_x}{A_R} \times c_R$$

式中　c_x——供试品溶液的质量浓度;

　　　A_x——供试品溶液的吸光度;

　　　c_R——对照品溶液的质量浓度;

　　　A_R——对照品溶液的吸光度。

　　b. 吸收系数法。按各品种项下的方法配制供试品溶液,在规定的波长处测定其吸光度,再以该品种在规定条件下的吸收系数计算含量。用本法测定时,吸收系数通常应大于100,并注意仪器的校正和检定。

　　c. 计算分光光度法。计算分光光度法有多种,使用时均应按各品种项下规定的方法进行。当吸光度处在吸收曲线的陡然上升或下降的部位测定时,波长的微小变化可能对测定结果造成显著影响,故对照品和供试品的测试条件应尽可能一致。计算分光光度法一般不宜用作含量测定。

　　d. 比色法。供试品本身在紫外 – 可见区没有强吸收,或在紫外区虽有吸收但为了避免干扰或提高灵敏度,可加入适当的显色剂显色后测定,这种方法为比色法。用比色法测定时,由于显色时影响显色深浅的因素较多,应取供试品与对照品或标准品同时操作。除另有规定外,比色法所用的空白是指用同体积的溶剂代替对照品或供试品溶液,然后依次加入等量的相应试剂,并用同样方法处理。在规定的波长处测定对照品和供试品溶液的吸光度后,按对照样品比较法法计算供试品浓度。

　　当吸光度和浓度关系不呈良好线性时,应取数份梯度量的对照品溶液,用溶剂补充至同一体积,显色后测定各份溶液的吸光度,然后以吸光度与相应的浓度绘制标准曲线,再根据供试品的吸光度在标准曲线上查得其相应的浓度,并求出其含量。

2. 原子吸收分光光度计

　　原子吸收分光光度法的测量对象是呈原子状态的金属元素和部分非金属元素,由待测元素灯发出的特征谱线通过供试品经原子化产生的原子蒸气时,被蒸气中待测元素的基态原子所吸收。通过测定辐射光强度减弱的程度,求出供试品中待测元素的含量。原子吸收一般遵循分光光度法的吸收定律,通过比较对照品溶液和供试品溶液的吸光度,求得供试品中待测元素的含量。

　　(1)对仪器的一般要求。

　　所用仪器为原子吸收分光光度计,它由光源、原子化器、单色器、背景校正系统、自动进样系统和检测系统等组成。

　　①光源。常用待测元素作为阴极的空心阴极灯。

　　②原子化器。主要有 4 种类型:火焰原子化器、石墨炉原子化器、氢化物发生原子化器及冷蒸气发生原子化器。

　　a. 火焰原子化器由雾化器及燃烧灯头等主要部件组成。其功能是将供试品溶液雾化成气溶胶后,再与燃气混合,进入燃烧灯头产生的火焰中,以干燥、蒸发、离解供试品,使待测元素形成基态原子。燃烧火焰由不同种类的气体混合物产生,常用乙炔 - 空气火焰。改变燃气和助燃气的种类及比例可以控制火焰的温度,以获得较好的火焰稳定性和测定灵敏度。

　　b. 石墨炉原子化器由电热石墨炉及电源等部件组成。其功能是将供试品溶液干燥、灰化,再经高温原子化使待测元素形成基态原子。一般以石墨作为发热体,炉中通入保护气,以防氧化并能输送试样蒸气。

　　c. 氢化物发生原子化器由氢化物发生器和原子吸收池组成,可用于砷、锗、铅、镉、硒、锡、锑等元素的测定。其功能是将待测元素在酸性介质中还原成低沸点、易受热分解的氢化物,再由载气导入由石英管、加热器等组成的原子吸收池,在吸收池中氢化物被加热分解,并形成基态原子。

　　d. 冷蒸气发生原子化器由汞蒸气发生器和原子吸收池组成,专门用于汞的测定。其功能是将供试品溶液中的汞离子还原成汞蒸气,再由载气导入石英原子吸收池,进行测定。

　　③单色器。其功能是从光源发射的电磁辐射中分离出所需要的电磁辐射,仪器光路应能保证有良好的光谱分辨率和在相当窄的光谱带(0.2 nm)下正常工作的能力,波长范围一般为 190.0 ~ 900.0 nm。

　　④检测系统。检测系统由检测器、信号处理器和指示记录器组成,应具有较高的灵敏度和较好的稳定性,并能及时跟踪吸收信号的急速变化。

　　⑤背景校正系统。背景干扰是原子吸收测定中的常见现象,背景吸收通常来源于样品中的共存组分及其在原子化过程中形成的次生分子或原子的热发射、光吸收和光散射等。这些干扰在仪器设计时应设法予以克服。常用的背景校正法有 4 种:连续光源(在紫外区通常用氘灯)、塞曼效应、自吸效应和非吸收线。

　　在原子吸收分光光度分析中,必须注意背景以及其他原因引起的对测定的干扰。仪器某些工作条件(如波长、狭缝、原子化条件等)的变化可影响灵敏度、稳定程度和干扰情况。在火焰法原子吸收测定中可采用适宜的测定谱线和狭缝,改变火焰温度,加入络合剂或释放剂,通过标准加入法等方法消除干扰;在石墨炉原子吸收测定中可采用选择适宜的背景校正系统,加入适宜的基体改进剂等方法消除干扰。具体方法应按各品种项下的规定选用。

　　(2)测定法。

　　①标准曲线法。在仪器推荐的浓度范围内,制备含待测元素的对照品溶液至少 3 份,浓度依次递增,并分别加入各品种项下制备供试品溶液的相应试剂,同时以相应试剂制备空白对照溶液。将仪器按规定启动后,依次测定空白对照溶液和各浓度对照品溶液的吸光度,记录读数。以每一浓度 3 次吸光度读数的平均值为纵坐标、相应浓度为横坐标,绘制标准曲线。按各品种项下的规定制备供试品溶液,使待测元素的估计浓度在标准曲线浓度范围内,测定吸光度,取 3 次读数的平均值,从标准曲线上查得相应的浓度,计算元素的含量。

　　②标准加入法。取同体积按各品种项下规定制备的供试品溶液 4 份,分别置于 4 个同体积的量瓶中,除 1 号量瓶外,其他量瓶分别精密加入不同浓度的待测元素对照品溶液,分别用去离子水稀释至刻度,制成从零开始递增的一系列溶液。按上述标准曲线法操作测定吸光度,记录读数。将吸光度读数与相应的待测元素加入量作图,延长此直线至与含量轴的延长线相交,此交点与原点间的距离即相当于供试品溶液取用量中待测元素的含量(附

图 2.1），再以此计算供试品中待测元素的含量。此法仅适用于标准曲线中标准曲线呈线性并通过原点的情况。

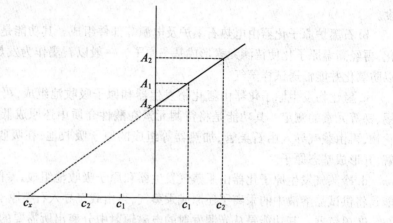

附图 2.1　被测溶液的浓度与吸光度

当用于杂质限度检查时，取供试品，按各品种项下的规定，制备供试品溶液，另取等量的供试品，加入限度量的待测元素溶液，制成对照品溶液。照上述标准曲线法操作，设对照品溶液的读数为 a，供试品溶液的读数为 b，b 值应小于 $(a-b)$。

附录3 色 谱 法

色谱法根据其分离原理可分为吸附色谱法、分配色谱法、离子交换色谱法与排阻色谱法。吸附色谱法是利用被分离物质在吸附剂上吸附能力的不同,用溶剂或气体洗脱使组分分离,常用的吸附剂有氧化铝、硅胶、聚酰胺等有吸附活性的物质。分配色谱法是利用被分离物质在两相中分配系数的不同使组分分离,其中一相被涂布或键合在固体载体上,称为固定相,另一相为液体或气体,称为流动相,常用的载体有硅胶、硅藻土、硅镁型吸附剂与纤维素粉等。离子交换色谱法是利用被分离物质在离子交换树脂上交换能力的不同使组分分离,常用的树脂有不同强度的阳离子交换树脂、阴离子交换树脂,流动相为水或含有机溶剂的缓冲液。分子排阻色谱法又称为凝胶色谱法,是利用被分离物质分子大小的不同导致在填料上渗透程度不同而使组分分离,常用的填料有分子筛、葡聚糖凝胶、微孔聚合物、微孔硅胶或玻璃珠等,根据固定相和供试品的性质选用水或有机溶剂作为流动相。

色谱法又可根据分离方法分为纸色谱法、薄层色谱法、柱色谱法、气相色谱法、高效液相色谱法等。所用溶剂应与供试品不起化学反应,纯度要求较高。分析时的温度,除气相色谱法或另有规定外,都是指在室温操作。分离后各成分的检出,应采用各品种项下所规定的方法。采用纸色谱法、薄层色谱法或柱色谱法分离有色物质时,可根据其色带进行区分;分离无色物质时,可在短波(254 nm)或长波(365 nm)紫外光灯下检视,其中纸色谱或薄层色谱也可喷以显色剂使之显色,或在薄层色谱中用加有荧光物质的薄层硅胶,采用荧光猝灭法检视。柱色谱法、气谱法和高效液相色谱法可用直接用于色谱柱出口处的各种检测器检测。柱色谱法还可分步收集流出液后用适宜方法测定。

1. 高效液相色谱法

高效液相色谱法是用高压输液泵将规定的流动相泵入装有填充剂的色谱柱,对供试品进行分离测定的色谱方法。注入的供试品,由流动相带入柱内,各组分在柱内被分离,并依次进入检测器,由积分仪或数据处理系统记录和处理色谱信号。

(1)对仪器的一般要求。

所用的仪器为高效液相色谱仪,仪器应定期检定并符合有关规定。

①色谱柱。最常用的色谱柱填充剂为化学键合硅胶。反相色谱系统使用非极性填充剂,以十八烷基硅烷键合硅胶最为常用,辛基硅烷键合硅胶和其他类型的硅烷键合硅胶(如氰基键合硅烷和氨基键合硅烷等)也有使用。正相色谱系统使用极性填充剂,常用的填充剂有硅胶等。离子交换色谱系统使用离子交换填充剂;分子排阻色谱系统使用凝胶或高分子多孔微球等填充剂;对映异构体的分离通常使用手性填充剂。

填充剂的性能(如载体的形状、粒径、孔径、表面积、键合基团的表面覆盖度、含碳量和键合类型等)以及色谱柱的填充,直接影响供试品的保留行为和分离效果。孔径在 15 nm 以下的填料适合予分析相对分子质量小于 2 000 的化合物,相对分子质量大于 2 000 的化合物则应选择孔径在 30 nm 以上的填料。

除另有规定外,分析柱的填充剂粒径一般为 3 ~ 10 μm,粒径更小(约 2 μm)的填充剂常用于填装微径柱(内径约为 2 mm)。使用微径柱时,输液泵的性能、进样体积、检测池体积和系统的体积等必须与之匹配,如有必要,色谱条件也需做适当的调整。当对其测定结果产生争议时,应以试剂所规定的色谱条件的测定结果为准。

以硅胶为载体的普通键合固定相的使用温度通常不超过 35 ℃。为改善分离效果可适当提高色谱柱的使用温度,但不能超过 60 ℃。流动相的 pH 应控制在 2 ~ 8 之间。当 pH 大于 8 时,可使载体硅胶溶解;当 pH 小于 2 时,与硅胶相连的化学键合相易水解脱落。当色谱系统中需使用 pH 大于 8 的流动相时,应选用耐碱的填充剂,如采用高纯硅胶为载体并具有高表面覆盖度的键合硅胶填充剂、包覆聚合物填充剂、有机 - 无机杂化填充剂或非硅胶填充剂等;当需使用 pH 小于 2 的流动相时,应选用耐酸的填充剂,如具有大体积侧链能产生空间位阻保护作用的二异丙基或三异丁基取代十八烷基硅烷键合硅胶填充剂,或有机 - 无机杂化填充剂等。

②检测器。最常用的检测器为紫外检测器,包括二极管阵列检测器,其他常见的检测器有荧光检测器、蒸发光散射检测器、示差折光检测器、电化学检测器和质谱检测器等。

紫外、荧光、电化学检测器为选择性检测器,其响应值不仅与待测溶液的浓度有关,还与化合物的结构有关;蒸发光散射检测器和示差折光检测器为通用型检测器,对所有的化合物均有响应;蒸发光散射检测器对结构类似的化合物,其响应值几乎仅与待测物的质量有关;二极管阵列检测器可以同时记录待测物的吸收光谱,故可用于待测物的光谱鉴定和色谱峰的纯度检查。

紫外、荧光、电化学、示差折光检测器的响应值与待测溶液的浓度在一定范围内呈线性关系,但蒸发光散射检测器响应值与待测溶液的浓度通常呈指数关系,故进行计算时,一般需经对数转换。

不同的检测器对流动相的要求不同。如采用紫外检测器,t 所用流动相应符合紫外 - 可见分光光度法项下对溶剂的要求;采用低波长检测时,还应考虑有机相中有机溶剂的截止使用波长,并选用色谱级有机溶剂。蒸发光散射检测器和质谱检测器通常不允许使用含不挥发性盐组分的流动相。

③流动相。反相色谱系统的流动相首选甲醇 - 水系统(采用紫外末端波长检测时,首选乙腈 - 水系统),如经试用不适合时,再选用其他溶剂系统。应尽可能少用含有缓冲液的流动相,必须使用时,应尽可能选含较低浓度缓冲液的流动相。由于 C_{18} 链在水相环境中不易保持伸展状态,故对于十八烷基硅烷键合硅胶为固定相的反相色谱系统,流动相中有机溶剂的比例通常应不低于 5% ,否则 C_{18} 链的随机卷曲将导致组分保留值变化,造成色谱系统不稳定。

各品种项下规定的条件除固定相种类、流动相组分、检测器类型不得改变外,其余如色谱柱内径、长度、载体粒度、流动相流速、混合流动相各组分的比例、柱温、进样量、检测器的灵敏度等,均可适当改变,以适应供试品并达到系统适用性试验的要求。其中,调整流动相组分比例时,以组分比例较低者(小于或等于 50%)相对改变量不超过 ±30% 且绝对改变量不超过 ±10% 为限,变量的数值超过 10% 时,则改变量以 ±10% 为限。对于必须使用特定牌号的填充剂方能满足分离要求的品种,可在该品种项下注明。

(2)系统适用性试验。

色谱系统的适用性试验通常包括理论板数、分离度、重复性和拖尾因子 4 个指标。其中,分离度和重复性是系统适用性试验中更重要的参数。按各品种项下要求对色谱系统进行适用性试验,即用规定的对照品溶液或系统适用性试验溶液对色谱系统进行试验。必要时,可对色谱系统进行适当调整,应符合要求。

①色谱柱的理论板数(n)。理论板数用于评价色谱柱的效能。由于不同物质在同一色谱柱上的色谱行为不同,采用理论板数作为衡量柱效能的指标时,应指明测定物质,一般为待测组分或内标物质的理论板数。在规定的色谱条件下,注入供试品溶液或各品种项下规定的内标物质溶液,记录色谱图,量出供试品主成分峰或内标物质峰的保留时间 t_R(以分钟或长度计,下同,但应取相同单位)和峰宽(W)或半高峰宽($W_{h/2}$),按下式计算色谱柱的理论板数。

$$n = 16\left(\frac{t_R}{W}\right)^2$$

$$n = 5.54\left(\frac{t_R}{W_{h/2}}\right)^2$$

②分离度(R)。分离度用于评价待测组分与相邻共存物或难分离物质之间的分离程度,是衡量色谱系统效能的关键指标。可以通过测定待测物质与已知杂质的分离度,也可以通过测定待测组分与某一添加的指标性成分(内标物质或其他难分离物质)的分离度,或将供试品或对照品用适当的方法降解,通过测定待测组分与某一降解产物的分离度,对色谱系统进行评价与控制。

无论是定性鉴别还是定量分析,均要求待测峰与其他峰、内标峰或特定的杂质对照峰之间有较好的分离度。除另有规定外,待测组分与相邻共存物之间的分离度应大于1.5。分离度的计算公式为

$$R = \frac{2(t_{R2} - t_{R1})}{W_1 + W_2}$$

$$R = \frac{2(t_{R2} - t_{R3})}{1.70(W_{1,h/2} + W_{2,h/2})}$$

式中　t_{R2}——相邻两峰中后一峰的保留时间;

　　　t_{R1}——相邻两峰中前一峰的保留时间;

　　　$W_1, W_2, W_{1,h/2}, W_{2,h/2}$——此相邻两峰的峰宽及半高峰宽。

当对测定结果有异议时,色谱柱的理论板数(n)和分离度(R)均以峰宽(W)的计算结果为准。

③重复性。重复性用于评价连续进样后,色谱系统响应值的重复性能。采用外标法时,通常取各品种项下的对照品溶液,连续进样5次,除另有规定外,其峰面积测量值的相对标准偏差应不大于2.0%;采用内标法时,通常配制相当于80%,100%和120%的对照品溶液,加入规定量的内标溶液,配成3种不同浓度的溶液,分别至少进样两次,计算平均校正因子,其相对标准偏差应不大于2.0%。

④拖尾因子(T)。拖尾因子用于评价色谱峰的对称性。为保证分离效果和测量精度,应检查待测峰的拖尾因子是否符合各品种项下的规定。拖尾因子计算公式为

$$T = \frac{W_{0.05h}}{2d_1}$$

式中　$W_{0.05h}$——5%峰高处的峰宽;

　　　d_1——5%出峰顶点至峰前沿之间的距离。

除另有规定外,峰高法定量时 T 应为 $0.95 \sim 1.05$。峰面积法测定时,若拖尾严重,将影响峰面积的准确测量。必要时,可根据情况对拖尾因子做出规定。

(3)测定法。

①内标法。按各品种项下的规定,精密称(量)取对照品和内标物质,分别配成溶液,精密量取各适量、混合配成校正因子测定用的对照溶液。取一定量注入仪器,记录色谱图。测量对照品和内标物质的峰面积或峰高,按下式计算校正因子(f):

$$f = \frac{A_s / C_s}{A_R / C_R}$$

式中　　A_s——内标物质的峰面积或峰高;

　　　　A_R——对照品的峰面积或峰高;

　　　　C_s——内标物质的质量浓度;

　　　　C_R——对照品的质量浓度。

再取各品种项下含有内标物质的供试品溶液,注入仪器,记录色谱图,测量供试品中待测成分(或其杂质)和内标物质的峰面积或峰高,按下式计算含量:

$$c_x = f \frac{A_x}{A_s' / c_s'}$$

式中　　A_x——供试品(或其杂质)峰面积或峰高;

　　　　c_x——供试品(或其杂质)的质量浓度;

　　　　A_s'——内标物质的峰面积或峰高;

　　　　c_s'——内标物质的质量浓度;

　　　　f——校正因子。

利用内标法可避免样品前处理及进样体积误差对测定结果的影响。

②外标法。按各品种项下的规定,精密称(量)取对照品和供试品,配制成溶液,分别精密取一定量,注入仪器,记录色谱图,测量对照品溶液和供试品溶液中待测成分的峰面积(或峰高),按下式计算含量:

$$c_x = c_R \frac{A_x}{A_R}$$

由于微量注射器不易精确控制进样量,当采用外标法测定供试品中成分或杂质含量时,以定量环或自动进样器进样为好。

③加校正因子的主成分自身对照法。测定杂质含量时,可采用加校正因子的主成分自身对照法。在建立方法时,按各品种项下的规定,精密称(量)取适量杂质对照品和待测成分对照品,配制测定杂质校正因子的溶液,进样,记录色谱图,按内标法计算杂质的校正因子。此校正因子可直接载入各品种项下,用于校正杂质的实测峰面积。这些需做校正计算的杂质,通常以主成分为参照,采用相对保留时间定位,其数值一并载入各品种项下。

测定杂质含量时,按各品种项下规定的杂质限度,将供试品溶液稀释成与杂质限度相当的溶液作为对照溶液,进样,调节检测灵敏度(以噪声水平可接受为限)或进样量(以柱子不过载为限),使对照溶液的主成分色谱峰的峰高约达满量程的 $10\% \sim 25\%$ 或其峰面积能准确积分(通常含量低于 0.5% 的杂质,峰面积的相对标准偏差(RSD)应小于 10%;含量在 $0.5\% \sim 2\%$ 的杂质,峰面积的 RSD 应小于 5%;含量大于 2% 的杂质,峰面积的 RSD 应小于

2%）。然后,取供试品溶液和对照品溶液适量,分别进样,供试品溶液的记录时间,除另有规定外,应为主成分色谱峰保留时间的 2 倍,测量供试品溶液色谱图上各杂质的峰面积,分别乘以相应的校正因子后与对照溶液主成分的峰面积比较,计算各杂质含量。

④不加校正因子的主成分自身对照法。测定杂质含量时,若没有杂质对照品,也可采用不加校正因子的主成分自身对照法。用上述方法③配制对照溶液并调节检测灵敏度后,取供试品溶液和对照溶液适量,分别进样,前者的记录时间除另有规定外,应为主成分色谱峰保留时间的两倍,测量供试品溶液色谱图上各杂质的峰面积并与对照溶液主成分的峰面积比较,计算杂质含量。

若供试品所含的部分杂质未与溶剂峰完全分离,则按规定先记录供试品溶液的色谱图 Ⅰ,再记录等体积纯溶剂的色谱图 Ⅱ。色谱图 Ⅰ 上杂质峰的总面积(包括溶剂峰)减去色谱图 Ⅱ 上的溶剂峰面积,即为总杂质峰的校正面积。

⑤面积归一化法。按各品种项下的规定,配制供试品溶液,取一定量注入仪器,记录色谱图。测量各峰的面积和色谱图上除溶剂峰以外的总色谱峰面积,计算各峰面积占总峰面积的百分率。用于杂质检查时,由于峰面积归一化法测定误差大,因此,本法通常只能用于粗略考察供试品中的杂质含量。除另有规定外,一般不宜用于微量杂质的检查。

2.气相色谱法

气相色谱法是采用气体为流动相(载气),流经装有填充剂的色谱柱进行分离测定的色谱方法。物质或其衍生物汽化后,被载气带入色谱柱进行分离,各组分先后进入检测器,用记录仪、积分仪或数据处理系统记录色谱信号。

(1)对仪器的一般要求。

所用的仪器为气相色谱仪,它由载气源、进样部分、色谱柱、柱温箱、检测器和数据处理系统组成。进样部分、色谱柱和检测器的温度均在控制状态。

①载气源。气相色谱法的流动相为气体,称为载气,氦、氮和氢可用作载气,可由高压钢瓶或高纯度气体发生器提供,经过适当的减压装置,以一定的流速经过进样器和色谱柱。根据供试品的性质和检测器种类选择载气,除另有规定外,常用载气为氮气。

②进样部分。进样方式一般可采用溶液直接进样或顶空进样。

溶液直接进样采用微量注射器、微量进样阀或有分流装置的汽化室进样。采用为限液直接进样时,进样口温度应高于柱温 30 ~ 50 ℃,进样量一般不超过数微升。粒径越细,进样量应越少,采用毛细管柱时,一般应分流以免过载。

顶空进样适用于固体和液体供试品中挥发性组分的分离与测定。将固态或液态的供试品制成供试液后,置于密闭小瓶中,在恒温控制的加热室中加热至供试品中挥发性组分在非气态和气态达至平衡后,由进样器自动吸取一定体积的顶空气注入色谱柱中。

③色谱柱。色谱柱为填充柱或毛细管柱。填充柱的材质为不锈钢或玻璃,内径为 2 ~ 4 mm,柱长为 2 ~ 4 m,内装吸附剂、高分子多孔小球或涂渍固定液的载体,粒径为 0.18 ~ 0.25 mm,0.15 ~ 0.18 mm 或 0.125 ~ 0.15 mm。

常用载体为经酸洗并硅烷化处理的硅藻土或高分子多孔小球,常用固定液有甲基聚硅氧烷、聚乙二醇等。毛细管柱的材质为玻璃或石英,内壁或载体经涂渍或交联固定液,内径一般为 0.25 mm,0.32 mm 或 0.53 mm,柱长 5 ~ 60 m,固定液膜厚 0.1 ~ 5.0 μm,常用的固定液有甲基聚硅氧烷、不同比例组成的苯基甲基聚硅氧烷、聚乙二醇等。

新填充柱和毛细管柱在使用前需老化以除去残留溶剂及低分子量的聚合物,色谱柱如长期未用,使用前应老化处理,使基线稳定。

④柱温箱。由于柱温箱温度的波动会影响色谱分析结果的重现性,因此柱温控温精度应在 ±1 ℃,且温度波动小于每小时 0.1 ℃。温度控制系统分为恒温和程序升温两种。

⑤检测器。适合气相色谱法的检测器有火焰离子化检测器(FID)、氮磷检测器(NPD)、火焰光度检测器(FPD)、电子捕获检测器(ECD)、质谱检测器(MS)等。火焰离子化检测器对碳氢化合物响应良好,适合测大多数的药物;氮磷检测器对含氮、磷元素的化合物灵敏度高;火焰光度检测器对含磷、硫元素的化合物灵敏度高;电子捕获检测器适于含卤素的化合物;质谱检测器还能给出供试品某个成分相应的结构信息,可用于结构确证。除另有规定外,一般用火焰离子化检测器,用氢气作为燃气,空气作为助燃气。在使用火焰离子化检测器时,检测器温度一般应高于柱温,并不得低于 150℃,以免水汽凝结,通常为 250～350℃。

⑥数据处理系统。数据处理系统可分为记录仪、积分仪以及计算机工作站等。

各品种项下规定的色谱条件,除检测器种类、固定液品种及特殊指定的色谱柱材料不得改变外,其余如色谱柱内径、长度、载体牌号、粒度、固定液涂布浓度、载气流速、柱温、进样量、检测器的灵敏度等,均可适当改变,以适应具体品种并符合系统适用性试验的要求。一般色谱图约于 30 min 内记录完毕。

(2)系统适用性试验。

除另有规定外,应按照高效液相色谱法项下的规定。

(3)测定法。

①内标法加校正因子测定供试品中某个杂质或主成分含量。

②外标法测定供试品中某个杂质或主成分含量。

③面积归一化法:上述①②法的具体内容均同高效液相色谱法项下相应的规定。

④标准溶液加入法测定供试品中某个杂质或主成分:精密称(量)取某个杂质或待测成分对照品适量,配制成适当浓度的对照品溶液,取一定量,精确加入供试品溶液中,根据外标法或内标法测定杂质或主成分含量,再扣除加入的对照品溶液含量,即得供试液溶液中某个杂质和主成分含量。

也可按下述公式进行计算加入对照品溶液前后校正因子应相同,即

$$\frac{A_{is}}{A_x} = \frac{c_x + \Delta c_x}{c_x}$$

式中　c_x——供试品中组分 x 的质量浓度;

　　A_x——供试品中组分 x 的色谱峰面积;

　　Δc_x——所加入的已知质量浓度的待测组分对照品的质量浓度;

　　A_{is}——加入对照品后组分 x 的色谱峰面积。

气相色谱法定量分析,当采用手工进样时,由于留针时间和室温等对进样量的影响,使进样量不易精确控制,故最好采用内标法定量;而采用自动进样器时,由于进样重复性提高,在保证进样误差的前提下,也可采用外标法定量。当采用顶空进样技术时,由于供试品和对照品处于不完全相同的基质中,故可采用标准溶液加入法以消除基质效应的影响;当标准溶液加入法与其他定量方法结果不一致时,应以标准溶液加入法结果为准。

3. 离子色谱仪

离子色谱法是采用高压输液泵系统将规定的洗脱液泵入装有填充剂的色谱柱进行分离测定的色谱分析方法。注入的供试品由洗脱液带入色谱柱内进行分离后,经过抑制器或衍生系统进入检测器,由记录仪、积分仪或数据处理系统记录色谱信号。离子色谱法常用于无机阴离子、无机阳离子、有机酸、糖醇类、氨基糖类、氨基酸、蛋白质、糖蛋白等物质的定性和定量分析。它的分离机理主要为离子交换,即基于离子交换树脂上可解离的离子与流动相中具有相同电荷的溶质离子之间进行的可逆交换。离子色谱的其他分离机理还有离子对色谱、离子排阻色谱等。

(1)对仪器的一般要求。

离子色谱仪器中所有与洗脱液或供试品接触的管道、器件均应使用惰性材料,如聚醚醚酮(PEEK)等。仪器应定期检定并符合有关规定。

①色谱柱。离子交换色谱的色谱柱填充剂分别是有机聚合物载体填充剂和无机载体填充剂。

有机聚合物载体填充剂最为常用,填充剂的载体一般为苯乙烯－二乙烯基苯共聚物、乙基乙烯基苯－二乙烯基苯共聚物、聚甲基丙烯酸酯或聚乙烯等有机聚合物。这类载体的表面通过离子键附聚了大量具有阴离子交换功能基(如烷基季氨基、烷醇季氨基等)或阳离子交换功能基(如磺酸、羧酸、羧酸－膦酸和羧酸－膦酸冠醚等)的乳胶微粒,可分别用于阴离子或阳离子的交换分离。有机聚合物载体填充剂在较宽的酸碱范围(pH 为 0 ~ 14)内可有较高的稳定性,且有一定的耐有机溶剂腐蚀性。

无机载体填充剂一般以硅胶为载体。在硅胶表面的硅醇基通过化学键合季氨基等阴离子交换功能基或磺酸基、羧酸基等阳离子交换功能基,可分别用于阴离子或阳离子的交换分离。硅胶载体填充剂机械稳定性好,在有机溶剂中不会溶胀或收缩。硅胶载体填充剂在 pH 为 2 ~ 8 的洗脱液中稳定,一般适用于阳离子样品的分离。

②洗脱液。离子色谱对复杂样品的分离主要依赖于色谱柱的填充剂,而洗脱液相对较为简单。分离阴离子常采用稀碱溶液、碳酸盐缓冲液等作为洗脱液;分离阳离子常采用稀甲烷磺酸溶液等作为洗脱液。通过增加或减少洗脱液中酸碱溶液的浓度可提高或降低洗脱液的洗脱能力;在洗脱液内加入适当比例的有机改性剂,如甲醇、乙腈等可改善色谱峰峰形。制备洗脱液的去离子水应经过纯化处理,电导率一般小于 0.056 $\mu S/cm$。使用的洗脱液需经脱气处理,常采用氦气在线脱气的方法,也可采用超声、减压过滤或冷冻的方式进行离线脱气。

③检测器。电导检测器是离子色谱常用的检测器,其他检测器有紫外检测器、安培检测器、蒸发光散射检测器等。

电导检测器主要用于测定无机阴离子、无机阳离子和部分极性有机物,如羧酸等。离子色谱法中常采用抑制型电导检测器,即使用抑制器将具有较高电导率的洗脱液在进入检测器之前中和成具有极低电导率的水或其他较低电导率的溶液,从而显著提高电导检测的灵敏度。

安培检测器也用于分析解离度低、用电导检测器难于检测的离子,直流安培检测器可以测定碘离子(I^-)、硫氰酸根离子(SCN^-)和各种酚类化合物等。积分安培和脉冲安培检测器则常用于测定糖类和氨基酸类化合物。

紫外检测器适用于在高浓度氯离子等存在下痕量的溴离子（Br^-）、亚硝酸根离子（NO_2^-）、硝酸根离子（NO_3^-）以及其他具有强紫外吸收成分的测定。柱后衍生—紫外检测法常用于分离分析过渡金属离子和镧系金属等。

蒸发光散射检测器、原子吸收、原子发射光谱、电感耦合等离子体原子发射光谱、质谱（包括电感耦合等离子体质谱）也可作为离子色谱的检测器。离子色谱在与蒸发光散射检测器或（和）质谱检测器等联用时，一般采用带有抑制器的离子色谱系统。

（2）样品处理。

离子色谱的色谱柱填充剂大多数不兼容有机溶剂，一旦污染后不能用有机溶剂清洗，所以离子色谱法对样品处理的要求较高。对于澄清的、基质简单的水溶液一般通过稀释和 0.45 μm 滤膜过滤后直接进样分析。对于基质复杂的样品，可通过微波消解、紫外光降解、固相萃取等方法去除干扰物后进样分析。

（3）系统适用性试验。

参照高效液相色谱法项下相应的规定。

（4）测定法。

①内标法加校正因子测定供试品中的主成分含量。

②外标法测定供试品中某杂质或主成分含量。

③面积归一化法：上述①②法的具体内容均同高效液相色谱法项下相应的规定。

④标准曲线法。按各品种项下的规定，精密称（量）取对照品适量，配制成储备溶液。分别量取储备溶液配制成一系列不同浓度的对照品溶液。量取一定量上述梯度浓度的对照品溶液注入仪器，记录色谱图，测量对照品溶液中待测组分的峰面积或峰高。以对照品溶液的峰面积或峰高为纵坐标，以相应的浓度为横坐标，回归计算标准曲线。

其计算公式为

$$A_R = ac_R + b$$

式中　A_R——对照溶液的峰面积或峰高；

　　　c_R——对照溶液的质量浓度；

　　　a——标准曲线的斜率；

　　　b——标准曲线的截距。

再取各品种项下的供试品溶液，注入色谱仪，记录色谱图，测量供试品溶液中的待测成分（或其杂质）的峰面积或峰高，按下式计算其浓度：

$$c_s = \frac{A_s - b}{a}$$

式中　A_s——供试品溶液的峰面积或峰高；

　　　c_s——供试品溶液的质量浓度。

上述测定法中，以外标法和标准曲线法最为常用。

附录 4　常用微生物菌种的名称

大肠埃希氏菌	*Escherichia coli*
产气肠杆菌	*Enterobacter aerogenes*
枯草芽孢杆菌	*Bacillus subtilis*
蜡样芽孢杆菌	*Bacillus cere us*
胶质芽孢杆菌	*Bacillus mucilaginosus*
苏云金芽孢杆菌	*Bacillus thuringiensis*
藤黄微球菌	*Micrococcus luteus*
金黄色葡萄球菌	*Staphylococcus aureus*
假单胞菌属	*Pseudomonas*
圆褐固氮菌	*AzotobacterI chroococcum*
变形杆菌属	*Proteus*
沙雷氏菌属	*Serratia*
沙门氏菌属	*Salmonella*
链霉菌属	*Streptomyces*
灰色链霉菌	*Streptomyces griseus*
酵母属	*Saccharomyces*
啤酒酵母	*Saccharomyces carlsbergensis*
酿酒酵母	*Saccharomyces cerevisiae*
假丝酵母属	*Candida*
白假丝酵母	*Candida albicaus*
毛霉属	*Mucor*
根霉属	*Rhizopus*
曲霉属	*Aspergillus*
黄曲霉	*Aspergillus flavus*
黑曲霉	*Aspergillus niger*
青霉属	*Penicillium*
产黄青霉	*Penicillium chrysogenum*
白地霉	*Ceotrichum candidum*

附录5　微生物接种技术

接种是微生物学实验技术中最基本的操作,即把已获得的纯种微生物,在无菌条件下移植于新鲜的无菌培养基的过程。微生物的菌种保藏、分离培养、鉴定菌种,以及形态、生理等研究,都必须进行接种。接种时,接种者须有无菌概念,才能做到严格的无菌操作。

①无菌概念,指的是严防外界杂菌侵入研究体系的思想概念。

②无菌操作,即防止外界杂菌污染,保证纯培养的技术操作。若操作不慎,污染杂菌,将导致实验失败或损坏菌种。

常用的接种工具有接种环、接种针、吸管、滴管、玻璃刮棒等。常采用的接种方法有斜面接种、液体接种、穿刺接种和平板接种等。

1.接种工具准备

常用的几种工具,如附图5.1所示。

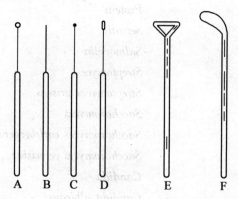

附图5.1　常用的几种接种工具

A,D—接种环;B,C—接种针;E—涂布环;F—接种钩

(1)接种针、接种环、接种钩等。

接种针、接种环、接种钩等由金属丝和柄组成。金属丝要求软硬度合适,传热和散热快,不易氧化。一般常用铂金丝、镍丝,也可用直径0.5 mm左右的细电炉丝、铅丝代替。柄常用铝棒和胶木棒做成(市面有售),也可用钢条、玻璃棒代替。最简易的制法是:用长20 cm,直径0.6 cm的细玻棒一根,将一端用火焰烧红,迅速插入一根长7~8 cm的细电炉丝,立即离开火焰,使其慢慢冷却,然后制成接种针、接种钩或接种环,环的直径一般为0.5 cm左右,且必须封闭。

(2)玻璃刮棒。

玻璃刮棒用直径0.5 cm的玻璃棒烧灼弯曲而成。用纸包裹严实,干热灭菌备用。

(3)吸管。

在干燥洁净的吸管上端1~2 cm处,用尖头镊子塞入少许普通棉花(以防接种时将细菌吸入口中,或将口中细菌吹入管内),达到过滤除菌的目的。用纸条包裹,干热灭菌备用。

（4）滴管。

滴管用纸条包裹，干热灭菌备用。

2.接种方法

（1）斜面接种法。

斜面接种法指把各种培养条件下的菌株，接入斜面上（包括从试管斜面、培养基平板、液体纯培养物等，把菌株移于斜面培养基上）。这是微生物学中最常用、最基本的技术之一。接种前，需在待接试管上贴好标签，注明菌名及接种日期。接种最好在无菌室或无菌箱内进行，若无此条件，可在较清洁密闭的室内进行。室内应事先消毒，桌面要清洁，除去灰尘和杂物，用质量分数为 5% 来苏尔溶液擦洗桌面。其基本操作方法如下：

①点燃酒精灯，灯焰周围的空间为无菌区，所以在酒精灯焰旁进行无菌操作接种，可避免杂菌污染。

②将菌种及接种用的斜面培养基（即两支试管）同时握在左手中，使中指位于两试管之间。管内斜面向上，两试管口平齐，两管处于接近水平位置。用右手的小指、无名指及手掌，在火焰旁同时拔去两支试管的棉塞，并使管口在火焰上通过，以烧去管口的杂菌。随后把管口移至火焰近旁 1～2 cm 处。

③右手拿接种环，先垂直、后水平方向把接种环放在火焰上灼烧。凡进入试管的部分均应通过火焰灼烧，顶部的环必须烧红，以彻底灭菌。灼烧时，应把环放在酒精灯的外焰（氧化焰）上，因外焰温度高，易于烧红。

④将烧过的接种环伸入菌种管内，先使环接触斜面上端的培养基或管壁，使接种环充分冷却；待培养基不再被接种环融化时，即可用环伸向斜面中部蘸取少量菌体，然后小心将接种环从试管内抽出。注意不能让环接触管壁和管口。取出后，接种环不能通过火焰，在火焰旁抽出迅速伸入新培养基管内，在斜面下 1/5 处，由下至上轻轻划线。注意不要把培养基划破，也不要把菌沾在管壁上。此过程要求迅速、准确完成。

⑤接种完毕，试管口须迅速通过火焰灭菌，在火焰旁塞入棉塞。注意不要使试管离开火焰去迎棉塞，以免进入带菌空气。操作中如不慎棉塞着火，只要迅速塞入试管内，由于缺氧火自然就会熄灭。若棉塞外端仍然着火，也不要用嘴吹，迅速用手捏几下棉塞，即可熄灭。

⑥划线完毕，接种环要灼烧灭菌，才能放回原处，以免污染环境。放回接种环后，再进一步把试管的棉塞塞紧，置 28 ℃下培养 2～3 d，进行观察。

（2）液体接种法。

液体接种法是将纯种微生物接入液体培养基的方法。在测定微生物生理特性及其代谢产物以及进行扩大培养时，常需将菌种接在液体培养基内进行培养。以下介绍从斜面及从培养液中把菌接入液体培养基的方法。

①由斜面接入液体培养基中。

其无菌操作过程与接入斜面的步骤基本相同。但此时所拿的装有液体培养基的三角瓶或试管不能放平，管口要略向上倾斜，以免培养液流出。在火焰旁拔出棉塞后，用接种环在固体斜面上蘸取少许菌种，同样要迅速移入液体培养基中，但无需把接种环伸至培养液的底部，而是把带菌的接种环在液体表面与试管壁交界处轻轻摩擦几下即可。某些不易产生孢子的放线菌或真菌，在培养基上由于菌丝交织生长形成皮膜状培养物，用接种环不易挑起,可用接种铲或钩进行移接。

②由菌液接入液体培养基中。

用液体培养物进行转接时,其操作过程与斜面接种基本相同。不同点在于不用接种环,而要用无菌的滴管或吸管进行接种,吸管等要事先灭菌。接种时用吸管从液体菌种中吸取一定量菌液(吸入量的多少可按需要而定),接入液体培养基中,塞紧棉塞即可培养。

根据接种需要也可用斜面制成菌悬液或孢子悬液,再接入液体培养基中。制作悬液的方法如下:在固体斜面上加入 1 L 至数升无菌水,用接种环把斜面上的菌体或孢子洗下,混匀即成悬液。

液体接种中所用的吸管用毕后,要注意不能随便放在工作台上,以免污染环境。可先把吸管放在吸管架上或高型玻璃筒中,工作完毕,再进行灭菌、清洗。

(3)穿刺接种法。

穿刺接种法即把菌种接入柱状培养基的方法,经常应用的是半固体柱状培养基。此法可用于测定细菌的运动能力。例如,具鞭毛细菌接种培养后,在培养基内可见到沿穿刺线位置向边缘扩散,生长成波浪形的混浊形状;也可用于测定菌的生长与氧的关系,若此种微生物属好气性,则只在培养基上部生长,只有穿刺线的上部变混浊;若属厌气性,则只能使穿刺线的下部变混浊;若属兼性厌气性,则沿着整条穿刺线均可见混浊。此外穿刺接种法还可用于菌种保藏等方面。其接种方法同前,只是不用接种环而用接种针接种。接种时,用接种针蘸取少量菌体后,直接从培养基中间插入,直插到接近管底但不要穿透培养基,再慢慢按原接种线拔出接种针。切勿搅动以免使接种线不整齐而影响观察,甚至会因用力搅动造成空隙太大进入空气,使结果不准确。接种完毕,试管放入试管架,置 28 ℃下培养 2 ~ 4 d,观察结果。

(4)平板接种法。

平板接种法即用接种环将菌种接至平板培养基上,或用吸管接种定量的菌液至平板培养基上,再用无菌刮棒刮匀,然后培养。观察菌落形态、分离纯化菌种、活菌计数等常采用此方法。根据实验的不同要求,可分以下几种接种法:

①斜面接平板。

a.划线法。用接种环以无菌操作法从斜面菌苔上挑菌少许或以菌悬液接种。其方法是用左手托起培养基平皿,以拇指和食指夹住皿盖两侧,其余 3 个手指托住皿底,拇指稍向上掀盖即可打开一缝隙。右手把已取好菌的接种环迅速由缝隙伸入平板内,在培养基一侧做第一次平行的(或连续的)划线,划 4 ~ 5 条。然后取出接种环灼烧,左手随即将皿盖合上,并将皿向右转 600°,再按上法做第二次划线。划线时接种环须通过第一次划过的一条或两条线,即示稀释第一次接种的细胞,划 3 ~ 4 条,再转平皿约 600,灼烧接种环后再做第三次划线。同法亦可做第四次划线。接种完毕,灼烧接种环。将皿倒置,于 28 ℃下培养 2 ~ 3 d。

b.点接法。一般观察霉菌或酵母菌的较大菌落时多采用点接法。其方法是用接种环取菌体后,于平板上以三点的形式接种。由于霉菌孢子轻,易飞扬,宜先配成孢子悬浮液,再进行接种。

②液体接平板。

液体接平板即用灭菌吸管或滴管吸取定量的菌液接至平板培养基上,然后用无菌刮棒涂匀后,倒置,在 28 ℃温度下培养。此法用于微生物的分离、计数。

③平板接斜面。

　　将平板上分离得到的单菌落,按无菌操作法分别移接到斜面培养基上以保存菌种。接种前,先选好典型单菌落,做好标记。以左手托住培养皿,并用拇指与食指掀起皿盖成缝隙,将灼烧过的接种环伸至菌落边的空白培养基处接触冷却,然后挑菌后移出接种环(靠近火焰无菌区),左手放下培养皿,换拿一支斜面培养基按斜面接种法进行接种。接种完毕,置28 ℃下培养2~3 d,观察结果。

附录6　活性污泥性质测定

1. 污泥沉降比(SV)

取 1 L 的曝气池混合液,放入 1 L 的大量筒中,静置 30 min 以后,观察沉降的污泥体积与原混合液体积之比,以百分数表示。

2. 混合液悬浮固体(MLSS)

取 1 L 曝气池混合液,取悬浮固体于 105 ℃烘干,此干重即为 MLSS,单位为 g/L 或 mg/L。

3. 混合液挥发性悬浮固体(MLVSS)

将 MLSS 在马福炉中灰化后,测定残余固体的质量,与 MLSS 相减得到 1 L 混合液中所含挥发性悬浮固体的质量,单位用 g/L 表示。

4. 污泥容积系数(SVI)

污泥容积系数(SVI)又称污泥指数,指曝气池中混合液经 30 min 静置沉降后的体积与污泥干重之比。即

$$SVI = \frac{湿污泥体积}{MLSS}$$

5. 污泥负荷(LS)

污泥负荷(LS)指单位时间内,单位质量的活性污泥能处理的有机物数量,用 kg(BOD)/(kg(MLSS)·d)表示。

附录 7　消毒液的配制

1. 5%（质量分数）石炭酸液

石炭酸（酚）	5.0 g
蒸馏水	100 mL

2. 5%（质量分数）甲醛液

甲醛原液（质量分数为35%）	100 mL
蒸馏水	600 mL

3. 3%（质量分数）过氧化氢（双氧水）

H_2O_2 原液（质量分数为30%）	100 mL
蒸馏水	900 mL

密闭、避光、低温保存。

4. 升汞水

升汞（$HgCl_2$）	0.1 g
浓盐酸（HCl）	2 mL
蒸馏水	100 mL

先将升汞溶于浓盐酸，再加入蒸馏水中。

5. 75%（质量分数）酒精

95%（质量分数）酒精	75 mL
蒸馏水	20 mL

6. 2%（质量分数）来苏尔（煤皂酚液）

煤皂酚液（含质量分数为47%～53%煤皂酚）	40 mL
蒸馏水	960 mL

7. 0.25%（质量分数）新洁尔灭

新洁尔灭（质量分数为5%）	50 mL
蒸馏水	950 mL

8. 漂白粉溶液

漂白粉	10 g
蒸馏水	140 mL

使用前临时配制。

9. 碘酒

碘	2.0 g
碘化钾	1.5 g
75%（质量分数）酒精	100 mL

先将碘化钾溶于约 2 mL 酒精中，再加入碘搅拌均匀，补足酒精即可。

附录 8　缓冲液的配制

1. 磷酸缓冲液(pH 为 5.7~8.0)

配制方法:

甲液:0.2 mol/L 磷酸二氢钠溶液($NaH_2PO_4 \cdot 2H_2O$),1 000 mL 中含 31.2 g。

乙液:0.2 mol/L 磷酸氢二钠溶液($Na_2HPO_4 \cdot 7H_2O$),1 000 mL 中含 53.7 g。

根据所需要的 pH,按照附表 8.1,分别吸取甲液和乙液,混合均匀即得。

附表 8.1　磷酸缓冲液

pH	甲液/mL	乙液/mL	pH	甲液/mL	乙液/mL
5.7	93.5	6.5	6.9	45.0	55.0
5.8	92.0	8.0	7.0	39.0	61.0
5.9	90.0	10.0	7.1	33.0	67.0
6.0	87.7	12.3	7.2	28.0	72.0
6.1	85.0	15.0	7.3	23.0	77.0
6.2	81.5	18.5	7.4	19.0	81.0
6.3	77.5	22.5	7.5	16.0	84.0
6.4	73.5	26.5	7.6	13.0	87.0
6.5	68.5	31.5	7.7	10.0	90.0
6.6	62.5	37.5	7.8	8.5	91.5
6.7	56.5	43.5	7.9	7.0	93.0
6.8	51.0	49.0	8.0	5.3	94.7

2. 醋酸缓冲液(pH 为 3.6~5.6)

配制方法:

甲液:0.2 mol/L 醋酸钠溶液,1 000 mL 中含 11.55 g。

乙液:0.2 mol/L 醋酸溶液,1 000 mL 中含 10.40 g。

根据所需要的 pH,按照附表 8.2,分别吸取甲液和乙液,混合均匀即得。

附表 8.2　醋酸缓冲液

pH	甲液/mL	乙液/mL	pH	甲液/mL	乙液/mL
3.6	46.3	3.7	4.8	20.0	30.0
3.8	44.0	6.0	5.0	14.8	35.2
4.0	41.0	9.0	5.2	10.5	39.5
4.2	36.8	13.2	5.4	8.8	41.2

续附表 8.2

pH	甲液/mL	乙液/mL	pH	甲液/mL	乙液/mL
4.4	30.5	19.5	5.6	4.8	45.2
4.6	25.5	24.5			

3.磷酸氢二钠－柠檬酸缓冲液(pH 为 2.6~7.0)

配制方法:

甲液:0.1 mol/L 柠檬酸溶液,1 000 mL 中含 21.01 g 柠檬酸。

乙液:0.2 mol/L 磷酸氢二钠溶液,1 000 mL 中含 53.7 g 磷酸氢二钠。

根据所需要的 pH,按照附表 8.3,分别吸取甲液和乙液,混合后加水稀释到 100 mL。

附表 8.3　磷酸氢二钠－檬酸缓冲液

pH	甲液/mL	乙液/mL	pH	甲液/mL	乙液/mL
2.6	44.6	5.4	5.0	24.3	25.7
2.8	42.2	7.8	5.2	23.3	26.7
3.0	39.8	10.2	5.4	22.2	27.8
3.2	37.7	12.3	5.6	21.0	29.0
3.4	35.9	14.1	5.8	19.7	30.3
3.6	33.9	16.1	6.0	17.9	32.1
3.8	32.3	17.7	6.2	16.9	33.1
4.0	30.7	19.3	6.4	15.4	34.6
4.2	29.4	20.6	6.6	13.6	36.4
4.4	27.8	22.2	6.8	9.1	40.9
4.6	26.7	23.3	7.0	6.5	43.5
4.8	25.2	24.8			

4.Tris 缓冲液(pH 为 7.2~9.0)

配制方法:

甲液:0.2 mol/L Tris 溶液,1 000 mL 溶液中含 24.2 g 三羟甲基氨基甲烷。

乙液:0.2 mol/L HCl。

取 25 mL 甲液,根据所需要的 pH,按照附表 8.4,吸取乙液,混合后加水稀释到100 mL。

附表 8.4　磷酸氢二钠－檬酸缓冲液

pH	7.2	7.4	7.6	7.8	8.0	8.2	8.4	8.6	8.8	9.0
乙液/mL	22.1	20.7	19.2	16.3	13.4	11.0	8.3	6.1	4.1	2.5

5. Tris 马来酸缓冲液(pH 为 5.2 ~8.6)

配制方法如下。

甲液:1 000 mL 溶液中含24.2 g 三羟甲基氨基甲烷与23.2 g 马来酸或19.6 g 马来酸酐。

乙液:0.2 mol/L NaOH。

取25 mL 甲液,根据所需要的 pH,按照附表8.5,吸取乙液,混合后加水稀释到100 mL。

附表8.5　Tris 马来酸缓冲液

pH	5.2	5.4	5.6	5.8	6.0	6.2	6.4	6.6	6.8
乙液/mL	3.5	5.4	7.8	10.3	13.0	15.8	18.5	21.3	22.5
pH	7.0	7.2	7.4	7.6	7.8	8.0	8.2	8.4	8.6
乙液/mL	24.0	25.5	27.0	29.0	31.8	34.5	37.5	40.5	43.3

附录9　常用溶液的配制

以下所列溶液如做定量分析用,应准确进行标定。

1.1 mol/L NaOH 溶液

NaOH	40 g
蒸馏水	1 000 mL

2.0.1 mol/L NaOH 溶液

NaOH	4.0 g
蒸馏水	1 000 mL

或取 1 mol/L NaOH 溶液 100 mL 稀释至 1 000 mL。

3.0.2 mol/L NaOH 溶液

NaOH	8.0 g
蒸馏水	1 000 mL

4.1 mol/L HCl 溶液

浓盐酸(相对密度 1.19)	84 mL
蒸馏水	916 mL

5.0.1 mol/L HCl 溶液

1 mol/L HCl 溶液	100 mL
蒸馏水	900 mL

6.0.5 mol /L H_2SO_4 溶液

浓硫酸(相对密度 1.84)	28 mL
蒸馏水	1 000 mL

7.0.05 mol/L H_2SO_4 溶液

0.5 mol/L H_2SO_4 溶液	100 mL
蒸馏水	900 mL

8.0.2 mol/L H_3BO_3 溶液

结晶硼酸	1.39 g
蒸馏水	1 000 mL

准确称取纯结晶硼酸 12.39 g 溶于 200 mL 蒸馏水中,然后稀释成 1 000 mL。

9.0.1 mol/L 草酸溶液

草酸	6.3 g
蒸馏水	1 000 mL

10.0.1 mol/L 柠檬酸溶液

柠檬酸($C_6H_8O_7$)	19.2 g
蒸馏水	1 000 mL

准确称取柠檬酸 19.2 g,溶于 200 mL 蒸馏水中,然后稀释成 1 000 mL。

11. 生理盐水

NaCl	8.5 g
蒸馏水	1 000 mL

12.3%（质量分数）酸性酒精

浓盐酸	3.0 mL
95%（质量分数）酒精	97 mL

13.1%（质量分数）离子琼脂

琼脂粉	1.0 g
巴比妥缓冲液	50 mL
蒸馏水	50 mL
1%（质量分数）硫柳汞	1 滴

称取琼脂粉 1 g 先加至 50 mL 蒸馏水中，于沸水浴中加热溶解，然后加入 50 mL 巴比妥缓冲液，再滴加 1 滴 1%（质量分数）硫柳汞溶液防腐，分装试管内，放冰箱中备用。

参 考 文 献

[1] 沈萍,陈向东. 微生物学实验[M]. 4 版. 北京:高等教育出版社,2007.

[2] 王兰,王忠. 环境微生物学实验方法与技术[M]. 北京:化学工业出版社,2009.

[3] 赵斌,何绍江. 微生物学实验[M]. 北京:科学出版社,2005.

[4] 陈剑虹. 工业微生物学实验技术[M]. 北京:化学工业出版社,2006.

[5] 姜彬慧,李亮,方萍. 环境工程微生物学实验指导[M]. 北京:冶金工业出版社,2011.

[6] 肖琳,杨柳燕,尹大强,等. 环境微生物实验技术[M]. 北京:中国环境科学出版社,
2004.

[7] 孙成,于红霞. 环境监测实验[M]. 北京:科学出版社,2010.

[8] 陈坚,刘和,李秀芬,等. 环境微生物学实验技术[M]. 北京:化学工业出版社,2008.

[9] 李艳红,朱宗强. 水污染控制特色实验项目汇编[M]. 北京:中国环境科学出版社,
2012.

[10] 彭党聪. 水污染控制工程实践教程[M]. 北京:化学工业出版社,2011.

[11] 宋立杰,赵天涛,赵由才. 固体废物处理与资源化实验[M]. 北京:化学工业出版社,
2008.

[12] 郭雅妮,同帜. 环境生物化学[M]. 西安:西北工业大学出版社,2010.

[13] 董德明,花修艺,康春莉. 环境化学实验[M]. 北京:北京大学出版社,2009.

[14] 刘研萍,李秀金. 固体废物工程实验[M]. 北京:化学工业出版社,2008.

[15] 李永峰,回永铭,黄中子. 固体废物污染控制工程实验教程[M]. 上海:上海交通大学
出版社,2009.

[16] 袁丽红. 微生物学实验[M]. 北京:化学工业出版社,2010.

[17] 杨文博. 微生物学实验技术[M]. 北京:化学工业出版社,2012.

[18] 程丽娟,薛泉宏. 微生物学实验[M]. 北京:科学出版社,2012.

[19] 骆亚萍. 生物化学与分子生物学实验指导[M]. 长沙:中南大学出版社,2006.

[20] 肖琳. 环境微生物实验技术[M]. 北京:中国环境科学出版社,2004.

[21] 刘国生. 微生物实验技术[M]. 北京:科学出版社,2007.

[22] 张兰河. 微生物学实验[M]. 北京:化学工业出版社,2013.

[23] 咸洪泉. 微生物学实验教程[M]. 北京:高等教育出版社,2010.

[24] 闫淑珍. 微生物学拓展性实验的技术与方法[M]. 北京:高等教育出版社,2012.